"十四五"职业教育国家规划教材

职业院校机电类"十三五"微课版规划教材

交直流调速系统

第3版 | 附微课视频

郭艳萍 陈相志 / 主编

钟立 / 副主编

人民邮电出版社

北 京

图书在版编目（ＣＩＰ）数据

交直流调速系统：附微课视频 / 郭艳萍，陈相志主编. -- 3版. -- 北京：人民邮电出版社，2019.7
职业院校机电类"十三五"微课版规划教材
ISBN 978-7-115-51096-9

Ⅰ. ①交… Ⅱ. ①郭… ②陈… Ⅲ. ①直流电机－调速－高等职业教育－教材②交流电机－调速－高等职业教育－教材 Ⅳ. ①TM330.12②TM340.12

中国版本图书馆CIP数据核字(2019)第069434号

内 容 提 要

本书以自动化领域交直流调速职业岗位所要求的知识和技能为主线，以训练学生构建调速系统的工程能力为目标，由浅入深、层层递进地展开课程内容，直流电动机调速系统，包括直流调速简介、单闭环直流调速系统、双闭环直流调速系统及数字直流调速装置；交流电动机调速系统介绍了目前应用较广的交流异步电动机调速及变频原理、三菱变频器的运行方式与功能、变频器常用控制电路、西门子 MM440 变频器的操作运行等内容。

本书配有微课视频，适合作为高职高专电气自动化技术、机电一体化技术及机电类相关专业的教材，也适合作为自动化设备维护、维修人员自学和提高维修工作效率和技能的参考书。

◆ 主　　编　郭艳萍　陈相志
　　副 主 编　钟　立
　　责任编辑　李育民
　　责任印制　马振武

◆ 人民邮电出版社出版发行　　北京市丰台区成寿寺路 11 号
　　邮编　100164　电子邮件　315@ptpress.com.cn
　　网址　http://www.ptpress.com.cn
　　北京天宇星印刷厂印刷

◆ 开本：787×1092　1/16
　　印张：14.25　　　　　　　　　2019 年 7 月第 3 版
　　字数：339 千字　　　　　　　 2024 年 12 月北京第 15 次印刷

定价：46.00 元

读者服务热线：(010)81055256　印装质量热线：(010)81055316
反盗版热线：(010)81055315
广告经营许可证：京东市监广登字 20170147 号

"交直流调速系统"是高职高专自动化类专业开设的实践性很强，与生产实际联系密切，将 PLC 与变频器融合到一起的技术应用型课程，也是培养高职高专学生自动化工程实践能力和创新能力的一门重要课程。

本书以"实施科教兴国战略，强化现代化建设人才支撑"的党的二十大精神为指引，以学生为中心，对教材的知识点和技能点进行解构和重构，同时将控制系统的稳定性与社会稳定、爱国情怀、安全规范意识、团结协作、绿色发展观、6S 管理、大国工匠等元素贯穿于教材中，设计 8 个学海领航案例（二维码），贯彻二十大"坚持为党育人、为国育才，全面提高人才自主培养质量"的精神。

这次修订的主要内容如下。

（1）增加"学海领航"模块，突出立德树人功能。

本次修订结合专业知识内容，增加了 8 个学海领航案例（二维码）。把价值引领放在首位，通过控制系统的稳定性与社会稳定、变频器高次谐波的危害和防治、中国中车攻克大功率 IGBT、大国工匠等典型生动案例，让学生树立稳定意识、安全意识、规则意识，增强学生的民族自豪感和爱国情怀，培养学生"青年强，则国强"的使命感和担当意识、树立文化自信，增强中华文明传播力、影响力，培养学生敬业、精益、专注、创新的工匠精神。

（2）删除了第 4 章直流可逆调速系统。

（3）第 5 章 5.3.1 节增加了构成变频器主电路的元器件的介绍。

（4）第 6 章 6.5.1 节增加了三菱变频器模拟量端子的参数介绍及应用实例，6.5.3 节增加了输出频率检测的实例。

（5）第 8 章增加了西门子变频器的外部运行操作、组合运行操作以及 7 段速的实训。

（6）配有微课视频，针对重点、难点，以 5～20 分钟的小视频的形式，在实际设备上讲解和操作，进一步帮助学生理解和掌握知识点与操作技能。

本书每章后都附有一定数量的检测题，可以帮助学生进一步巩固基础知识；本书还配有多个实践性较强的实训，学生通过实训操作，能够提高系统安装、调试和维护能力。

本书还配备了直流调速装置及变频器使用手册、实验手册和动画、课件等丰富的教学资源，任课教师可到人邮教育（www.ryjiaoyu.com）免费下载使用。

重庆工业职业技术学院郭艳萍和漯河职业技术学院的陈相志任本书主编，重庆工业职业技术学院的钟立任副主编。具体编写任务如下：陈相志编写了第 1 章～第 4 章；钟立编写了第 5 章和第 6 章；郭艳萍编写了第 7 章和第 8 章，并负责全书的选例、设计和统稿工作。本书在编写过程中参阅了大量同类教材，在此对相关人员一并表示衷心的感谢！

限于编者的水平，书中难免有不妥之处，恳请读者批评指正。

编者
2022 年 11 月

上篇　直流电动机调速系统

下篇　交流电动机调速系统

上篇

直流电动机调速系统

第一章
直流调速简介

调速就是通过改变电动机或电源的参数使电动机的转速按照控制要求发生改变或保持恒定。调速有两层含义：一是变速控制，即让电动机的转速按照控制要求改变；二是稳速控制，当控制要求没有改变时，系统受到外界干扰作用，电动机的转速应保持相对恒定，即调速系统应具有抗干扰能力。调速技术广泛应用于各个领域的生产过程中，调速系统性能的好坏直接关系到产品加工的精度、质量和生产效率。

直流调速系统是以直流电动机为受控对象，按生产工艺对电动机转速进行控制的电力拖动系统。由于直流电动机具有启动、制动性能好，调速范围宽的特点，因此直流调速系统广泛应用于轧钢、造纸等行业。但是随着电力电子技术和控制技术的发展，交流电动机的变频调速技术得到快速发展，交流调速系统性能也日趋完善，逐渐占据电力拖动控制系统的主导地位。

|1.1 直流电动机的调速方法|

他励直流电动机的电气符号与稳态运行时的等效电路如图 1-1 所示。

直流电动机的绕组包括电枢绕组和励磁绕组。励磁绕组上加直流励磁电压 U_f，产生电动机工作所需的磁通 Φ，电枢绕组加电枢电压 U_d，电枢绕组中有电流 I_d，通电直导线在磁场中受力，带动电动机电枢旋转。通常情况下励磁电压不变，通过调节电枢电压的大小来改变电动机转速。只要电枢电压 U_d 和励磁电压 U_f 二者之一的极性发生改变，电动机的转向就随之而变。

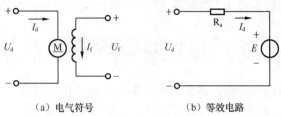

（a）电气符号　　　　　　（b）等效电路

图 1-1　他励直流电动机的电气符号与稳态运行时的等效电路

电动机稳定运行时的等效电路如图 1-1（b）所示，E 为电枢绕组产生的感应电势，其大小与电动机的转速 n 成正比；R_a 为电枢的电阻。由等效电路不难得出

$$U_d = I_d R_a + E$$

其中

$$E = K_e \Phi n$$

整理可得直流电动机转速表达式（即机械特性方程）为

$$n = \frac{U_d - I_d R_a}{K_e \Phi} = \frac{U_d}{K_e \Phi} - \frac{R_a}{K_e \Phi} I_d = n_0 - \Delta n$$

式中，$n_0 = \dfrac{U_d}{K_e \Phi}$，称为理想空载转速；

$\Delta n = \dfrac{R_a}{K_e \Phi} I_d$，为负载电流引起的转速降。

电动机的转速与 5 个参数有关，其中 K_e 为电动机常数，由电动机结构决定；负载电流 I_d 由电动机所带负载决定。所以改变他励直流电动机的转速有 3 种方法：改变电枢电压 U_d、改变电枢回路电阻 R、改变磁通 Φ。通常只改变 1 个参数，其他参数只保持额定值或固定值。

1.1.1　调 压 调 速

通过改变电枢电压来改变电动机转速的方法称为调压调速。其对应的机械特性方程为

$$n = \frac{U_d}{K_e \Phi_N} - \frac{R_a}{K_e \Phi_N} I_d = n_0 - \Delta n$$

因为电动机的电枢电压一般以额定电压为上限值，所以电枢电压只能在额定值以下变化。由机械特性方程可知，当电枢电压 U_d 取不同的值时，对应的理想空载转速改变，机械特性的硬度（或斜率）不变，机械特性曲线如图 1-2 所示。

调压调速的特点如下。

（1）电枢电压降低，电动机的转速降低；反之，

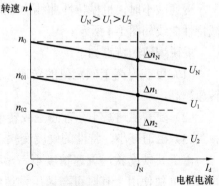

I_N：电枢的额定电流；
U_N：电枢的额定电压；
Δn_N：额定转速降；

图 1-2　他励电动机调压调速的机械特性

电枢电压升高，电动机的转速升高。

（2）电枢电压最大值为额定电压，转速最高值为额定转速。

（3）机械特性的硬度不变，即机械特性是一组平行的斜线。

由于获得的机械特性硬度大，调速精度较高，所以调压调速在直流调速系统中应用广泛。

1.1.2　串电阻调速

串电阻调速是在电动机电枢回路串入电阻来改变电动机的转速。其机械特性方程为

$$n = \frac{U_N}{K_e \Phi_N} - \frac{R}{K_e \Phi_N} I_d = n_0 - \Delta n$$

串入电阻的阻值越大，机械特性曲线的斜率越大，即倾斜度越大，转速降Δn越大，特性硬度变得越软，但理想空载转速不变，机械特性如图 1-3 所示。

串电阻调速的特点如下。

① 电枢回路电阻增大，电动机转速降低，得到的转速小于额定转速。

② 机械特性曲线具有相同的理想空载转速n_0。

③ 特性的硬度随着串入电阻增大而变软。

由于硬度较软，调速精度较低，所以串电阻调速在调速系统中应用较少。

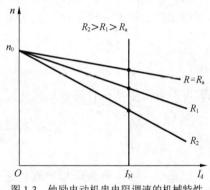

图 1-3　他励电动机串电阻调速的机械特性

1.1.3　弱　磁　调　速

由于直流电动机的额定磁通接近于工作磁通的饱和值，通过改变磁通来调速只能在小于额定磁通的范围内调节，故称为弱磁调速。弱磁调速对应的机械特性方程为

$$n = \frac{U_N}{K_e \Phi} - \frac{R_a}{K_e \Phi} I_d = n_0 - \Delta n$$

磁通减小时，机械特性曲线的理想空载转速升高，斜率增大，特性曲线的硬度变软，机械特性曲线如图 1-4 所示。

弱磁调速的特点如下。

（1）可获得高于额定值的转速，磁通Φ越小，转速越高。

（2）随着磁通减小，理想空载转速n_0升高。

（3）磁通减小，特性的硬度变软。

由于其硬度软，调速精度不高，所以弱磁调速一般不单独使用，有时可与调压调速结合，用于获得高于额定值的转速。

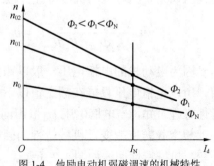

图 1-4　他励电动机弱磁调速的机械特性

以上 3 种调速方式中，最常用的是调压调速。在不做特殊说明的情况下，直流调速均指

的是调压调速。

 想一想

1. 直流电动机的调速方式有哪 3 种？最常用的是什么调速方式？
2. 直流电动机的 3 种调速方式中，能获得高于额定值转速的是_____调速；调速过程中机械特性硬度不变的是_____调速；理想空载转速不变的是_____调速。

|1.2 直流调速系统的发展|

直流调速系统是通过改变电动机电枢电压的大小来实现调速的，根据获得可调电枢电压的方法不同，将直流调速系统的发展分为 3 个阶段：直流发电机-直流电动机调速系统（简称 G-M 调速系统）、晶闸管整流装置-直流电动机调速系统（简称 V-M 调速系统）和直流脉宽调速系统（简称 PWM 调速系统）。

1.2.1 G-M 调速系统

在大功率晶闸管元件出现以前，直流电动机所需的直流电源是通过直流发电机来提供的，这样的调速系统称为直流发电机-电动机调速系统，简称 G-M 调速系统，其电气原理如图 1-5 所示。

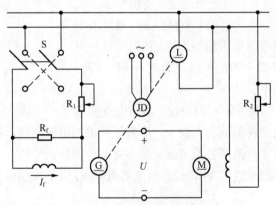

图 1-5 G-M 调速系统电气原理

三相交流电动机 JD 同轴驱动两台直流发电机，永磁式直流发电机 L 为直流电动机 M 和直流发电机 G 提供励磁电源。双掷开关 S 用于改变发电机励磁电流的方向，可改变发电机输出电压 U 的极性，从而改变电动机 M 的转向。为防止开关 S 断开时，励磁绕组产生过高的感应电压，并联电阻 R_f 为励磁绕组提供续流回路。可变电阻 R_1 用于改变电流 I_f 的大小，从而改变直流发电机输出电压 U 的大小，实现对直流电动机的调速。

G-M 调速系统所需设备多，体积庞大，效率低，维护不方便，运行时噪声大。但该系统在 20 世纪 50 年代曾广泛应用，目前在尚未进行设备改造的地方仍沿用这种系统。

1.2.2　V-M 调速系统

20 世纪 60 年代以后，随着大功率电力电子元件——晶闸管的投入使用，经可控整流获得可调直流电源更加方便、经济，G-M 调速系统逐渐被晶闸管整流装置-直流电动机调速系统（简称 V-M 调速系统）所代替。图 1-6 所示为最简单的 V-M 调速系统的电气原理。

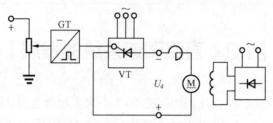

图 1-6　V-M 调速系统的电气原理

V-M 调速系统是目前应用最广的直流调速系统，本书直流调速部分将主要介绍 V-M 直流调速系统。

1.2.3　PWM 调速系统

PWM 调速系统是直流脉宽调速系统的简称，是直流调速系统发展的最新阶段。交流电源经二极管不可控整流得到稳恒的直流电压 U_s，再利用斩波电路（即 PWM 装置）将直流电压变成宽度可调的高频率脉冲电压，加在直流电动机的电枢绕组上，通过改变脉冲的宽度改变电动机电枢电压的平均值，从而实现对电动机的调速控制。图 1-7 所示为简单脉宽调速系统的原理。

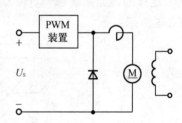

图 1-7　脉宽调速系统原理

脉宽调速的优点如下。

（1）整流电路采用二极管不可控整流，输出电压波形中含有的高次谐波较晶闸管整流大大减少，降低了对电网电压品质因数的不利影响。

（2）从根本上取消了对晶闸管整流器来说不可缺少的换流电路。

直流脉宽调速系统的性能比 V-M 调速系统更为优越，近年来在中小容量的高精度控制系统中广泛应用。

 想一想

> 直流调速系统经历了哪 3 个发展阶段？目前应用最广的是哪种调速系统？

1.3　直流调速系统的性能指标

直流调速系统的性能指标分为稳态性能指标和动态性能指标，其分类如下。

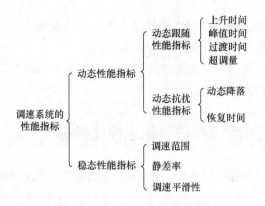

1.3.1 动态性能指标

1. 动态跟随性能指标

系统的输入信号变化时，输出信号的响应情况常用动态跟随性能指标来描述，图 1-8 所示为在阶跃输入信号作用下，系统输出量 $C(t)$ 的变化情况，根据输出响应曲线定义如下性能指标。

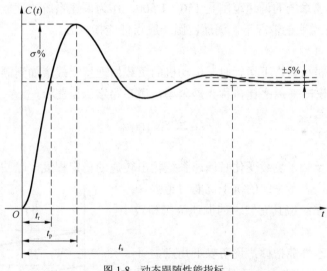

图 1-8 动态跟随性能指标

（1）上升时间 t_r：响应曲线首次上升到稳态值所用的时间。

（2）峰值时间 t_p：响应曲线首次越过稳态值后达到最大值所用的时间。

（3）过渡时间 t_s：取偏离稳态值±5%（或±2%）的区域为允许误差带，输出量进入允许误差带并不再超出，就可认为系统完成过渡过程达到了稳态，系统完成过渡过程所用的时间称为过渡时间。

（4）超调量σ%：输出响应曲线第一次越过稳态值后达到峰值时，超出部分的幅度与稳态值之比，称为超调量，常用百分数表示，记为σ%。

3 个时间指标反映了系统的快速性，超调量反映了系统的平稳性。

2. 动态抗扰性能指标

处于稳定状态运行的调速系统受到一个突加的干扰信号作用时，常用抗扰性能指标来衡量系统的抗干扰能力。干扰引起输出量发生波动，系统经过一段时间的调节，会再次达到稳定工作状态。干扰引起输出量偏移稳态值的最大偏差称为最大降落，用 ΔC_{max} 表示，系统再次达到稳态所用的时间称为恢复时间，用 t_f 表示。

调速系统的动态性能指标在"自动控制原理"和"电路基础"等课程中已有阐述，本章将重点介绍调速系统的稳态性能指标。

1.3.2　稳态性能指标

调速系统的稳态性能指标主要介绍调速范围、静差率和调速平滑性。

1．调速范围

在额定负载下，生产机械要求电动机提供的最高转速与最低转速之比称为调速范围，用大写字母 D 表示。

$$D = \frac{n_{max}}{n_{min}}$$

式中，n_{max} 通常指电动机铭牌上所标的额定转速 n_N。

习惯上说某调速系统的调速范围是 150～1 500，作为调速系统的性能指标，其调速范围 $D=10$。在不做特殊说明的情况下，调速范围一般指性能指标 D。

2．静差率

当系统在某一机械特性下运行时，电动机的负载由理想空载增加到额定负载时对应的转速降 Δn_N 与理想空载转速 n_0 之比，称为静差率，用小写字母 s 表示。

$$s = \frac{\Delta n_N}{n_0} \times 100\%$$

可见，静差率反映了负载变化时调速系统输出转速的稳定程度，静差率越小，负载变化引起的转速降越小，表示系统的抗干扰能力越强。

一个好的调速系统应具有较大的调速范围和较小的静差率。

对以上两个稳态性能指标，说明以下几点。

① 静差率与硬度的关系。习惯上，常用额定转速降 Δn_N 的大小表示机械特性的硬度，对某一条机械特性曲线而言，显然特性越硬，静差率越小；但对调压调速过程中得到的不同机械特性曲线，如图 1-9 所示，各曲线硬度相同，但静差率是不同的。

② 静差率是针对某一条机械特性曲线定义的，调速系统的静差率是指最低转速 n_{min} 所在特性曲线的静差率。

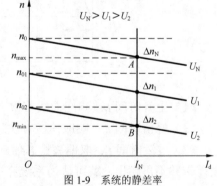
图 1-9　系统的静差率

调速系统对静差率的表述有两种形式，如静差率 $s \leqslant 10\%$，或者 $s = 10\%$，两者表达的意思是一样的。如图 1-9 所示，设工作点 A 对应的转速为最高转速 n_{max}（即额定转速），工作点 B 对应的转速为系统的最低转速 n_{min}，若 B 点所在机械特性的静差率 $s = 10\%$，则在调速范围内，其他机械特性的静差率必然小于 10%。

③ 静差率与调速范围是互相关联的。系统的调速范围是满足某静差要求下的调速范围，

静差率是某调速范围下的静差率。两者之间的关系式为

$$D = \frac{sn_N}{(1-s)\Delta n_N}$$

该式的简单推导过程为

$$s = \frac{\Delta n_N}{n_{0\min}}, \quad 则\ n_{0\min} = \frac{\Delta n_N}{s}$$

$$D = \frac{n_N}{n_{\min}} = \frac{n_N}{n_{0\min} - \Delta n_N} = \frac{n_N}{\dfrac{\Delta n_N}{s} - \Delta n_N} = \frac{sn_N}{(1-s)\Delta n_N}$$

3．调速平滑性

调速平滑性是指调速时可以得到的相邻两转速之比，调速平滑性接近于 1 的调速系统称为无级调速，反之为有级调速。调压调速、弱磁调速为无级调速，串电阻调速为有级调速。

【例 1-1】某 V-M 系统，电动机数据为 $P_N = 10\text{kW}$，$U_N = 220\text{V}$，$I_N = 55\text{A}$，$n_N = 10\ 000\text{r/min}$，$R_a = 0.1\Omega$，若采用开环控制系统，且仅考虑电枢电阻上引起的转速降，系统静差率 $s = 10\%$，求系统的调速范围 D。

解：由 $n_N = \dfrac{U_N - I_N R_a}{K_e \Phi_N} = \dfrac{U_N - I_N R_a}{C_e}$　得 $C_e = \dfrac{U_N - I_N R_a}{n_N} = \dfrac{220 - 55 \times 0.1}{1\ 000} = 0.2\ 145 \approx 0.2$

$$\Delta n_N = \frac{I_N R_a}{C_e} = \frac{55 \times 0.1}{0.2} = 27.5(\text{r/min})$$

$$D = \frac{n_N s}{\Delta n_N (1-s)} = \frac{1\ 000 \times 0.1}{27.5 \times (1-0.1)} = 4$$

想一想

1．什么是调速范围？什么是静差率？

2．静差率是针对某一条机械特性定义的，调速系统的静差率指的是什么？

3．静差率与硬度有什么区别和联系？

4．某调速系统的调速范围是（150～1 500），要求静差率 s = 5%时，系统允许的稳态转速降是多少？

学海领航
控制系统的
稳定性与社会稳定

1.4　开环直流调速系统

1.4.1　系统的构成

开环调速系统是最简单的 V-M 调速系统，其原理如图 1-10 所示。开环调速系统由以下

几部分构成。

（1）给定电路。提供控制电动机转速的电压信号 U_n^*（称为给定电压）。

（2）触发电路。产生触发脉冲，脉冲的触发角 α 由移相控制电压 U_{ct} 决定。开环调速系统给定电压 U_n^* 直接作为移相控制电压。触发电路的移相控制电压 U_{ct} 应为正电压信号。

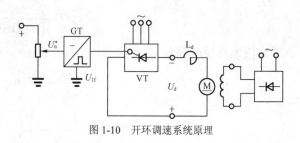

图 1-10　开环调速系统原理

（3）整流桥与电动机主回路。整流桥将三相交流电压变为大小可调直流电压 U_d。L_d 为平波电抗器。

（4）励磁电源。一般经二极管整流得到，其大小一般是不变的。

1.4.2　系统的工作原理

改变给定电压 U_n^* 的大小可改变触发脉冲的相位角，使整流桥输出的直流电压 U_d 大小改变，从而实现对电动机转速的控制，给定电压增大，转速升高；反之，给定电压减小，转速降低。

对于三相桥式整流电路，设三相交流电源的相电压为 U_φ 整流输出电压

$$U_d = 2.34 U_\varphi \cos \alpha$$

它与给定电压 U_n^* 的对应关系：$U_n^* = 0$ 时，$\alpha = 90°$，$U_d = 0$ 时，电动机转速为零；U_n^* 的最大值对应于 $\alpha = 0°$，此时 $U_{dm} = 2.34 U_\varphi$ 为最大值，电动机转速最高。

工程上认为，U_d 与给定电压成近似的正比关系，即 $U_d = K_s U_n^*$，K_s 是整流装置的放大倍数。当然，给定电压应在 $0 \sim U_{dm}/K_s$ 之间取值，该取值范围称为移相控制电压的调节范围，当给定电压超出其最大值时，整流输出电压不但不增加，反而会急剧下降，这种现象称为控制失步。

1.4.3　开环机械特性

电动机转速与负载电流的关系 $n = f(I_d)$ 称为直流电动机的开环机械特性。

$$n = \frac{U_d - I_d R}{K_e \Phi_N} = \frac{U_d - I_d R}{C_e}$$

式中，$C_e = K_e \Phi_N$ 称为电动机的电势常数，上式称为电动机的开环机械特性方程。以电枢电流 I_d 为横坐标，以转速 n 为纵坐标，绘出的曲线称为开环机械特性曲线。电动机的机械特性曲线可以通过实验的方法测绘出来，其方法步骤如下。

（1）让电动机空载。

（2）从零开始增大给定电压 U_n^*，让电动机转速达到某一值（小于额定转速），此时电枢

电压记为 U_{d0}。

（3）记下电动机的空载电流和空载转速（I_{d0}, n_0）。

（4）保持给定电压不变，逐渐增大负载电流，记下几组（I_d, n）值。注意，电枢电流不要超过其额定值。

（5）将以上测得的几组数，在 $I_d - n$ 坐标系下描点，做一条直线，使多数点落在或靠近该直线，这条直线就是电动机在电枢电压为 U_{d0} 时的机械特性曲线。

那么，怎样改变电动机的负载电流呢？在实际系统中，负载电流的大小代表电动机输出驱动转矩的大小，是由生产机械所带生产负荷决定的，负荷加重，电动机的电枢电流增大；反之，负荷减轻，电枢电流减小。实验中常用直流发电机和可调电阻 R 作为直流电动机的模拟负载，发电机与电动机同轴旋转，发电机输出电压加在可调电阻上，根据能量守恒和转换关系可知，电阻上消耗功率代表直流电动机输出功率。该功率越大，电动机电枢电流就越大。

当电动机转速一定时，直流发电机输出电压一定，负载电阻上消耗功率为

$$P = \frac{U^2}{R}$$

当电阻减小时，功率 P 增大，电动机的电枢电流增大，显然，改变 R 的值就可改变电动机的电枢电流。

想一想

1. 开环调速系统由哪几部分构成？其工作原理是什么？
2. 如何测试电机的开环机械特性曲线？

|1.5 开环直流调速系统实训|

一、实训内容

（1）开环直流调速系统的接线与调试。

（2）最大移相控制电压的测试。

（3）负载不变时，测绘 $n = f\left(U_n^*\right)$、$U_d = f\left(U_n^*\right)$ 曲线。

（4）测绘机械特性曲线 $n = f(I_d)$。

二、实训目的

（1）熟练掌握开环调速系统主电路的线路连接。

（2）加深对系统工作原理的理解，认识一定负载下，n、U_d 与 U_n^* 的关系。

（3）掌握机械特性的测试方法。

三、实训前预习与准备

（1）会画开环调速系统的原理图。

（2）自学附录有关内容，指出本实训需用到哪些实训设备挂件，熟悉这些挂件性能及接线方法。

（3）开环调速系统采用正给定还是负给定？为什么？

（4）怎样测试开环机械特性？试设计测试步骤。

四、实训所需挂件

实训所需挂件如表 1-1 所示。

表 1-1 实验所需挂件

序号	型 号	备 注
1	DJK01 电源控制屏	该控制屏包含"三相电源输出""励磁电源"等几个模块
2	DJK02 三相整流电路	该挂件包含"三相整流电路""平波电抗器"等模块
3	DJK02-1 触发电路和功放电路	该挂件包含"触发电路和功放电路"
4	DJK04 电动机调速控制	该挂件为开环实训提供"给定电路"
5	D42 三相可调电阻	提供可调电阻，用于改变电动机的电枢电流
6	电动机组	包括他励直流电动机、直流发电机和测速发电机及转速表

五、实训线路及原理

开环直流调速系统实训原理如图 1-11 所示。

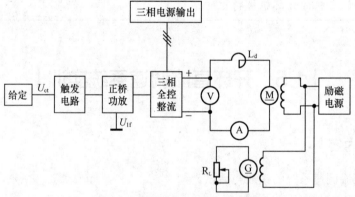

图 1-11 开环直流调速系统实训原理

开环直流调速系统是最简单的直流调速系统，给定电压直接作为触发电路的移相控制电压。电动机的转速受给定电压控制，给定电压增加，电动机的电枢电压增大，转速升高；反之，给定减小，电枢电压减小，转速下降；当系统加在电动机上的电枢电压不变时，电动机的转速会随着负载电流的增加有所下降。

实训中用直流发电机和可调电阻 R_L 作为直流电动机的模拟负载，以实现电动机电枢电流的改变。当电动机转速一定时，直流发电机输出电压一定，负载电阻上消耗功率为

$$P = \frac{U^2}{R_L}$$

当电阻减小时，功率 P 增大，根据能量守恒和转换关系，电阻消耗功率越大，直流电动机输出功率越大，电动机的电枢电流就越大。所以改变 R_L 的值就可改变电动机的电枢电流。

开环调速实验接线如图 1-12 所示。

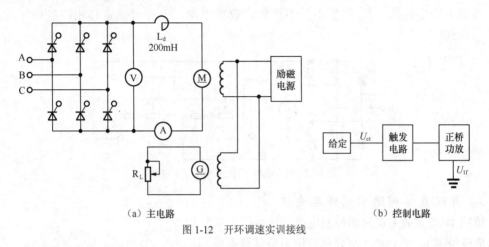

（a）主电路　　　　　　　　　　　（b）控制电路

图 1-12　开环调速实训接线

六、实训操作步骤

1. 设备初始状态检查

（1）电源检查：打开 DJK01 总电源开关，操作"电源控制屏"上的"三相电网电压指示"开关，观察输入的三相电网电压是否平衡。

（2）调速方式选择：将 DJK01"电源控制屏"上的"调速电源选择开关"拨至"直流调速"一侧。

（3）触发电路连线检查：用 10 芯的扁平电缆，将 DJK02 的"三相同步信号输出"端和 DJK02-1"三相同步信号输入"端相连；用 20 芯的扁平电缆，将 DJK02-1 的"正、反桥触发脉冲输出"端和 DJK02"正、反桥触发脉冲输入"端相连；用 8 芯的扁平电缆，将 DJK02-1 面板上的"触发脉冲输出"端和"触发脉冲输入"端相连，使得触发脉冲加到正、反桥功放的输入端。

（4）脉冲开关检查：打开 DJK02-1 电源开关，拨动"触发脉冲指示"开关，选择窄脉冲，对应的发光二级管点亮。将 DJK02 正桥和反桥触发脉冲的 12 个开关拨至"通"位置。

（5）DJK02 挂件给定电压调至零。

（6）D42 挂件电阻调至最大。

2. 触发电路最大移相控制电压 U_{ctm} 的测试

（1）电路连接。

① 控制电路接线。将 DJK04 挂件的给定电路的输出直接接到触发电路（DJK02-1）的移相控制电压 U_{ct} 端，将正桥功放电路的 U_{1f} 接地，表示允许正桥功放电路工作，对正桥输出触发脉冲。所用不同挂件之间的接地端相连，以保证有共同的零电位参考点。

② 主电路接线。将 DJK02 挂件正桥的 6 个晶闸管接成三相整流桥，并与 DJK01 挂件的三相交流电源相连；将 D42 的一组（2 个）可调电阻接成串联形式，然后并在正桥直流电压输出端，用直流电压表观察整流输出电压大小，如图 1-13 所示。

（2）将可调电阻的旋钮逆时针方向转到底，此时串联后的等效电阻值为最大。

（3）打开电源总开关，按下启动按钮，此时给定电压为零，整流桥输出直流电压 U_d 应为零；否则，应调节触发电路的偏置电压调节旋钮 U_b，使电压表指针刚好回到零为止。

（4）从零开始逐渐增大给定电压 U_g，电压表指示 U_d 也增大，但当给定增加到某一值 U'_g 时，再增大给定电压，U_d 的值不但不增加，反而下降。一般可确定移相控制电压的最大值 $U_{ctm} = 0.9U'_g$。

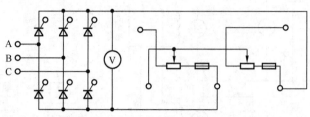

图 1-13　最大移相控制电压的测试主电路

3．开环直流调速实训线路连接

按图 1-12 完成主电路和控制电路的接线。

负载电阻 R_L 由 D42 2 个联动可调电阻并联而成，其接线如图 1-14 所示。2 个可调电阻的中间抽头已相连，由 1 端引出，将与熔断器相连的两固定端 2、3 相连后引出；另外 2 个固定端不接线，这样就将 2 个可调电阻并联起来等效成 1 个可调电阻，并联的目的在于提高负载电流 I_d 的调节范围。

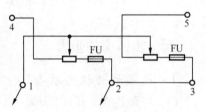

图 1-14　可调电阻的并联接线

4．测试给定电压对电枢电压、电动机转速的控制作用

将负载电阻 R_L 置最大（电动机电枢电流最小，相当于空载）。将给定电压在 0～U_{ctm} 之间等间隔取几个值，分别记为 U^*_{n1}，U^*_{n2}，U^*_{n3}，…记入表 1-2 中。将给定电压依次调至这几个值，记下对应的电枢电压及电动机转速，填入表 1-2 中。

表 1-2　　　　　　　　测试给定电压对电枢电压和转速的控制关系

物　理　量	取值或测量值（V）				
U^*_n					
U_d					
n					

5．开环机械特性的测试

（1）按启动按钮之前，调给定电压至零，负载电阻置最大。

（2）按下启动按钮，此时，整流桥输出直流电压应为零，电动机应不转，否则调触发电路的偏移电压 U_b，至电动机刚好停下来。

（3）从零逐渐增大给定电压，使电动机转速升到 1 200r/min。将此时电动机的电枢电流及转速记入表 1-3。

表 1-3　　　　　　　　开环机械特性的测试

I_d（A）		0.6	0.7	0.8	0.9	1.0	1.1	1.2
n（r/min）	1 200							

（4）保持给定电压不变，逐渐减小负载电阻，电动机的电枢电流会增大（不要让其超过额定值 1.2A），逐次将电流调整到表 1-3 所给出的值，记下对应的转速值。

（5）测试完毕后，将给定电压调回零，负载电阻调回最大值，按下停车按钮。

七、实训数据分析与总结

（1）根据表 1-2 中的数据，在坐标系中画出 $U_d = f(U_n^*)$ 和 $n = f(U_n^*)$ 曲线，并根据曲线说明给定电压对电枢电压和电动机转速的控制关系。

（2）根据表 1-3 中的数据，在坐标系中画出开环机械特性曲线，并分析电枢电压不变时，负载电流对转速的影响。

（3）实训过程中是否遇到某种故障现象？你是怎样解决的？

想一想

1. V-M 调速系统是怎样实现对电动机转速控制的？

2. 在开环调速实训中，若要求负载电流 I_d=1.1A，电动机转速 n=1 000r/min，该怎么完成这一实验调试过程？

本 章 小 结

（1）调速是指通过改变电动机或电源的参数使电动机的转速按照控制要求发生改变或保持恒定。调速包括变速控制和恒速控制。

（2）直流电动机有 3 种调速方法：调压调速、串电阻调速和弱磁调速，其中最常用的是调压调速。3 种调速方式的特点如下。

① 调压调速：调速过程中机械特性硬度不变，在额定转速以下进行调速，电枢电压降低，电动机的转速降低。

② 串电阻调速：调速过程中机械特性的理想空载转速不变，在额定转速以下进行调速，串入的电阻越大，特性越软，转速越低。

③ 弱磁调速：可以获得高于额定值的转速，磁通越小，转速越高，特性越软，理想空载转速也越高。

（3）直流调速经历了 3 个发展阶段，即 G-M 调速系统、V-M 调速系统、PWM 调速系统。目前应用最广的是 V-M 调速系统。

（4）调速系统的性能指标包括稳态性能指标和动态性能指标，重点介绍两个稳态性能指标。

① 调速范围：在额定负载下，生产机械要求电动机提供的最高转速与最低转速之比称为调速范围，用大写字母 D 表示。

$$D = \frac{n_{max}}{n_0}$$

其中，n_{max} 通常指电动机铭牌上所标的额定转速 n_N。

② 静差率：当系统在某一机械特性下运行时，电动机的负载由理想空载增加到额定负载时对应的转速降 Δn_N 与理想空载转速 n_0 之比，称为静差率，用小写字母 s 表示。

$$s = \frac{\Delta n_{\mathrm{N}}}{n_{\min}} \times 100\%$$

调速系统的静差率是指最低转速对应机械特性的静差率。

静差率与调速范围的关系为 $\quad D = \dfrac{s \cdot n_{\mathrm{N}}}{(1-s)\Delta n_{\mathrm{N}}}$

（5）开环调速系统是最简单的直流调速系统，由于转速受负载电流的影响，不易实现恒转速控制，转速控制精度低，所以仅适用于对调整性能要求不高的场合。

检 测 题

1. 简答题

（1）什么是调速范围？

（2）什么是静差率？

2. 填空题

（1）直流电动机的 3 种调速方法中，能获得高于额定值转速的是_____；调速过程中机械特性的硬度不变的是_____；理想空载转速不变的是_____；最常用的调速方式是_____。

（2）直流电动机的机械特性方程是_____。

（3）某调速系统的调速范围是（150～1 500）r/min，静差率 $s = 10\%$，则系统的调速范围 $D =$ _____。

（4）直流调速经历的 3 个发展阶段是_____调速系统、_____调速系统及_____调速系统。

（5）测试电动机的开环机械特性时，给定电压应取_____（正/负）电压。

3. 开环机械特性测试实训

（1）图 1-15 所示为做直流电动机的开环调速实验时主电路所需元器件，试将其连接起来构成调速系统的主电路。

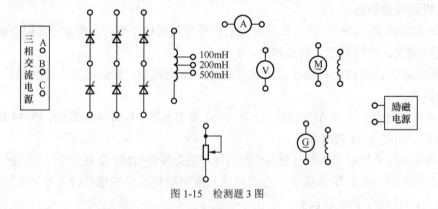

图 1-15　检测题 3 图

（2）写出测试开环机械特性的实训步骤。

（3）如果给定电压为零时，电动机转速不为零，应如何调试？

4. 计算题

某 V-M 系统，电动机数据为 $P_{\mathrm{N}} = 10\mathrm{kW}$，$U_{\mathrm{N}} = 220\mathrm{V}$，$I_{\mathrm{N}} = 55\mathrm{A}$，$n_{\mathrm{N}} = 1\,000\mathrm{r/min}$，$R_{\mathrm{a}} = 0.1\Omega$，要求系统静差率 $s = 10\%$，调速范围 $D = 10$。若采用开环控制系统，能不能达到控制要求？

第二章
单闭环直流调速系统

学习目标

- 理解开环调速的缺点及其改进方法。
- 掌握转速负反馈调速系统的组成，能画出其原理图。
- 掌握转速负反馈调速系统的工作原理，会分析其抗干扰特性。
- 理解单闭环系统的开环放大倍数对系统的稳态、动态性能的影响。
- 能在实验室熟练完成单闭环调速系统的接线与调试，会测试单闭环调速系统的静特性。
- 培养大局意识和团队协作精神。

开环调速是结构最简单的一种调速系统。但该系统的抗干扰能力差，当电动机的负载或电网电压发生波动时，电动机的转速就会随之改变，即转速不够稳定，因此开环调速只能应用于负载相对稳定、对调速系统性能要求不高的场合。而在实际工业生产过程中，生产机械对调整系统性能要求是很高的，例如，为了保证加工精度和表面光洁度，龙门刨床主轴电动机要求调速范围 $D = 20 \sim 40$，静差率 $s \leqslant 5\%$；钢铁厂的热轧钢机要求电动机的调速范围 $D = 5 \sim 10$，静差率 $s \leqslant 0.2\% \sim 0.5\%$。显然开环调速不能满足这样的要求。

那么，怎样才能提高直流调速系统的抗干扰性，从而提高系统的调速性能呢？

根据自动控制理论，要想使被控量保持稳定，可将被控量反馈到系统的输入端，构成负反馈闭环控制系统。将直流电动机的转速检测出来，反馈到系统的输入端，就构成转速负反馈单闭环直流调速系统，简称单闭环直流调速系统。

| 2.1 单闭环调速系统的构成及工作原理 |

图 2-1 所示为转速负反馈单闭环调速系统的原理。

单闭环调速系统由以下几部分组成。

（1）给定电路：提供转速控制电压 U_n^*，用于控制电动机转速的大小。

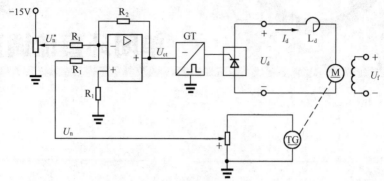

图 2-1　转速负反馈单闭环调速系统的原理

（2）转速调节器：由运算放大器构成的比例调节器有两个输入信号，一个是转速给定信号 U_n^*，另一个是转速反馈信号 U_n。转速调节器的输出作为触发电路的移相控制电压 U_{ct}。

（3）触发电路 GT：产生触发脉冲，触发脉冲的触发角 α 由移相控制电压 U_{ct} 决定。

（4）整流桥和电动机主回路：整流装置输出电压大小决定电动机转速。

（5）转速检测与反馈电路：TG 为永磁式直流发电机，将电动机转速转化为电压信号，经可调电阻输出转速反馈电压 U_n，U_n 与电动机转速大小成正比。

给定电压 U_n^* 采用负给定，因为触发电路的控制电压 U_{ct} 总是要求为正的，运算放大器具有反相作用，因此 U_n^* 应采用负给定。为保证转速反馈为负反馈，反馈电压 U_n 的极性应为正。

系统的工件原理分析如下。

电动机的转速大小受转速给定电压 U_n^* 控制。给定电压为零时，电动机停转；给定电压增大，转速上升；给定电压减小，转速下降。

当给定电压增大时，系统的调节原理为

$$U_n^* \uparrow \rightarrow \Delta U = \left(U_n^* - U_n\right) \uparrow \rightarrow U_{ct} \uparrow \rightarrow U_d \uparrow \rightarrow n \uparrow$$

当然，转速升高会引起转速反馈电压 U_n 升高，但其增量小于转速给定电压 U_n^* 的增量，偏差电压 ΔU 总体上是增大的，所以转速上升。反之，当给定电压下降时，转速下降，转速反馈也是下降的，但反馈电压的减小量小于给定电压的减小量，总体上 ΔU 是下降的，所以转速下降。

想一想

1. 转速单闭环调速系统由哪几部分构成？
2. 为什么开环调速系统的给定电压采用正给定，而单闭环调速系统要采用负给定？
3. 如果转速反馈电压的极性接反了（即接成了正反馈），会出现什么后果？

| 2.2 单闭环调速系统的性能分析 |

2.2.1 单闭环调速系统的稳态结构图

为了便于分析系统的稳态性能，首先确定构成系统各个单元的稳态输入—输出关系，进一步建立系统的稳态结构如图 2-2 所示。

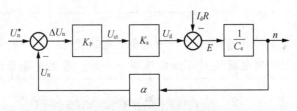

图 2-2 单闭环调速系统的稳态结构

图 2-2 中 $C_e = K_e \Phi_N$，称为电动势系数。由于调压调速中电动机常数 K_e 和额定磁通 Φ_N 都是定值，所以常将其合并成一个系数 C_e，单位为 V·min/r。

比较环节：运算放大器输入端等效为比较环节，对转速给定和转速反馈加以综合，综合后的电压差 $\Delta U = U_n^* - U_n$。

运算放大器的输出：$U_{ct} = K_p \Delta U$，其中放大器的放大系数 $K_p = -\dfrac{R_2}{R_1}$。

整流装置输出电压：$U_d = K_s U_{ct}$，在直流调速系统中，将整流装置的输出电压与触发控制电压 U_{ct} 看成线性关系，K_s 为其放大系数。

电动机的转速：$n = \dfrac{U_d - I_d R}{C_e}$。

转速反馈电压：$U_n = \alpha n$，其中 α 称为转速反馈系数，其大小由测速发电机及可调电阻参数决定。

想一想

稳态结构图是反映系统稳定工作时各元件的输入—输出关系，系统原理图则用最简洁的方法表述系统的构成，能熟练地画出系统的原理图和稳态结构图是学习调速系统的基本要求，是进入实训操作前应具备的能力，你能画出来吗？试画之。

2.2.2 单闭环调速系统的抗干扰性分析

引入转速负反馈的目的在于提高调速系统的抗干扰性，保持转速的相对稳定，那么单闭环调速系统是怎样实现抗干扰作用的呢？以负载电流增大为例分析如下。

当负载电流 I_d 增大时，根据

$$n = \frac{U_d - I_d R}{C_e}$$

可知电动机的转速要下降，转速反馈电压 U_n 减小，而给定电压 U_n^* 没变，故 $\Delta U = U_n^* - U_n$ 增大，控制电压 U_{ct} 增大，整流装置的输出电压 U_d 增大，转速提高，即转速负反馈有如下调节作用。

$$I_d \uparrow \to n \downarrow \to U_n \downarrow \to \Delta U \uparrow \to U_{ct} \uparrow \to U_d \uparrow \to n \uparrow$$

通过这一调节可抑制转速的下降，虽然不能做到完全阻止转速下降，但同开环相比，转速的下降程度会大大降低，从而保持了转速的相对稳定。

想一想

直流调速系统常见的干扰有两种，一种是负载电流变化，另一种是电网电压的波动，试根据图 2-2 分析，当电网电压波动（如电压减小）时，系统是否有抗干扰作用？

2.2.3　单闭环调速系统的静特性

根据稳态结构图可求出电动机转速与给定电压和电枢电流的关系式如下。

$$n = \frac{K_p K_s U_n^*}{C_e(1+K)} - \frac{R}{C_e(1+K)} I_d，\quad 其中 K = \frac{K_p K_s \alpha}{C_e}$$

闭环调速系统中，表达式 $n = f(I_d)$ 称为系统的静特性。

开环调速系统中，$n = \dfrac{U_d - I_d R}{C_e} = \dfrac{U_d}{C_e} - \dfrac{R}{C_e} I_d$ 称为系统的开环机械特性。

静特性方程的分母是机械特性方程分母的 $1+K$ 倍；$K_p K_s U_n^*$ 相当于 U_d。由稳态结构图可知，给定电压 U_n^* 经过 K_p、K_s 两个放大环节之后转化为 U_d；系统的开环放大系数 K 就是闭环内 4 个方框内系数之积。

闭环静特性和开环机械特性虽然都表示 $n = f(I_d)$，但二者有着本质上的区别。

（1）一条机械特性曲线对应于一个电枢电压 U_d，而一条静特性曲线对应于一个给定电压 U_n^*。

（2）开环调速，转速给定 U_n^* 不变，电枢电压 U_d 就基本不变；而闭环调速，U_n^* 不变，U_d 会随着 I_d 变化。一条静特性对应多条机械特性，如图 2-3 所示。

对于开环调速，当负载电流增加时，由于给定电压没变，整流装置的输出电压不变，转速只能按照机械特性曲线下降；而对于闭环调速，当负载电流增加时，通过闭环自身的调节，会提高电枢电压，减小转速降，如图 2-3 所示。当负载电流为 I_{d1} 时，电枢电压为 U_{d1}，电动机工作于 A 点对应的机械特性上，当负载电流增加为 I_{d2} 时，电枢电压提高为 U_{d2}，电动机工作于 B 点对应的机械特性上……对同一给定电压，负载电流连续变时，电动机的工作点在直线 $ABCD$ 上连续变化，这条直线就是闭环系统对应于某一给定电压的一条静特性曲线。

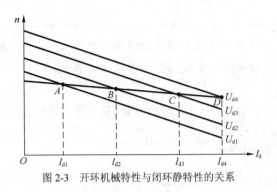

图 2-3 开环机械特性与闭环静特性的关系

想一想

1. 你能熟练地写出闭环系统的静特性方程吗？说说你的记忆小窍门。
2. 结合开环机械特性的测试方法，说一说如何测试闭环系统的静特性。
3. 测得的静特性与开环机械特性相比，会有什么不同？

2.2.4 闭环调速与开环调速的比较

为充分认识闭环调速系统的优点，现将闭环系统的静特性同开环机械特性加以比较。

静特性方程：$n = \dfrac{K_{\mathrm{p}}K_{\mathrm{s}}U_{\mathrm{n}}^{*}}{C_{\mathrm{e}}(1+K)} - \dfrac{R}{C_{\mathrm{e}}(1+K)}I_{\mathrm{d}}$，闭环转速降 $\Delta n_{\mathrm{b}} = \dfrac{I_{\mathrm{d}}R}{(1+K)C_{\mathrm{e}}}$。

机械特性方程：$n = \dfrac{U_{\mathrm{d}} - I_{\mathrm{d}}R}{C_{\mathrm{e}}}$，开环转速降 $\Delta n_{\mathrm{k}} = \dfrac{I_{\mathrm{d}}R}{C_{\mathrm{e}}}$。

（1）闭环静特性比开环机械特性硬得多。当负载电流相等时，$\Delta n_{\mathrm{b}} = \dfrac{\Delta n_{\mathrm{k}}}{(1+K)}$。

（2）闭环系统的静差率要比开环系统小得多。当理想空载转速相等时，$s_{\mathrm{b}} = \dfrac{s_{\mathrm{k}}}{(1+K)}$。

开环静差率 $s_{\mathrm{k}} = \dfrac{\Delta n_{\mathrm{k}}}{n_0}$，闭环静差率 $s_{\mathrm{b}} = \dfrac{\Delta n_{\mathrm{b}}}{n_0} = \dfrac{\Delta n_{\mathrm{k}}}{(1+K)n_0} = \dfrac{s_{\mathrm{k}}}{(1+K)}$。

（3）闭环系统可比开环系统有更大的调速范围。当静差率相等时，$D_{\mathrm{b}} = (1+K)D_{\mathrm{k}}$。

开环调速范围 $D_{\mathrm{k}} = \dfrac{sn_{\mathrm{N}}}{(1-s)\Delta n_{\mathrm{k}}}$，闭环调速范围 $D_{\mathrm{b}} = \dfrac{sn_{\mathrm{N}}}{(1-s)\Delta n_{\mathrm{b}}} = (1+K)D_{\mathrm{k}}$。

由上述分析可以看出，提高系统的开环放大倍数 K 对改善调速系统的稳态性能指标是有利的，即增大开环放大倍数 K，静差率减小，硬度提高，调速范围增大。但是开环放大系数 K 增大会降低系统的稳定性，K 增大到一定程度时，系统会变得不稳定，即动态性能变差了。这就是控制系统的稳态和动态性能之间的相互制约性。

（4）闭环系统比开环系统的抗干扰性能好。开环系统基本上没有抗干扰性，而闭环系统则对影响转速稳定的常见干扰有抑制作用。

【例 2-1】 某 V-M 系统为转速负反馈调速系统，电动机 n_N=1 000r/min，系统的开环转速降为 100r/min，$D=10$，如果要求系统的静差率由 15% 降到 5%，则开环放大倍数 K 应怎样变化？

解：当静差率为 s_1=15% 时，系统对应的闭环转速降

$$\Delta n_{b1} = \frac{s_1 n_N}{D(1-s_1)} = \frac{0.15 \times 1\,000}{10 \times 0.85} = 17.6(\text{r/min})$$

由 $\frac{\Delta n_k}{\Delta n_{b1}} = 1 + K_1$，得 $K_1 = \frac{\Delta n_k}{\Delta n_{b1}} - 1 = \frac{100}{17.6} - 1 = 4.7$

当静差率为 s_1=5% 时，系统对应的闭环转速降

$$\Delta n_{b2} = \frac{s_2 n_N}{D(1-s_2)} = \frac{0.05 \times 1\,000}{10 \times 0.95} = 5.3(\text{r/min})$$

由 $\frac{\Delta n_k}{\Delta n_{b2}} = 1 + K_2$，得 $K_2 = \frac{\Delta n_k}{\Delta n_{b2}} - 1 = \frac{100}{5.3} - 1 = 17.9$

即开环放大系数 K 由 4.7 增大到 17.9。

想一想

1. 同开环调速相比，转速负反馈调速系统有什么优点？

2. 从调速系统的稳态性能方面考虑，系统的开环放大系数 K 是大点好，还是小点好？从动态性能方面考虑呢？

3. 某 V-M 调速系统，已知电动机参数 P_N=2.8kW，U_N=220V，I_N=15.6A，n_N=1 000r/min，R_a=1Ω，晶闸管整流装置的放大倍数 K_s=40，要求系统的调速范围为 D=30，静差率 s=10%。（1）采用开环调速能不能满足系统要求？（2）若采用转速负反馈闭环调速，闭环系统的转速降是多少？系统的开环放大倍数是多少？（3）若给定电压 U_n^*=10V 时电动机工作在额定工作点，试计算放大器的放大系数 K_p 和转速反馈系数 α。

学海领航
闭环控制与
立德树人

2.2.5 闭环调速系统的基本特征

闭环调速系统有如下基本特征。

（1）转速调节器为比例调节器时，闭环调速系统是有静差的。

闭环系统的稳态转速降

$$\Delta n_b = \frac{R}{(1+K)C_e} I_d$$

理论上只有当 $K=\infty$ 时，稳态转速降才能为零，这实际上是做不到的。增大放大系数 K 只能减小稳态转速降 Δn_b，却不能消除它。图 2-4 所示为单闭环调速系统的稳态结构图，从结构图上看，转速是由转速给定与转速反馈比较后的偏差电压 ΔU 来控制的，转速越高，要求这一

偏差越大。所以转速的实际值与给定值之间总是有偏差的，这种系统称为有静差调速系统。

（2）被控量总是跟随给定量变化。电动机的转速总是随着给定电压 U_n^* 变化而变化。

（3）闭环系统对作用于闭环内前向通道上的干扰有调节作用，而对作用于闭环外或非前向通道上的干扰无能为力。

【例 2-2】 图 2-4 所示的调节器为比例调节器，试分析指出系统对下列参数变化产生的干扰是否有调节作用。

①给定电路的电阻 R_0；②供电电网电压 U；③电枢回路电阻 R；④转速反馈系数 α；⑤电动机励磁电压。

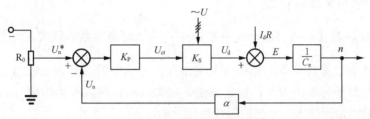

图 2-4 单闭环调速系统稳态结构

解： 干扰①的作用点在闭环外。干扰②的作用点在 K_S 环节上。干扰③的作用点在右综合点上。干扰④的作用点不在前向通道上。干扰⑤的作用点在 C_e 环节上。所以闭环系统对干扰②、③、⑤有调节作用，对干扰①、④没有调节作用。

 想一想

1. 什么是有静差调速系统？
2. 闭环调速系统对什么样的干扰有调节作用？试举例说明。

2.3 无静差调速系统

调速系统达到稳定工作状态时，转速反馈与转速给定的值相等，调节器的输入偏差电压等于零，这种调速系统称为无静差调速系统。有静差调速与无静差调速的区别在于调节器的选择不同，从而引起系统的特性不同。

2.3.1 调节器及其特性

这里仅介绍由运算放大器构成的比例调节器、积分调节器、比例—积分调节器的特性。

1. 比例调节器（简称 P 调节器）

比例调节器的电气原理图及其输入—输出关系如图 2-5 所示。

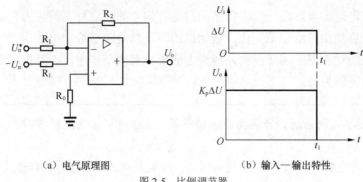

（a）电气原理图　　　　　　（b）输入—输出特性

图 2-5　比例调节器

（1）输入—输出关系如下。

$$U_o = -K_p \left(U_n^* - U_n \right) = -K_p \Delta U，其中 K_p = -\frac{R_2}{R_1} 为比例调节器的放大倍数。$$

调节器都是由运算放大器的反相输入端输入，上式中的负号表示输出与输入呈反相关系，即输入偏差为正时输出为负，反之亦然。如果仅考虑输入—输出信号的大小关系，可不考虑负号，但应知道输入—输出的极性是相反的。

（2）比例调节器的特点。比例调节器的优点是控制的快速性好。输出信号随时跟随输入信号变化，输出响应快，反映到控制作用上，比例调节器的控制速度快。

比例调节器的缺点是不能实现无静差调节。即稳态工作时，其输入偏差 ΔU 不能为零，被控量的实际值与给定值之间总是存在偏差的，为有静差控制系统。

2．积分调节器

积分调节器（简称 I 调节器）的电气原理图及其输入—输出关系如图 2-6 所示。

（1）输入—输出关系为

$$U_o = -\frac{1}{T} \int \Delta u \, \mathrm{d}t$$

式中，$T = R_1 C$ 为积分时间常数。

如图 2-6（b）所示，在 $0 \sim t_1$ 时间内，偏差电压为定值，积分调节器的输出从零开始积分，沿斜线上升，t_1 时刻之后，输入偏差电压为零，积分作用停止，输出保持不变。

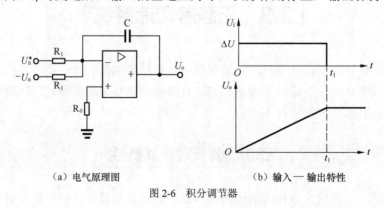

（a）电气原理图　　　　　　（b）输入—输出特性

图 2-6　积分调节器

（2）积分调节器的特点。积分调节器的优点是可以实现无静差调节。积分调节器的输入偏差大于零时，输出量向上积分而增大；输入偏差小于零时，输出量向下积分而减小；输出量恒定的条件是输入偏差为零，即反馈量与给定量相等。所以采用积分调节器可实现无静差调速。

积分调节器的缺点是控制作用慢。当输入为阶跃信号时，输出量不能马上跟随给定量变化，要经过一个积分过程，输出才能达到设定值，控制作用不如比例调节器及时。

3．比例—积分调节器

比例—积分调节器（简称 PI 调节器）的电气原理图及其输入—输出关系如图 2-7 所示。

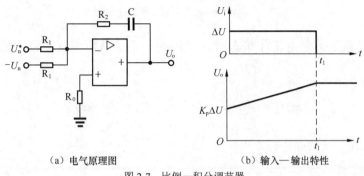

（a）电气原理图　　　　（b）输入—输出特性

图 2-7　比例—积分调节器

比例—积分调节器同时具有比例调节器和积分调节器的优点，即控制速度较快，又可实现无静差调节。采用比例—积分调节器的控制系统具有较好的动态性能和稳态性能，因此 PI 调节器在控制系统中应用广泛。

想一想

采用比例调节器的调速系统称为有静差调速系统，无静差调速系统应采用积分调节器还是 PI 调节器？为什么？

学海领航

PID 调节与团结协作

2.3.2　无静差调速系统

实现无静差调速的条件如下。

（1）采用转速负反馈。

（2）转速调节器采用 PI 或 PID 调节器。

图 2-8 所示为采用 PI 调节器的单闭环无静差调速系统原理。

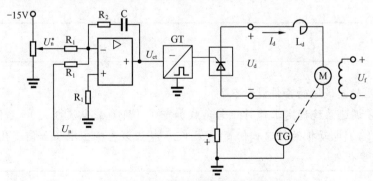

图 2-8　单闭环无静差调速系统原理

单闭环无静差调速系统的稳态结构如图 2-9 所示。

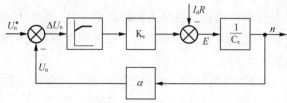

图 2-9　单闭环无静差调速系统的稳态结构

无静差调速系达到稳定工作状态时，系统的一个显著特点就是调节器的输入偏差为零，即

$$\Delta U = U_n^* - U_n = 0 \quad 或 \quad U_n^* = U_n = \alpha n$$

这就是无静差调速系统的静特性方程。

【例 2-3】转速单闭环无静差调速系统的稳态结构图如图 2-9 所示。电动机参数 $U_N = 220V$，$I_N = 55A$，$R_a = 1\Omega$，$n_N = 1500 \text{r/min}$。整流装置的放大倍数 $K_s = 40$，转速反馈系数 $\alpha = 0.01 \text{V·min/r}$，给定电压 $U_n^* = 12V$ 时，负载电流 $I_d = 50A$。试计算电动机的转速 n、整流输出电压 U_d 及转速调节器的输出电压 U_{ct} 分别是多少？

解：由于系统采用 PI 调节器，稳态时 $\Delta U = 0$，所以电动机的转速

$$n = \frac{U_n}{\alpha} = \frac{U_n^*}{\alpha} = \frac{12}{0.01} = 1\,200(\text{r/min})$$

$$C_e = \frac{U_N - I_N R_a}{n_N} = \frac{220 - 55 \times 1}{1\,500} = 0.11(\text{V min/r})$$

由 $n = \dfrac{U_d - I_d R_a}{C_e}$ 得

$$U_d = C_e n + I_d R_a = 0.11 \times 1\,200 + 50 \times 1 = 182(\text{V})$$

$$U_{ct} = \frac{U_d}{K_s} = \frac{182}{40} = 4.55(\text{V})$$

想一想

1. 实现无静差调速的条件是什么？

2. 无静差调速系统稳定工作时，若负载加重了（即负载电流增大），系统再次达到稳定工作状态，（1）电动机的转速如何变化？（2）整流装置输出电压如何变化？（3）调节器的输出如何变化？

2.4　单闭环有静差直流调速系统实训

一、实训内容

（1）单闭环有静差直流调速系统的接线与调试。

（2）测绘开环机械特性和闭环静特性，比较其硬度。

（3）测试闭环系统的转速反馈系数 α、整流装置的放大倍数 K_s 和调节器的放大倍数 K_p。

二、实训目的

（1）熟悉系统的构成，能熟练地完成接线。

（2）会测试闭环系统的静特性和开环系统的机械特性，通过其硬度的比较，加深对闭环系统优点的认识。

（3）会测试闭环系统的参数，加深对转速反馈系数、整流装置放大倍数、调节器放大倍数等参数含义的理解。

三、实训前预习与准备

（1）会画单闭环调速系统的原理图，指出构成该系统所需的挂件或电路单元。

（2）自学、熟悉本实训中要用到的实训设备（挂件）的性能及有关电路单元的接线，画出实验接线图。

（3）开环调速系统采用正给定，单闭环调速系统采用什么给定？为什么？

（4）根据开环机械特性的测试方法，说一说如何测闭环系统的静特性。

（5）明确测试闭环系统转速反馈系数 α、整流装置的放大倍数 K_s 和调节器的放大倍数 K_p 的方法与步骤。

四、实训所需挂件

实训所需挂件如表 2-1 所示。挂件性能详见附录。

表 2-1　　　　　　　　　　　　　　实验所需挂件

序号	型　号	备　注
1	DJK01 电源控制屏	该控制屏包含"三相电源输出""励磁电源"等模块
2	DJK02 三相整流电路	该挂件包含"三相整流电路""平波电抗器"等模块
3	DJK02-1 触发电路和功放电路	该挂件包含"触发电路和功放电路"
4	DJK04 电动机调速控制	该挂件包含"给定""转速调节器""速度变换""电流反馈与过流保护"等模块
5	D42 三相可调电阻	提供可调电阻，用于改变电动机的电枢电流
6	DJK08 可调电阻、电容	提供调节器外接电阻和外接电容
7	电动机组	包括他励直流电动机、直流发电机和测速发电机及转速表

五、实训线路及原理

单闭环有静差直流调速系统原理如图 2-10 所示。其主电路的接线与开环实训完全相同，如第一章中的图 1-12 所示。

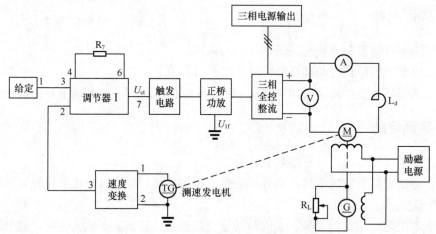

图 2-10　单闭环有静差直流调速系统实验原理

单闭环调速系统的控制电路由给定电路、转速调节器、触发电路与功放电路、测速发电机及转速变化等几部分构成。转速给定电压采用负给定，以保证移相控制电压 U_{ct} 为正。转速调节器接成比例调节器，即在其 4、6 端之间接入一个电阻 R_7，R_7 从 DJK-08 挂件上接入，其值设定为 120kΩ。当采用正桥整流电路时，正桥功放电路的 U_{1f} 端要接地，正桥功放电路才能工作，有脉冲输出。所用不同挂件之间的接地端相连，以保证有共同零电位参考点。

有静差直流调速系统的转速受给定电压控制，给定电压增加，电动机的转速升高，反之，给定电压减小，转速下降；负载电流的变化相当于系统的扰动，由于系统为有静差调速，当负载电流增大（或减小）时，电动机的转速会有所下降（或上升）。

六、实训步骤

1．设备基本状态检查

与开环调速相同。

2．测试开环机械特性

（1）按照开环调速实训线路图完成接线，认真检查，确保无误。

（2）打开电源总开关，按下启动按钮，此时给定电压为零，电动机应不转，否则应调节偏置电压调节旋钮。

（3）从零逐渐增大给定电压，使电动机转速升到 1 200r/min。将此时电动机的电枢电流记入表 2-2。

（4）保持给定电压不变，逐渐减小负载电阻，电动机的电枢电流会增大，逐次将电流调整到表 2-2 所给出的值，记下对应的转速。

（5）测试完毕后，将给定电压调回零，负载电阻调回最大值，按下停车按钮。

3．测试闭环静特性

按照转速闭环调速实验接线图完成接线，认真检查，确保无误后（注意转速负反馈不要接成正反馈），重复上面步骤（3）～步骤（5）的操作，完成闭环静特性的测试。

为了便于比较开环和闭环的硬度，测试数据时，应使两者具有相同的空载转速和电流取值，即按表 2-2 要求进行测试。

表 2-2 开环机械特性和闭环静特性测试数据

I_d	$I_{d0}=?$	0.5A	0.6A	0.7A	0.8A	0.9A	1.0A	1.1A	1.2A
开环	1 200								
闭环	1 200								

4．测试转速反馈系数 α 和晶闸管整装置的放大系数 K_s

转速反馈系数

$$\alpha = \frac{U_n}{n}$$

测出转速及其对应的转速反馈电压，代入上式可求得转速反馈系数。实训中一般采取测几组数据，求取平均值作为测量值。

晶闸管整装置的放大系数

$$K_s = \frac{U_d}{U_{ct}}$$

测出几组 U_d、U_{ct}，计算出对应的 K_s，求取平均值作为测量值。

转速反馈系数 α 和晶闸管整装置的放大系数 K_s 的测试，如表 2-3 所示。

表 2-3 转速反馈系数 α 和晶闸管整装置的放大系数 K_s 的测试

转速 n（r/min）	800	1 000	1 200	1 400	
转速反馈 U_n					α 的平均值
$\alpha = U_n/n$					
控制电压 U_{ct}					
整流输出 U_d					K_s 的平均值
$K_s = U_d/U_{ct}$					

5．测试调节器的放大系数 K_p

调节器的放大系数 K_p 指的是调节器的输出与输入比值，较为简便的测试方法是调节器只加给定的一个输入信号，不加反馈，调节器的输入仍接在触发电路的 U_{ct} 端，选择几个 U_g 值，测出调节器对应的输出值填入表 2-4，计算 K_p 的值。

表 2-4 调节器的放大系数 K_p 的测试

给定电压 U_g（V）				K_p 的平均值
调节器输出 U_{ct}（V）				
$K_p = U_{ct}/U_g$				

七、实训数据分析与总结

（1）根据表 2-2 中的数据，在同一坐标中画出开环机械特性与闭环静特性，比较其硬度。

（2）根据表 2-3、表 2-4 中的数据，分析转速检测与反馈反馈环节、晶闸管整流装置及比例调节器的输入—输出特性。

（3）实训过程中是否遇到某种故障现象？你是怎样解决的？

想一想

在做转速负反馈单闭环实训时，若给定电压为零时，电动机转速为零，但当增加一点给定电压时，电动机的转速突然变得很高，再减小给定电压，转速也降不下来。试分析其原因，如何解决这一问题？

本 章 小 结

（1）开环调速系统结构简单，但抗干扰能力差，转速受负载变化影响大，转速不稳定，只能应用于对调速系统性能要求不高的场合。改进方法是引入转速负反馈构成闭环调速系统。

（2）转速负反馈单闭环调速系统主要由给定电路、转速调节器、触发电路、整流桥和电动机主回路、转速检测及反馈电路等几部分构成。

（3）触发电路的移相控制电压 U_{ct} 是正电压信号，运算放大器具有反相作用，因此单闭环调速系统的给定信号应采用负电压。

（4）转速负反馈单闭环调速系统的静特性方程为

$$n = \frac{K_p K_s U_n^*}{C_e(1+K)} - \frac{R}{C_e(1+K)} I_d, \quad \text{其中} K = \frac{K_p K_s \alpha}{C_e}。$$

（5）转速负反馈单闭环调速系统的优点。

① 闭环系统静特性比开环机械特性硬得多。负载电流相等时，$\Delta n_b = \frac{\Delta n_k}{(1+K)}$。

② 闭环系统静差率要小得多。理想空载转速相等时，$s_b = \frac{s_k}{(1+K)}$。

③ 闭环系统可比开环系统有更大的调速范围。当静差率相等时，$D_b = (1+K)D_k$。

④ 闭环系统比开环系统的抗干扰性能好。

（6）开环放大系数 K 对单闭环系统性能的影响。

① 增大 K 的值对系统的稳态性能有改善作用，如硬度变硬，静差率减小，调速范围增大。

② K 值过大对系统的动态性能不利，如稳定性下降，甚至造成不稳定。

（7）闭环调速系统的基本特征如下。

① 转速调节器为比例调节器的闭环调速系统是有静差的。

② 被控量总是跟随给定量变化。电动机的转速总是跟着给定电压 U_n^* 变化。

③ 系统对作用于闭环内前向通道上的干扰均有调节作用。

（8）转速负反馈调速系统的转速调节器采用比例调节器时，系统为有静差调速系统；采用比例—积分调节器时，系统为无静差调速系统。

（9）实现无静差调速条件。

① 采用转速负反馈。

② 转速调节器采用 PI 调节器或 PID 调节器。

（10）同开环调速一样，转速负反馈单闭环调速实训启动时，给定电压应从零逐渐增大，否则，会由于启动电流过大造成过电流保护电路动作。

检 测 题

1. 简答题

（1）同开环调速相比，转速负反馈调速系统有何优点？

（2）闭环调速系统的基本特征是什么？

（3）实验时，如果将转速负反馈接成正反馈，会出现什么现象？如何改正？

2. 判断题

（1）转速负反馈调速系统中，转速给定为正电压，转速反馈为负电压。（　　）

（2）转速负反馈闭环调速系统的静特性方程是 $n=\dfrac{K_pK_sU_d}{C_e(1+K)}-\dfrac{R}{C_e(1+K)}I_d$。（　　）

（3）转速负反馈闭环调速不能在额定电压下直接启动。（　　）

（4）闭环系统的静特性与开环机械特性都表示转速与负载电流之间的关系，两者本质上是相同的，只是名称不同而已。（　　）

（5）积分调节器控制速度快，比例调节器控制精度高，PI 调节器同时具有两者的优点。（　　）

3. 填空题

（1）转速负反馈单闭环调速系统由_____、_____、触发与整流电路、电动机主回路、转速检测与反馈电路等几部分构成。

（2）具有_____调节器的转速单闭环调速系统为有静差调速系统。

（3）实现无静差调速条件是①_____，②_____。

（4）有静差调速系统，当开环放大系数 K 提高时，系统的稳态性能变_____，即调速范围_____，静差率_____，硬度_____，但系统的稳定性_____。

4. 计算题

某 V-M 系统为转速负反馈调速系统，电动机 $n_N=1\,000$r/min，系统的开环转速降为100r/min，$D=10$，如果要求系统的静差率由 15% 降到 5%，则开环放大倍数 K 应怎样变化？

5. 分析题

（1）单闭环转速负反馈调速系统（参见图 2-4），调节器为比例调节器。

① 试分析指出系统对下列参数变化产生的干扰是否有调速作用？为什么？

a. 给定电路的电阻 R_0；b. 供电电网电压 U；c. 电枢回路电阻 R；d. 转速反馈系数 α；e. 电动机励磁电压。

② 以负载电流增大为例，分析系统的抗干扰性工作原理。

（2）在做单闭环调速系统实训时，某同学测绘出的静特性曲线是一条向上倾斜的直线，试分析其原因。

第三章
双闭环直流调速系统

学习目标

- 理解单闭环直流调速系统的局限性及其改进方法。
- 掌握双闭环直流调速系统的组成及其特点，能画出其原理图。
- 掌握双闭环直流调速系统静特性分析方法，能进行相关静态计算。
- 理解双闭环直流调速的启动过程及其特点。
- 理解转速调节器和电流调节器的作用。
- 能在实验室熟练完成双闭环调速系统的接线和基本单元的调试，会测试双闭环调速系统的静特性。

| 3.1 双闭环调速系统的构成 |

3.1.1 问题的提出

转速负反馈单闭环直流调速系统解决了系统的抗干扰问题，提高了转速的稳态控制精度，但它有着自身的局限性。

（1）不能在正常工作电压下直接启动，否则会出现很大的启动电流。

设电动机正常工作时电枢电压为 U_d，电动机的机械特性如图 3-1 所示。由于启动时电动机转速很低，电枢反电势 E 很小，启动电流很大。理论上开始启动时电流为 I_{q0}，特性越硬，I_{q0} 值越大，远远大于负载电流

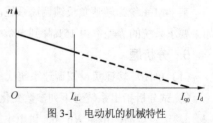

图 3-1 电动机的机械特性

I_{dL}，会造成晶闸管损坏，使系统不能正常启动。所以单闭环直流调速系统启动时，给定电压必须从零开始逐渐增大，这无疑会影响系统的工作效率。

（2）当电动机发生堵转或过载时，系统本身没有过电流保护作用，只能靠外加熔断器等保护装置，安全性能较差。

为进一步改善直流调速系统的性能，提出了双闭环直流调速控制方案。即在转速单闭环调速系统的基础上，再引一个电流调节环，实现对电动机电枢电流的控制，使电动机能在给定电压下直接启动，并且能使启动电流不超过最大允许值；这样既保证电动机有较大的启动转矩，启动过程较快，又能保障系统安全。在升速调节或电动机发生堵转时，电流控制环节还能起到限电流保护作用。

 想一想

1. 单闭环调速实验中，为什么按启动按钮之前要将给定电压调到零？
2. 转速负反馈单闭环调速系统有什么局限性？怎样加以改进？

3.1.2 双闭环调速系统的构成

双闭环调速系统的框图如图 3-2 所示。

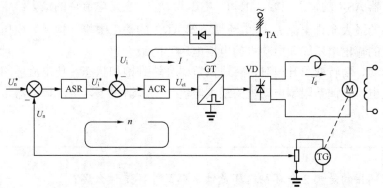

ASR—转速调节器；ACR—电流调节器；TA—电流互感器；TG—测速发电机

图 3-2 双闭环直流调速系统

双闭环直流调速系统设置了两个调节器，可分别对电动机的转速和电流进行调节。测速发电机对转速进行检测，实现转速反馈；电流负反馈是从交流电路检测的，但它反映的是电动机的电枢电流。由于整流电路交流侧的电流与电动机的电枢电流成正比，且交流电流的检测较为简便，电流互感器 TA 将三相交流电流成比例地转换为 3 个交流电压信号，再经二极管整流得到直流电压信号，用作电流反馈。

双闭环直流调速系统在构成上有如下特点。

（1）转速调节器 ASR 与电流调节器 ACR 为串联关系，转速调节器的输出作为电流调节器的给定信号。

（2）系统有 2 个闭环回路，内环是电流环，外环是转速环。转速环对电动机的转速实现调节，是主要调节；电流环对电动机的电枢电流实现调节，是辅助调节。电动机转速大小受转速给定信号 U_n^* 控制，电动机电枢电流大小受电流给定信号 U_i^* 控制。

（3）为了使系统获得较好的动态和稳态性能，2 个调节器均采用 PI 调节器。系统的原理如图 3-3 所示，稳态时转速环和电流环都可实现无静差调节。

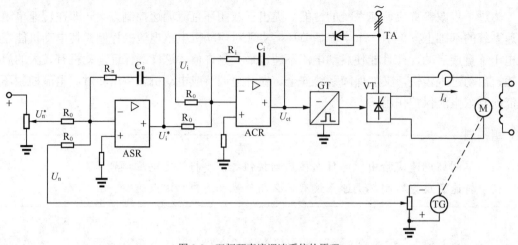

图 3-3　双闭环直流调速系统的原理

（4）2 个调节器的输出都是带限幅的。当调节器的输出达到限幅值时，调节器处于饱和工作状态。

转速调节器 ASR 的输出限幅（饱和）电压为 U_{im}^*，它是电流环的最大给定电压，决定了电动机主回路的最大允许电流 I_{dm}；电流调节器 ACR 的输出限幅（饱和）电压为 U_{ctm}，它决定了整流装置的输出电压（即电动机的电枢电压）的最大值。

电动机启动、堵转或急升速时，转速调节器会达到饱和状态，使电流环的给定电压达到最大值，通过电流环调节限制电动机的最大电流。一般情况下，电流调节器是不会达到饱和工作状态的。

 想一想

1. 双闭环指的是哪 2 个环？内环是什么环？外环是什么环？
2. 转速调节器和电流调节器采用的是什么调节器？为什么？
3. 两个调节器的输出限幅值各有什么意义？

3.2　双闭环调速系统的静特性分析

3.2.1　稳态结构图和静特性

为了分析双闭环调速系统的静特性，首先要根据系统原理图画出系统的稳态结构，如图 3-4 所示。

稳态时电动机的转速、电流均达到稳定值，两调节器的给定信号、反馈信号及其输出也均保持不变，稳态结构图表示的是稳态时调速系统各个物理量之间的关系。

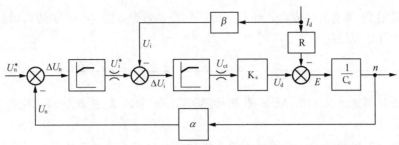

α—转速反馈系数；β—电流反馈系数；K_s—整流装置的等效放大系数

图 3-4　双闭环系统的稳态结构

在正常稳定工作状态下，2 个 PI 调节器都是处于非饱和工作状态，其输入—输出关系符合 PI 调节器的工作特性：要使 PI 调节器的输出保持稳定不变，调节器的输入偏差电压必须为零，即

$$\Delta U_n = \Delta U_i = 0$$

上式说明，系统稳定工作时，转速环和电流环都实现无静差调节。

由 $\Delta U_n = 0$ 得

$$U_n^* = U_n = \alpha n，即 n = \frac{U_n^*}{\alpha}$$

这说明在转速反馈系数一定的情况下，电动机的稳态转速仅受转速给定 U_n^* 控制，与电动机的电枢电流无关。

由 $\Delta U_i = 0$ 得

$$U_i^* = U_i = \beta I_d，即 I_d = \frac{U_i^*}{\beta}$$

电枢电流的稳态值与电流环给定相对应，而电流给定信号稳态值大小取决于实际负载电流值。当转速调节器的输出达到饱和时，电枢电流达到最大值

$$I_{dm} = \frac{U_{im}^*}{\beta}$$

最大电流 I_{dm} 是系统设计时选定的，取决于电动机的最大过载能力和拖动系统的最大加速度。

综合转速和电流情况，可得双闭环调速系统的静特性如图 3-5 所示。

双闭环调速系统的静特性为两段特性。

水平段①为恒转速调节。电枢电流小于 I_{dm}，转速调节器 ASR 不饱和，转速调节器起主要调节作用，转速给定不变，则转速不变，系统主要表现为恒转速调节。

竖直段②为恒电流调节。电枢电流达到 I_{dm} 后，转速调节器 ASR 饱和，电流给定和电枢电流均达到最大值，电流调节器起主要调节作用，系统主要表现为恒电流调节，起到自动过电流保护作用。

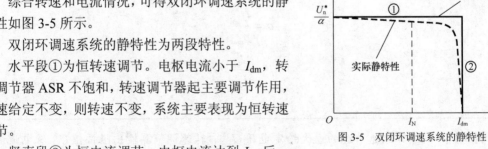

图 3-5　双闭环调速系统的静特性

这就是采用 PI 调节器形成内、外两个闭环的控制效果。图 3-5 中实线为理想静特性，系统的实际静特性如虚线所示。

> **想一想**
>
> 1. 双闭环调速系统如果 ACR 是 PI 调节器，而 ASR 是 P 调节器，能否实现无静差调速？
> 2. 试分析下列情况下，双闭环调速系统的哪个环起主要调节作用？实现什么调节？
> （1）启动时。（2）正常工作时。（3）急速升速时。（4）电动机堵转时。
> 3. "转速调节器不饱和时双闭环系统相当于转速单闭环调节，转速调节器饱和时双闭环系统相当于电流单闭环调节。"这种说法正确吗？

3.2.2 稳态参数计算

双闭环调速系统达到稳定工作状态，当 2 个调节器均不饱和时，由图 3-4 不难看出各个变量之间有如下关系。

$$U_n^* = U_n = \alpha n$$
$$U_i^* = U_i = \beta I_d$$

$$U_{ct} = \frac{U_d}{K_s} = \frac{C_e n + I_d R}{K_s} = \frac{C_e U_n^*/\alpha + I_d R}{K_s}$$

上述关系表明，在稳态工作时，转速 n 由给定电压 U_n^* 决定，转速调节器的输出电压 U_i^* 由负载电流 I_d 决定，而控制电压 U_{ct} 的大小则同时取决于 n 和 I_d，或者说，同时取决于 U_n^* 和 I_d。这些关系反映了 PI 调节器不同于 P 调节器的特点。比例调节器的输出量总是正比于输入量，而 PI 调节器的稳态输出值与输入量无关，而是由它后面环节的需要决定的，后面需要 PI 调节器提供多大输出，它就能提供多少，直到饱和为止。

设计系统时，当电动机的最高转速 n_{max}、最大转速给定 U_{nm}^*、转速调节器输出限幅值 U_{im}^* 和最大允许电流 I_{dm} 的值确定之后，转速反馈系数 α 和电流反馈系数 β 可按下列关系整定。

$$\alpha = \frac{U_{nm}^*}{n_{max}}$$

$$\beta = \frac{U_{im}^*}{I_{dm}}$$

【例 3-1】 双闭环调速系统的最大给定电压 U_{nm}^*、转速调节器输出限幅值 U_{im}^* 及电流调节器的输出限幅值 U_{ctm} 均为 10V。电动机额定电压 $U_N = 220$V，额定电流 $I_n = 20$A，额定转速 $n_N = 1\,000$r/min，电枢回路总电阻 $R = 1\Omega$，电枢回路最大电流 $I_{dm} = 40$A，整流装置的等效放

大系数 $K_s = 20$，2 个调节器均为 PI 调节器。

（1）求转速反馈系数 α 和电流反馈系数 β。

（2）当电动机发生堵转时，求整流装置输出电压 U_{d0}、转速调节器的输出 U_i^*、电流调节器的输出 U_{ct}、转速反馈电压 U_n 和电流反馈电压 U_i。

解： （1） $\alpha = \dfrac{U_{nm}^*}{n_{max}} = \dfrac{10}{1\,000} = 0.01(\text{V·min/r})$

$\beta = \dfrac{U_{im}^*}{I_{dm}} = \dfrac{10}{40} = 0.25\,(\text{V/A})$

（2） $U_{d0} = E + I_d R = I_d R = 40 \times 1 = 40\,(\text{V})$ （堵转时 $n = 0$，$E = 0$）

$U_i^* = U_{im}^* = 10\,\text{V}$

$U_{ct} = \dfrac{U_{d0}}{K_s} = \dfrac{40}{20} = 2\,(\text{V})$

$U_n = \alpha n = 0\,\text{V}$

$U_i = U_{im}^* = 10\,\text{V}$

想一想

1. 系统设计时如何整定转速反馈系数 α 和电流反馈系数 β？

2. 已知条件如例 3-1，若电动机转速 $n = 800\text{r/min}$，电动机电流 $I_d = 18\text{A}$。试求 U_n^*、U_n、U_i^* 和 U_i。

3. 双闭环调速系统，2 个调节器均为 PI 调节器，当 $I_d = 100\text{A}$ 时，$U_i = 10\text{V}$。当负载电流由 20A 增加到 30A 时，试问：

（1）U_i^* 如何变化？（2）U_{ct} 如何变化？（3）U_{ct} 值由哪些条件决定？

3.3 双闭环调速系统的启动过程分析

设双闭环调速系统启动前电动机处于停车状态，系统中各变量的值均为零。当突加给定电压 U_n^* 由静止状态启动时，转速和电流的过渡过程曲线如图 3-6 所示。启动过程中转速调节器经历了不饱和、饱和和退饱和 3 种状态，启动过程也分为 I、II 和 III 3 个阶段。

（1）第 I 阶段（0～t_1）为电流上升阶段。突加给定电压 U_n^* 后，通过 2 个调节器的控制作用，使 U_{ct}、U_d、I_d 都上升，当 $I_d \geqslant I_{dL}$ 后，电动机开始启动。由于惯性作用，电动机转速增长不会很快，转速调节器的输入偏差电压 $\Delta U_n = U_n^* - U_n$ 较大，ASR 输出很快达到饱和值 U_{im}^*，强迫电流 I_d 迅速上升。当 $I_d \approx I_{dm}$ 时，$U_i \approx U_{im}^*$，电流环进入恒电流调节，标志第 I 阶段结束。在这一阶段，ASR 由不饱和很快达到饱和，而 ACR 一般不饱和，以保证电流环实现正常调节作用。

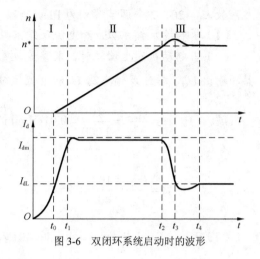

图 3-6 双闭环系统启动时的波形

（2）第 II 阶段（$t_1 \sim t_2$）为恒流升速阶段。该阶段从电流上升到 I_{dm} 开始，到转速上升到给定值 n^* 为止，电流基本保持为最大值 I_{dm}，转速沿直线上升，这是启动过程的主要阶段。在这个阶段，转速调节器一直处于饱和状态，转速环相当于开环状态，系统表现为给定 U_{im}^* 作用下的恒电流调节系统，电动机恒加速度升速，电动机的反电势 E 随转速 n 线性增长，为了保持电流恒为 I_{dm}，U_d 和 U_{ct} 也同样线性增长，由于 ACR 为 PI 调节器，要使其输出 U_{ct} 线性增长，其输入偏差电压 $\Delta U_i = U_{im}^* - U_i$ 必须维持一定值，因此图 3-6 中的 I_d 略低于 I_{dm}。

（3）第 III 阶段（$t_2 \sim t_4$）为转速调节阶段。该阶段是为进入稳速运行做准备的，其显著特点是转速出现超调，转速调节器退出饱和状态，电枢电流回落至负载电流。$t_2 \sim t_3$ 时段，$I_d > I_{dL}$，电动机的电磁力矩大于阻转力矩，电动机继续加速，出现转速超调（大于给定值 n^*），$U_n > U_n^*$，ASR 的输入偏差为负，输出 U_i^* 减小，经电流环调节，I_d 也减小，当 $I_d = I_{dL}$ 时，电动机加速结束，转速达到最大值。$t_3 \sim t_4$ 时段，转速超调，ASR 的输入偏差为负，输出 U_i^* 和 I_d 仍在减小，使 $I_d < I_{dL}$，电动机在负载阻转力矩作用下减速，转速回落到要求值。在启动过程的最后阶段，ASR 与 ACR 都不饱和，同时起调节作用，转速环在外，起主导地位，而电流环的作用则是力图使 I_d 尽快跟随 ASR 的输出 U_i^* 变化，是一个电流随动子系统。

综上所述，双闭环系统启动过程有 3 个特点。

（1）饱和非线性控制。指转速调节器有不饱和、饱和、退饱和 3 种工作状态。

（2）准时间最优控制。双闭环系统启动过程充分发挥系统的电流过载能力，基本上实现最大允许电流启动，启动过程最快。

（3）转速超调。由于采用饱和非线性控制，必须在启动过程的最后阶段让转速调节器退出饱和，根据 PI 调节器的特性，只有转速超调，ASR 的输入偏差电压为负，才能使 ASR 退饱和。转速超调是采用 PI 调节器的双闭环调速系统动态响应的特点。

想一想

1. 双闭环调速系统的启动过程分为哪 3 个阶段？各阶段 ASR 分别处于什么状态？
2. 电流、转速波形图形象地反映了双闭环调速系统的启动过程，试默画之。
3. 双闭环调速系统的启动过程有什么特点？

|3.4 双闭环调速系统的动态性能|

3.4.1 动态跟随性能

双闭环调速系统的动态跟随性能分为转速对转速给定信号 U_n^* 的跟随性能、电枢电流对电流给定信号（ASR 的输出） U_i^* 的跟随性能。

（1）转速动态跟随性能。在电动机启动和升速过程中，双闭环调速系统在电动机过载能力许可的条件下，使加速转矩最大化，表现出很好的动态跟随性能，但由于主回路电枢电流方向不可逆，系统本身没有制动作用，电动机降速时只能靠负载阻转力矩的作用减速，所以降速动态跟随性能较差。

（2）电流动态跟随性能。电流变化惯性小，通过电流环的调节，能使 I_d 及时跟随 U_i^*。使电流环具有较好的动态跟随性能是系统设计的重要任务之一。

3.4.2 动态抗干扰性能

直流调速系统最常见的干扰有两种，即负载电流的波动和电网电压的波动。对这两种扰动，系统的抗干扰机制是不同的。

（1）抗负载扰动。负载扰动是由转速环实现抗干扰作用的。比如，负载电流的突然增加，必然引起转速的下降，ASR 输入端形成正偏差，U_i^* 增大，ACR 输入端也形成正偏差，使 ACR 的输出 U_{ct} 增大，整流装置输出电压 U_d 增大，使转速回升，即有如下调节。

$$I_d\uparrow \to n\downarrow \to U_n\downarrow \to \Delta U_n>0 \to U_i^*\uparrow \to \Delta U_i>0 \to U_{ct}\uparrow \to U_d\uparrow \to n\uparrow$$

当转速回到原来稳态值，系统重新恢复到稳定状态，两调节器的输入偏差电压均为零。

（2）抗电网电压扰动。电网电压扰动是由电流环起及时抗干扰作用。所谓"及时"，指的是这种干扰在引起转速的变化之前就由电流环加以调节，完成抗干扰任务。下面以电网电压升高为例加以分析，电流环的结构图如图 3-7 所示。

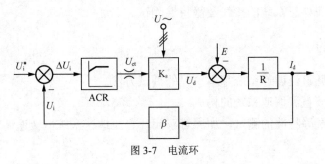

图 3-7 电流环

交流电网电压升高，将使整流输出电压 U_d 增大，电流 I_d 增大，电流反馈 U_i 增大，电流调节器 ACR 的输入偏差由零变负，其输出 U_{ct} 减小，使整流输出电压 U_d 减小，电流 I_d 逐渐回到原来的稳态值。由于电流变化惯性小，电流调节速度快，电动机转速还没来得及变化，所以对电网电压干扰的调节过程就完成了。

3.4.3　两个调节器的作用

转速调节器和电流调节器在双闭环调速系统中的作用归纳如下。

1．转速调节器的作用

（1）使转速 n 跟随给定电压 U_n^* 变化，稳态无静差。

（2）对负载电流变化起抗干扰作用。

（3）其输出限幅值决定了最大电枢电流 I_{dm}。

2．电流调节器的作用

（1）使电枢电流 I_d 跟随给定电压 U_i^* 变化，稳态无静差。

（2）对电网电压波动起及时抗干扰作用。

（3）在启动过程中，保证获得允许的最大电流；在过载甚至堵转时，起自动过电流保护作用。

想一想

1．双闭环调速系统最常见的干扰有哪两种？分别是由哪个调节器来实现抗干扰作用的？

2．在双闭环调速系统中，调节器 ASR、ACR 各自的作用是什么？

| 3.5　双闭环直流调速系统实训 |

一、实训内容

（1）双闭环直流调速系统基本单元的调试：调节器的调零、输出限幅值的调整、转速反馈系数和电流反馈系数的调试。

（2）双闭环直流调速系统的接线及静特性测试。

二、实训目的

（1）熟悉双闭环直流调速系统基本单元的调试方法。

（2）熟悉双闭环直流调速系统的构成。

（3）通过对系统静特性的测试，加深对双闭环直流调速系统恒转速调节和恒电流调节的认识。

三、实训前预习与准备

（1）会画双闭环调速系统的原理图，指出构成该系统所需的实验挂件或电路单元。

（2）自学附录，熟悉本实训中要用到的实训设备（挂件）的性能及有关电路单元的接线，熟悉调节器的调零、输出限幅值的调整、转速反馈系数和电流反馈系数的调试。

（3）根据双闭环直流调速系统静特性的特点，对静特性的测试过程有怎样的预期？

四、实训所需挂件

实训所需挂件如表 3-1 所示，各挂件功能及接线端详见附录。

表 3-1　　　　　　　　　　双闭环调速实验所需挂件

序号	型　　号	备　　注
1	DJK01 电源控制屏	该控制屏包含"三相电源输出""励磁电源"等模块
2	DJK02 三相整流电路	该挂件包含"三相整流电路""平波电抗器"等模块
3	DJK02-1 触发电路和功放电路	该挂件包含"触发电路和功放电路"
4	DJK04 电动机调速控制	该挂件包含"给定""转速调节器""电流调节器""速度变换""电流反馈与过流保护"等模块
5	D42 三相可调电阻	提供可调电阻，用于改变电动机的电枢电流
6	DJK08 可调电阻、电容	提供调器外接电阻和外接电容
7	电动机组	包括他励直流电动机、直流发电机和测速发电机及转速表

五、实训线路及原理

双闭环直流调速系统实训原理如图 3-8 所示。其中主电路的接线与开环实训完全相同，参见第一章中的图 1-12。

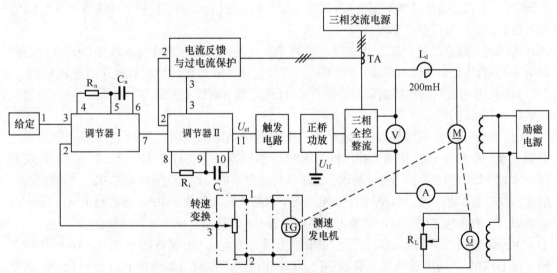

图 3-8　双闭环直流调速系统实训原理

双闭环调速系统的控制电路是在单闭环的基础上增加了一个电流环，调节器 I 作为转速调节器，调节器 II 作为电流调节器，两调节器均为 PI 调节器，且有输出限幅值。转速调节器的输出限幅值决定了电动机的最大电流，电流调节器的输出限幅值决定了整流装置的最大输出电压。两调节器的接线如图 3-8 所示，调节器的反馈回路 R_n、C_n、R_i、C_i 均从 DJK08 挂件接入，取 $R_n = 120\text{k}\Omega$，$R_i = 13\text{k}\Omega$，$C_n = C_i = 0.47\mu\text{F}$，电流反馈取自"电流反馈与过电流护"单元的 2 端，其 3 端接至电流调节器的 3 端作为过电流保护之用。其他接线与单闭环调速实验相同，各单元的详细电路参见附录中挂件的介绍。

由于电流环具有限电流保护作用，双闭环调速系统可以在给定电压下直接启动，启动后，电动机的转速由给定电压 U_n^* 唯一决定，负载电流变化时，转速保持不变，这是由外环实现的恒转速调节；当电动机电流增加到最大值 I_{dm} 时，转速调节器进入饱和，电流环给定达到最大值 U_{im}^*，实现恒电流调节，起限电流保护作用，如果继续增加负载，由于电动机的输出转矩小于负载的阻转力矩，电动机转速会迅速下降，直至停转。

六、实训步骤

1．设备基本状态检查

同开环调速。

2．控制单元调试

（1）移相控制电压 U_{ct} 调节范围的确定。直接将 DJK04 挂件"给定"电压 U_g 接至 DJK02-1 挂件移相控制电压 U_{ct} 的输入端，"三相全控整流"输出接电阻负载 R_L（见图 1-13）。当给定电压由零增大时，整流输出电压 U_d 将随给定电压的增大而增大，当 U_g 超过某一数值时 U_g' 时，U_d 不再增加，反而下降。一般可确定触发电路的最大移相控制电压 $U_{ctm} = 0.9U_g'$。将给定回调至零，再按停止按钮，结束该步骤。

（2）调节器的调零。将 DJK04 中调节器 I 的所有输入端接地，再将 DJK08 中的可调电阻 120kΩ 接到调节器 I 的 4、5 两端，用导线将 5、6 端短接，使调节器 I 成为 P（比例）调节器。用万用表的毫伏挡测量调节器 I 的输出端 7 的对地电压，调节面板上的调零电位器 RP_3，使万用表读数尽可能接近于零。

采用相同的方法对调节器 II 调零。将调节器 II 的所有输入端接地，再将 DJK08 中的可调电阻 13kΩ 接到调节器 II 的 8、9 两端，用导线将 9、10 短接，使调节器 II 成为 P（比例）调节器。用万用表的毫伏挡测量调节器 II 的 11 端，调节面板上的调零电位器 RP_3，使万用表读数尽可能接近于零。

（3）调节器正、负限幅值的调整。转速调节器的负限幅值调为−6V，正限幅值调为零。把调节器 I 的 5、6 端短接线去掉，将 DJK08 中的可调电容 0.47μF 接入 5、6 两端，使调节器成为 PI（比例积分）调节器，将调节器 I 所有输入端的接地线去掉，将 DJK04 的给定输出端接到调节器 I 的 3 端。加+5V 的正给定电压，调整负限幅电位器 RP_2，使之输出电压为−6V；再改加−5V 的负给定电压时，调整正限幅电位器 RP_1，使输出电压尽可能接近于零。

电流调节器的负限幅值调为零，正限幅值调为 U_{ctmax}。把调节器 II 的 9、10 短接线去掉，将 DJK08 中的可调电容 0.47μF 接入 9、10 两端，使调节器成为 PI（比例积分）调节器，将调节器 II 的所有输入端的接地线去掉，将 DJK04 的给定输出端接到调节器 II 的 4 端。当加+5V 的正给定电压时，调整负限幅电位器 RP_2，使之输出电压尽可能接近于零；当调节器输入端加−5V 的负给定电压时，调整正限幅电位器 RP_1，使调节器 II 的输出正限

幅为 U_{ctmax}。

（4）电流反馈系数的整定。直接将给定电压 U_g 接入 DJK02-1 移相控制电压 U_{ct} 的输入端，整流桥输出接电阻负载 R_L，负载电阻调至最大值，给定调到零。按下启动按钮，从零增加给定，使输出电压升高，当 $U_d = 220V$ 时，减小负载电阻值，使得负载电流 $I_d = 1.3A$。调节"电流反馈与过流保护"上的电流反馈电位器 RP_1，2 端的电流反馈电压 $U_{fi} = 6V$，这时的电流反馈系数 $\beta = U_{fi}/I_d = 4.615V/A$。

（5）转速反馈系数的整定。直接将给定电压 U_g 接 DJK02-1 上的移相控制电压 U_{ct} 的输入端，"三相全控整流"电路接直流电动机负载，L_d 用 DJK02 上的 200mH，给定电压调到零。按下启动按钮，接通励磁电源，从零逐渐增加给定，使电动机提速到 $n = 1\,500r/min$ 时，调节"转速变换"上的转速反馈电位器 RP_1，使得该转速时反馈电压 $U_{fn} = -6V$，这时的转速反馈系数 $\alpha = U_{fn}/n = 0.004V \cdot min/r$。

3．双闭环调速系统静特性的测试

（1）按图 3-8 完成双闭环调速系统的接线，并将给定电压调至零，负载电阻调至最大。

（2）检查转速负反馈接线是否正确。

按下启动按钮，从零开始逐渐增大给定电压，转速升高；减小给定电压，转速下降，说明转速反馈接线正确。若增加一点给定，转速迅速增加，减小给定到零，转速不下降，即出现失控，说明转速反馈接成了正反馈。按下停车按钮，将转速变换单元两接线对调一下，再启动检查；若还不正常，检查其他单元，可能是测速发电机没有电压输出。

（3）初步观察双闭环调速系统的恒转速调节和恒电流调节特性。

① 将给定电压调至零，负载电阻调至最大。

② 按下启动按钮，从零逐渐增大给定电压，使电动机转速升到 1 200r/min。

③ 保持给定电压不再改变，逐渐减小负载电阻，电动机的电枢电流会增大，电动机的转速基本不变，系统呈现恒转速调节特性。继续减小负载电阻，将出现电流增大，转速也下降，这是恒转速调节向恒电流调节的过渡阶段。当电流增大到一定值时，再减小负载电阻，电流将保持不变，电动机转速下降，直至停转，系统呈现恒电流调节特性。

（4）双闭环调速系统的静特性的测试。

① 将给定电压调至零，负载电阻调至最大。

② 按下启动按钮，从零逐渐增大给定电压，使电动机转速升到 1 200r/min。

③ 保持给定电压不再改变，逐渐减小负载电阻，在恒转速调节阶段、过渡阶段及恒电流调节阶段各选取几个点，记下对应的转速及电枢电流值，填入表 3-2 中。

表 3-2 双闭环调速系统的静特性测试

$I_d(A)$									
$n(r/min)$									

七、实训数据分析与总结

（1）根据表 3-2 中的数据，在坐标中画出双闭环调速系统的静特性曲线。

（2）结合静特性曲线，分析双闭环调速系统的恒转速调节和恒电流调节是怎样实现的。

（3）实训过程中是否遇到某种故障现象？你是怎样解决的？

学海领航

大技贵精

想一想

1. 双闭环调速系统的给定电压采用正给定还是负给定？为什么？
2. 转速调节器和电流调节器输出限幅有何意义？如何调整？
3. 怎样判定转速反馈是接成正反馈还是接成负反馈？
4. 如果开环时工作正常，接成双闭环调速系统后，转速升不上去，会是什么原因？如何解决？

本 章 小 结

（1）转速负反馈单闭环直流调速系统局限性：不能在正常工作电压下直接启动；当电动机发生堵转或过载时，系统本身没有过电流保护作用。

（2）双闭环直流调速系统的特点。

① 转速调节器 ASR 与电流调节器 ACR 呈串联关系，转速调节器的输出作为电流调节器的给定。

② 系统有 2 个闭环回路，内环是电流环，外环是转速环。转速环对电动机的转速实现调节，是主要调节；电流环对电动机的电枢电流实现调节，是辅助调节。电动机转速大小受转速给定信号 U_n^* 控制，电动机电枢电流大小受电流给定信号 U_i^* 控制。

③ 为了使系统获得较好的动态和稳态性能，2 个调节器均采用 PI 调节器。

④ 2 个调节器的输出均有限幅值。转速调节器 ASR 的输出限幅值 U_{im}^* 决定了电动机主回路的最大允许电流 I_{dm}；电流调节器 ACR 的输出限幅值 U_{ctm} 决定了整流装置的最大输出电压。

（3）双闭环直流调速系统的静特性。

① 静特性方程。在稳定工作状态下，两调节器的输入偏差 $\Delta U_n = \Delta U_i = 0V$，即

$$U_n^* = U_n = \alpha n$$

$$U_i^* = U_i = \beta I_d$$

② 双闭环系统的静特性为两段特性：水平段为恒转速调节，转速调节器 ASR 不饱和，电流变化时，转速不变；竖直段为恒电流调节，转速调节器 ASR 饱和，电流给定和电枢电流达到最大值，转速变化，电流不变。

（4）双闭环直流调速系统的启动过程分为 3 个阶段：电流上升阶段、恒流升速阶段、转速调节阶段。启动过程的特点如下。

① 饱和非线性控制。

② 准时间最优控制。

③ 转速超调。

（5）转速调节器的作用。

① 使转速 n 跟随给定电压 U_n^* 变化，且稳态无静差。

② 对负载电流变化起抗干扰作用。

③ 其输出限幅值决定了电枢电流最大值 I_{dm}。

（6）电流调节器的作用。

① 使电枢电流 I_d 跟随给定电压 U_i^* 变化，稳态无静差。

② 对电网电压波动起及时抗干扰作用。

③ 在启动过程中，保证获得允许的最大电流；在过载或堵转时，起自动过电流保护作用。

检 测 题

1. 简答题

（1）在双闭环直流调速系统中，电流调节器的作用是什么？

（2）在双闭环直流调速系统中，转速调节器的作用是什么？

2. 填空题

（1）双闭环调速系统，转速调节器和电流调节器呈_____连接，均采用_____调节器，都有输出限幅值。

（2）在双闭环调速系统中，_____调节器的输出限幅值决定主回路的最大允许电流。

（3）外环又称为_____环，起主要调节作用；内环又称为_____环，起辅助调节作用。

（4）双闭环调速系统的电流反馈系数 $\beta = 0.2$，当电枢回路的稳定电流为 20A 时，转速调节器的输出为_____ V。

（5）双闭环调速系统，对电网电压波动起调节作用的是_____调节器；对负载电流变化起调节作用的是_____调节器。

（6）转速调节器不饱和时，双闭环系统主要表现为恒_____调节；转速调节器饱和时，主要表现为恒_____调节。

（7）双闭环调速系统的启动过程分为_____、_____和_____ 3 个阶段。

（8）双闭环调速系统的启动过程的特点是_____，_____和_____。

3. 计算题

在双闭环调速系统中，已知电动机参数 $U_N = 220V$，$I_N = 20A$，$n_N = 1\,000r/min$，电枢回路总电阻 $R = 1\Omega$，设 $U_{nm}^* = U_{im}^* = U_{ctm} = 10V$，电枢回路最大电流 $I_{dm} = 40A$，整流装置放大倍数 $K_s = 40$，转速调节器 ASR 与电流调节器 ACR 均采用 PI 调节器。

（1）求电流反馈系数 β 与转速反馈系数 α。

（2）当电动机发生堵转时，求 U_{d0}、U_i^*、U_i 和 U_{ct} 的值。

4. 实训分析题

（1）画出双闭环调速系统实训原理图。

（2）双闭环调速系统的给定电压应采用_____电压。

（3）转速调节器的输出限幅值如何调整？

（4）双闭环调速系统什么时候表现为恒转速调节？什么时候表现为恒电流调节？

第四章
数字直流调速装置

学习目标

- 了解数字直流调速的概念。
- 熟悉欧陆 590 系列直流调速装置工作原理。
- 能完成欧陆 590C 直流调速装置的硬件接线，运行操作和功能参数设置。

|4.1 数字直流调速系统概述 |

前几章介绍的直流调速系统的基本规律和设计方法，所有的调节器均用运算放大器实现，属于模拟控制系统。随着微电子技术、微处理器及计算机软件的发展，调速控制的各种功能几乎均可通过微处理器和软件来实现。直流调速系统从过去的模拟控制向模拟–数字混合控制发展，最终实现全数字化。目前，工业生产广泛应用的数字直流调速装置正是这一发展的产物，它集控制功能和功率驱动于一体，有着十分优越的性能。

4.1.1 数字直流调速装置的性能特点

数字直流调速装置除具有常规的调速功能外，其完善的人机界面可以对系统进行实时参数设定，调试非常方便。此外，它还具有故障报警、诊断及显示等功能。同时，数字直流调速装置有较强的通信能力，通过选配适当的通信接口模板，可方便地实现主站（如上一级 PLC 计算机系统）和从站（单机交、直流传动控制装置）间的数字通信，组成分级多机的自动化系统。为了易于调试，数字直流装置的软件一般设计有调节器参数的自动化优化，通过启动优化程序，实现自动寻优和确定系统的动态参数，以及实现如直流电动机磁化特性曲线的自动测试等，有利于缩短调试时间和提高控制性能。

与模拟量控制的直流调速装置相比，数字直流调速装置不仅控制精确，运行稳定，而且硬件电路结构简单，操作灵活，不受器件温度漂移的影响；所用元件数量少，不易失效；设定值量化程度高，且状态重复率好；放大器和级间耦合噪声很小，电磁干扰小；调试及投产灵活方便，易于设计和修改设计；标准及通用化程度高，除主 CPU 模块外，多种附加模块可实现包括工艺参数在内的多元闭环控制；适用范围广，可实现各类变速控制，易于实现 PLC 或总线通信控制。

4.1.2　常见数字直流调速装置

在带有微机的通用全数字直流调速装置中，在不改变硬件或改动很少的情况下，依靠软件支持，就可以方便地实现各种调节和控制功能，因而，通用全数字直流调速装置的可靠性和应用的灵活性明显优于模拟控制系统。目前在国内直流调速装置市场是以外资品牌一统天下，直到 2009 年前后还占据着 95%左右的市场份额。目前国内直流调速装置市场主要被 SIEMENS、ABB、欧陆等品牌所占据。

德国 SIEMENS 公司的 6RA24 系列、6RA70 系列通用全数字直流调速装置在国内的应用较为广泛，其中 6RA70 系列全数字直流调速装置是新推出的产品，较之 6RA24 系列在单台装置的最大容量、通信能力、电压等级、设置的灵活性等方面都得到了提高和丰富，如图 4-1 所示。6RA70 系列直流调速装置为三相交流电源直接供电的全数字晶闸管整流控制装置，由可控的电枢、励磁晶闸管整流模块及全数字调节系统组成，其中全数字调节系统包括基本控制板、软件程序两部分，还可以增加扩展控制板，对系统功能进行扩展。单装置电枢额定电流输出范围为 15～2 000A，励磁额定电流输出范围为 3～40A。

ABB 公司的 DCS-800 直流传动控制装置，如图 4-2 所示，是目前直流调速系统中最具先进技术的传动控制装置。它聚集了 DCS-400 的简易性、DCS-500 的可编程性、DCS-600 的可控制性，以及与 AC 传动控制的可通用性于一身，是直流传动控制领域中不断发展创新的新产品。主控板上有 Flash PROM 芯片，包括了固件和存储参数。可通过控制盘将所设置的各种技术参数存储在 Flash PROM 中。主控板上同时还有一个内部的看门狗，监控着主控板程序的实时运行状态。

欧陆 590 系列全数字直流调速装置是直流调速装置中应用广泛的产品，如图 4-3 所示。它使用交流 110～500V 的三相电源，提供直流输出电压和电流，用于电枢和励磁，适用于直流他励电动机和永磁电动机的控制。590 系列中所有的控制算法都由最新的高速 16 位微处理器（单片机）完成，590 系列具有智能化，能检测故障，自动显示故障，并能有效保护动作，其先进的诊断功能、微机通信和状态显示，给调试带来了极大的方便。

图 4-1　SIEMENS 6RA70 系列
数字直流调速装置

图 4-2　ABB DCS-800 系列
数字直流调速装置

图 4-3　欧陆 590 系列
数字直流调速装置

1. 直流调速装置的作用是什么？
2. 数字直流调速装置的品牌主要有哪些？
3. 全数字直流调速装置与模拟直流调速装置相比较有哪些优点？

4.2 欧陆590系列直流调速装置工作原理

欧陆59xx数字直流调速装置分有590C、591C、590+（590P）、591+（591P）等系列，它们的功能基本相似，本书将以590C为主介绍其应用基础。590C、590+（590P）为4Q控制器，591C、591+（591P）为2Q控制器。4Q直流控制器，即四象限直流控制器，在功能上可以做到再生制动；2Q直流控制器为二象限直流控制，没有再生制动功能。

C型与P型最主要的不同有两点：一是设置电机铭牌参数的不同，C型是在面板硬件上设置，P型是在参数中设置；二是功能上稍有不同，P型比C型多了一个本地操作器，可以用计算机操作控制器运行及监控，以及在功能模块上多了几个功能。欧陆P型、C型直流调速装置如图4-4、图4-5所示。

图4-4 欧陆590P型直流调速装置

图4-5 欧陆590C型直流调速装置

数字式直流调速装置与模拟式直流调速装置的主要差别在于：前者采用单片机及数字调节技术（程序）取代后者的模拟式速度调节器、电流调节器及触发电路。欧陆590系列直流调速装置的硬件框图，如图4-6所示。

各部分功能简述如下。

（1）模拟量输入。对输入的速度给定、电流给定等信号进行A/D转换及定标。

（2）模拟量输出。经D/A转换，输出定标后的电枢电压、电枢电流及总给定电压，供给显示及监控电路。

（3）数字量输入。将启动、点动、脉冲封锁、速度/电流选择、定时停机等开关量信号输入CPU做出相应控制。

（4）数字量输出。发出CPU工作正常、装置启动、零速或零给定等信号，以便与外部控制电路进行联锁控制。

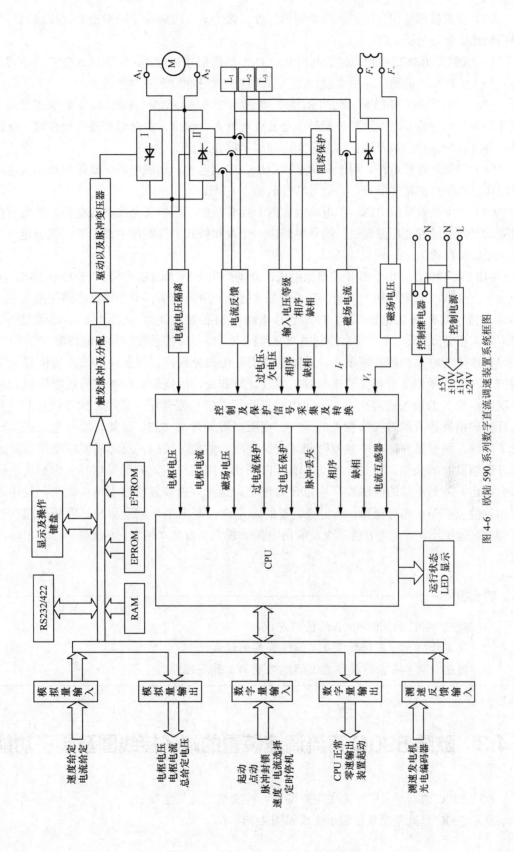

图 4-6　欧陆 590 系列数字直流调速装置系统框图

（5）测速反馈输出。根据系统不同的速度反馈方式，可选择不同输出端，反馈信号经转换后输出定标信号给 CPU。

（6）RS232/RS422 接口电路。利用 RS232 串行通信接口电路，可方便地建立数字式调速装置与上位计算机的通信，用上位计算机对调速装置进行组态及参数设置。

（7）CPU 及 RAM/EPROM/E^{2}PROM。调速系统的核心部分，CPU 除了完成速度环和电流环的调节、运算及触发脉冲分配外，还要处理输入、输出，实时监控及各种控制、保护信号，并将各种运行参数及运行状态分别送往显示屏显示出来。

（8）控制及保护电路。用于采集电枢电压、电枢电流、励磁电压、励磁电流、欠电压、过电压、相序及缺相等信号，将信号转换后输入 CPU。

（9）主电路及励磁电路。主电路包含两个反并联的三相桥式全控整流电路，其触发信号由驱动单元经脉冲变压器提供。励磁电路由一个单相桥式半控整流电路组成，提供电动机的励磁电压及电流。

（10）控制电源。由一组开关电源组成，分别产生±5V（CPU 电源）、±15V（A/D、D/A 转换）、±10V（给定电压）及±24V（开关量信号）所需电源。数字式直流调速系统的 A$_1$、A$_2$ 端连接电动机 M 的电枢，F$_+$、F$_-$端连接电动机 M 的励磁绕组，L$_1$、L$_2$、L$_3$ 端通过主接触器连接三相交流电源，L、N 为控制电源交流输入，L$_C$、N 接主接触器控制线圈。

在欧陆 590 系列硬件框图中，触发脉冲信号由微处理器根据预设参数与实际输入的各种信号（包括操作信号和保护信号等）通过计算和处理后提供。脉冲信号的触发时间和触发次序由相关的输入信号决定，也即电动机运行时的所需转矩（负载）大小或运行速度、运行方向由操作者通过操作相关的开关、变阻器等元件来实施。比如，需要电动机运转速度下降时，调整脉冲信号中触发时间（改变变阻器数值）短些；反之需要电动机运转速度上升时触发时间长些。如要求电动机的转向变化，则调整相关的触发信号（由相关的开关组合而定）加到不同的晶闸管模块组合元件上。直流调速装置的输出电压大小，是由改变晶闸管的控制角 α 和导通角 θ 来实施调整的。正向控制电压（触发脉冲）的相位越前移，控制角 α 就越小，导通角 θ 就越大，输出电压就越大。反之 α 越大，θ 就越小，输出电压就越低。

想一想

1. 欧陆 590C 和欧陆 590P 的区别是什么？
2. 简述欧陆 590 系列数字直流调速装置的组成。
3. 简述欧陆 590 系列数字直流调速装置的工作原理。

4.3 欧陆 590C 直流调速装置的端子接线图及端子功能

欧陆 590C 的端子主要分为主电路端子、控制端子及其他端子。

欧陆 590C 直流调速装置端子接线如图 4-7 所示。

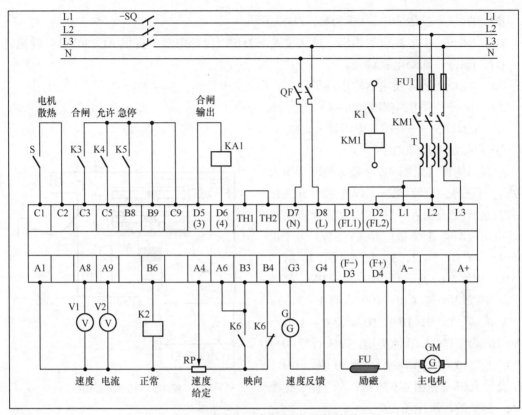

图 4-7　欧陆 590C 直流调速装置端子接线

4.3.1　欧陆 590C 直流调速装置的主电路端子功能

主电路端子即电源输入输出端子、电枢输出端子和测速反馈端子。

① 电源输入输出端子。

D1、D2——励磁外部电源输入。励磁可使用内部电源与外部电源，默认使用的是内部电源，要使用外部电源时，要在电源板进行跳线，如图 4-8 所示，把 F8（黄色线）、F16（红色线）拔出分别插到 F18、F19 插头上。

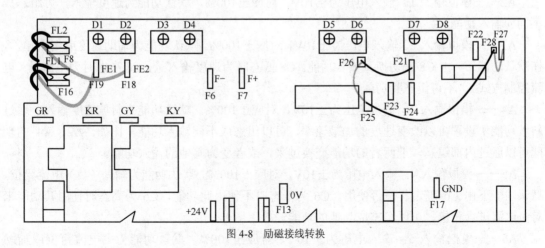

图 4-8　励磁接线转换

D3、D4——励磁输出。D3 为负，D4 为正。

D5、D6——主电源合闸输出。默认设置下为使用内部电源，提供 AC220V 3A 输出。

D7、D8——辅助电流输入。

② 三相电源输入及电枢输出端子。

A+、A——电机电枢输出，A+为正，A-为负。

L1、L2、L3——三相主电源输入。

③ 模拟测速反馈端子。

模拟测速板（见图 4-9）最大校准电压为199V，可选择交直流输入。SW4 拨位开关往上拨为选择交流输入，往下拨为选择直流输入。电压校准有 3 个拨位开关：SW1 为个位（0～9），有 0、1、2、3、4、5、6、7、8、9共 10 个位置，0 表示 0V，9 表示 9V，其他类推；SW2 为十位（10～100），有 1、2、3、4、5、6、7、8、9、10 共 10 个位置，1 表示10V，10 表示 100V，其他类推；SW3 百位（0～100），只有 0 和 100 两个位置，0 表示 0V，100 表示 100V。如图 4-9 所示，为选择了交流输入，54V 的校准电压。

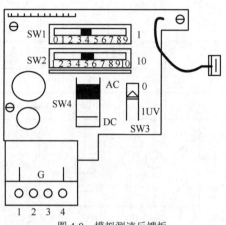

图 4-9　模拟测速反馈板

G1、G2 为模拟交流测速输入。

G3、G4 为模拟直流测速输入。

4.3.2　欧陆 590C 直流调速装置的控制端子及其他端子功能

控制端子又分为模拟端子和数字端子。

① 模拟端子（默认功能分配）。

A1——零伏电位。与 B1、C1 同电位，与地线隔离。

A2——模拟输入 1。输入电压为±10V，对应±100%。默认功能为速度输入，可组态成不同的输入功能。

A3——模拟输入 2。输入电压为±10V，对应±100%。默认功能为辅助速度或电流输入，在默认功能下，由 C8 来切换其输入功能。C8 低态时为速度输入量，C8 高态时为电流量（电流控制方式）。不可组态其功能。

A4——模拟输入 3。输入电压为±10V，对应±100%。默认功能为斜坡速度输入，通过斜坡功能块设置可以改变速度的加减速率，可以组态成不同输入功能。比如，A2、A4 的功能可以通过内部组态，把两者的功能交换过来，或者变为其他的输入功能。

A5——模拟输入 4。输入电压为±10V，对应±100%。默认功能为辅助（负）电流箝位，默认功能下由 C6 确定其是否使用。C6 为低态时不使用此功能，C6 为高态时使用其功能来对负电流进行箝位，可以组态成其他的功能输入。

A6——模拟输入 5。输入电压为±10V，对应±100%。默认功能为主电流箝位或辅助

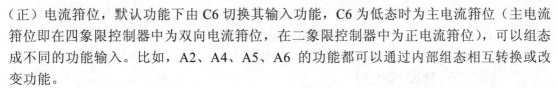

（正）电流箝位，默认功能下由 C6 切换其输入功能，C6 为低态时为主电流箝位（主电流箝位即在四象限控制器中为双向电流箝位，在二象限控制器中为正电流箝位），可以组态成不同的功能输入。比如，A2、A4、A5、A6 的功能都可以通过内部组态相互转换或改变功能。

A7——模拟输出 1。输出电压为±10V，对应±100%。默认功能为速度反馈输出，可以组态成不同的功能量输出。

A8——模拟输出 2。输出电压为±10V，对应±100%。默认功能为速度给定输出，可以组态成不同的功能量输出。

A9——模拟输出 3。输出电压-10V 对应-200%，+10V 对应 200%。默认功能为主电流反馈输出，不可以组态成其他功能，只可改变其输出方式，绝对值或双极性输出。

② 数字端子（默认功能分配）。

B5——数字输出 1。默认功能为电机零速检测，电机零速时为高态（+24V 输出），电机运转时为低态（0V 输出），可以组态成其他的功能。

B6——数字输出 2。默认功能为控制器正常状态检测，当控制器正常，没有报警或报警复位时为高态（24V 输出），出现报警时为低态（0V 输出），可以组态成其他的功能。

B7——数字输出 3。默认功能为控制器准备就绪状态检测，当控制器准备就绪，主电源合闸时为高态（24V 输出），当控制器分闸、停止、出现报警或主电源分闸时为低态（0V 输出），可以组态成其他的功能。

B8——（属于数字输出）程序停机。使用再生方式进行停机，即可制动停机，停机时间可以通过参数来设定。

B9——（属于数字输出）惯性停机。不使用再生方式停机，即惯性滑行停机，B9 高态（给它 24V 电压，或接到 C9 上）时控制器正常运行，B9 低态时控制器启动惯性停机，主电源分闸，要使控制器重新运行必须再次使能 C3，不可以组态。

C3——（属于数字输入）启动（主电源分合闸）。启动控制器，主电源合闸，C3 高态（给它 24V 电压，或接到 C9 上）时启动控制器（主电源合闸），低态时停止控制器（主电源分闸）。不可以组态。

C4——（属于数字输入）点动/拉紧。C3 为低态，C4 为高态（给它 24V 电压，或接到 C9 上）时，启用点动方式，有独立的斜坡加减速时间（不是斜坡功能快的斜坡加减速时间）可以在参数里修改；C3、C4 为高态时，启用拉紧方式，没有斜坡加减速时间设定，可以组态成其他的功能。

C5——（属于数字输入）允许工作。C5 为高态（给它 24V 电压，或接到 C9 上）时，控制器启动有效；C5 为低态时，控制启动无效，封锁所有脉冲输出，主电源不分闸，可以组态成其他的功能。

C6——数字输入 1。默认功能为电流箝位选择，C6 为低态（A6）时为主电流箝位，C6 为高态（给它 24V 电压，或接到 C9 上）时为（A5、A6）双极电流箝位，此时 A5 为负电流箝位，A6 为正电流箝位，可以组态成其他的功能。

C7——数字输入 2。默认功能为斜坡保持，当 C7 为高态（给它 24V 电压，或接到 C9 上）时，斜坡输出保持在斜坡输入的最后值，此时不管斜坡输入值为多少，输出都一直保持为这个值，当 C7 为低态时，斜坡输出跟踪斜坡输入值，可以组态为其他的功能。

C8——数字输入 3。默认功能为电流控制方式与速度控制方式选择，当 C8 为高态（给它 24V 电压，或接到 C9 上）时，选择电流控制方式，此时的速度环断开仅电流工作，当 C8 为低态时，选择速度控制方式，此时速度环、电流环同时工作，可以组态为其他的功能。

③ 其他端子（默认功能分配）。

B1——零伏电位。与 C1、A1 同电位，与接地隔离。

B2——模拟测速电机反馈输入。配合编码器反馈的输入可以用到编码器/模拟测速反馈，以提高控制精度，不可以组态。

B3——+10V 基准电压。额定输出电流为 10mA，超过 10mA 输出电流时会降低基准电压，有短路保护。作为模拟输入的正给定电源，不可以组态。

B4——-10V 基准电压。额定输出电流为 10mA，超过 10mA 输出电流时会降低基准电压，有短路保护。作为模拟输入的负给定电源，不可以组态。

C1——零伏电位。与 A1、B1 同电位，与接地隔离。

C2——热敏电阻/微测温器。作为电机的过热保护之用，也可作为其他功能的联锁保护，如不使用 C1、C2，必须短接，如不短接，则会报电机过热报警。C1、C2 间的电阻阀值等于或大于 $1.8k\Omega$，$\pm200\Omega$，不可以组态。

C9——24V 电源。最大输出电流为 50mA。可供 590 数字端子的控制之用，也可为外部少量的继电器电源，不可以组态。

想一想

1. 欧陆 590C 直流调速装置的端子分为哪几类？
2. 欧陆 590C 直流调速装置的端子中 A、B、C 各表示什么？

4.4 欧陆 590C 直流调速装置的操作面板及参数

正确认识参数功能与作用对 590 调速器的应用很重要，了解一些常见的报警及其解决方法，可以对现场调试及维修有极大的帮助，同时可以加深对参数的了解与运用。

4.4.1 操 作 面 板

590C 系列直流调速装置的面板主要由显示器、操作键盘、运行状态指示灯和各种端子组成。欧陆 590C 面板如图 4-10 所示。

590C 直流调速装置在面板顶盖下面有 6 个发光二极管指示灯，可以方便地监视调速器的工作状态。在正常运行条件下，6 个发光二极管都发光。熄灭的发光二极管表示有一状态阻碍调速器运行。6 个发光二极管有两种驱动方式，3 个（Health、Run、Start Contactor）直接由微处理器驱动，另外 3 个（Overcurrent Trip、Program Stop、Coast Stop）由硬件直接驱动，如图 4-11 所示。

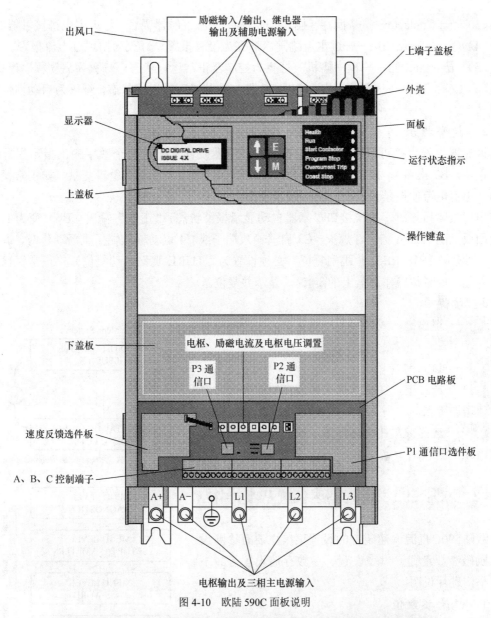

图 4-10　欧陆 590C 面板说明

图 4-11　欧陆 590C 面板

1．运行状态指示灯

（1）Health——正常指示。灯亮为正常，灯灭为故障。控制器接通辅助电源之后，没报警或报警复位，B8、B9、C5 都处于高态，表示控制器正常。与 B6 同属一个功能指示。

（2）Run——运行。灯亮为运行，灯灭为停止或者故障报警。

（3）Start Contactor——启动接触器。灯亮为主电源接触器吸合，灯灭主电源接触器断开。

（4）Overcurrent Trip——过电流跳闸。灯亮为没有报警，灯灭为出现过电流报警。

（5）Program Stop——程序停机。灯亮为控制器正常运行状态，灯灭为启动程序停机。

（6）Coast Stop——惯性力滑行停机。灯亮为控制器正常运行状态，灯灭为启动惯性滑行停机。

2．报警指示

调速器报警直接可以在显示器中看到，调速器硬件上配有两个数字输出指示报警状态（B6 正常，B7 准备）。报警信号内部由门电路组合后产生"正常"逻辑变量。如正常变量不输出，电枢电流便被禁止，而且主接触器脱扣。

出现故障报警时，人机接口显示器自动显示报警状态，"正常"输出（B6）变为低，并且前面板上的 Health 指示灯熄灭。C3 启动输入端子或 C4 点动输入端子重新动作时，调速器复位（参数"TRIP RESET 跳闸复位"必须设置为"TURE 真"自动复位），"正常"输出也同时复位。或者按操作键盘上的 E 键，显示并复位。

3．按键

E ——退出键，或退回上一级菜单，也为故障复位键。

M ——进入键。

↑ ——选择键，往上选择菜单或在修改参数时对参数值增加键入。

↓ ——选择键，往下选择菜单或在修改参数时对参数值减小键入。

4.4.2　欧陆590C 直流调速装置基本操作

欧陆590C 直流调速装置的设置菜单主要有诊断设置、励磁参数设置、口令设置、参数存储设置等。下面将举例进行说明。

1．修改参数值

如图 4-12 所示，显示屏分两行字符，第一行显示上一菜单级的菜单，第二行显示要操作的菜单或参数和参数值。

开机显示 DC DIGITAL DRIVE / ISSUE 4.X（数字直流调速装置/ 4.X 版本），按 M 键开始进入菜单操作，显示 DIGITALDC DRIVE / MENU LEVEL（数字直流调速装置/ 菜单层），按 M 键进入参数操作类型，出现第一个参数操作类型为 DIAGNOSTICS（诊断），在此层菜单再按 ↑、↓ 键（菜单为环形结构，按 ↑、↓ 键可来回滚动）选择不同的参数操作类型，其中包括 DIAGNOSTICS（诊断）、SETUP PARAMETERS（参数

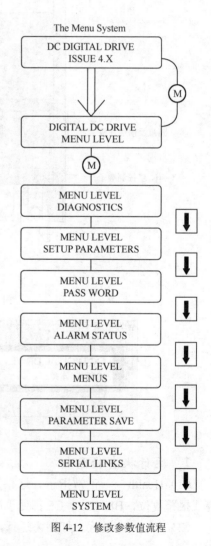

图 4-12　修改参数值流程

设置)、PASSWORD (口令)、ALARM STATUS (报警状态)、MENUS (菜单)、PARAMETER SAVE (参数存储)、SERIAL LINKS (通信串口)、SYSTEM (系统)。

例如,要对 SETUP PARAMETERS (参数设置) 进行操作,则再按 M 键进入功能块菜单层,按 ↑、↓ 键选择功能块,再按 M 键进入参数,同样按 ↑、↓ 键选择参数,选到所需参数按 M 键进入参数值修改,此时按 ↑、↓ 键可修改参数值。

2．出厂参数恢复

在大多数的应用中要求清除原设置,590C 提供了一种非常简单的恢复出厂设置方法。先关断辅助电源,同时按下 E、M、↑、↓ 4 个键,此时接通辅助电源,大约 2s 之后放开所有按键,则参数已恢复为出厂设置,然后进入 PARAMETER SAVE (参数存储) 菜单,保存参数即可。如不进行参数保存操作,断电之后所恢复的出厂设置并不保存,变为原来的参数设置,这个功能方便在现场调试时,因恢复出厂设置完成调试之后,又需要回到原来的参数设置使用。

3．参数保存

按几下 E 键,直至液晶屏上行显示 MENU LEVEL;下行显示 SETUP PARAMETERS。按数下 ↓ 键,直至液晶屏下行显示 PARAMETERS SAVE (参数存储);按一下 M 键,液晶屏上行显示 PARAMETERS SAVE;下行显示 UP TO ACRION。按一下 ↑ 键,液晶屏下行显示 SAVING。几秒钟后,变为 FINISHED 显示,参数存储结束。

想一想

1. 欧陆 590C 直流调速装置面板上的各个按键有什么作用?
2. 欧陆 590C 直流调速装置面板上的各个指示灯有什么作用?
3. 欧陆 590C 直流调速装置面板上的显示屏有什么作用?

| 4.5　欧陆 590C 直流调速装置参数设定及运行实训 |

欧陆 590C 主要设定参数是那些容易调整以适合于控制器特定用途的参数。主要参数也是常用的功能。访问这些参数不要求输入访问代码。其他参数受保护,只有面板上的键盘和显示器输入访问代码之后,才能修改。

主要设定参数分为两类:数值和逻辑。所有这些参数都存在 EEPROM 中,不需要电池支援。辅助电源接电时,这些参数便从 EEPROM 存储器装入 RAM 中。这些参数可随时通过人机接口修改。注意:如不执行 SAVE (保存) 操作,参数不能传送至 EEPROM。

4.5.1　欧陆 590C 正反转点动控制实训

欧陆 590C 装置中的底部由 14 个输入输出端子组成,其中有 5 个模拟输入、3 个模拟输出、3 个数字输入和 3 个数字输出。590C 直流调速装置正反转点动功能的实现主要依靠 C4、

C6 两个数字输入端子的状态来控制的。当 C4 端子处于高电平时是正转，当 C4、C6 端子同时处于高电平时是反转。正反转点动接线如图 4-13 所示。

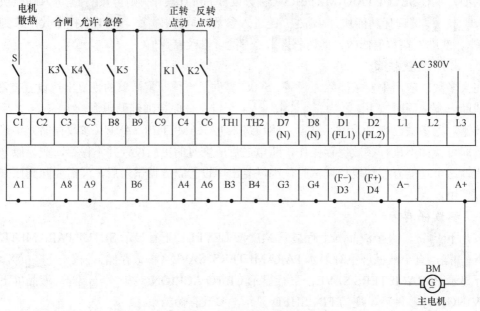

图 4-13　正反转点动接线

正反转点动参数设置如下。

在 590C 直流调速装置的 SYSTEM（系统）菜单找到 CONFIGURE I/O（参数组态），进入后，将 CONFIGURE ENABLE（组态使能）菜单由 DISABLE 改成 ENABLE，如图 4-14 所示。

```
....SYSTEM
......SOFTWARE
......CONFIGURE I/O
........CONFIGURE ENABLE [39  ] = ENABLED
```

图 4-14　I/O 参数组态设置

（1）在菜单 CONFIGURE I/O（参数组态）下，找到 DIGITAL INPUTS（开关量输入），按 M 键进入后，找到 DIGIN 1（C6），将 C6 的 DESTINATION TAG（目的标记）改为 228，如图 4-15 所示。

```
....SYSTEM
......SOFTWARE
......CONFIGURE I/O
........CONFIGURE ENABLE [39  ] = ENABLED
........DIGITAL INPUTS
..........DIGIN 1 (C6)
............VALUE FOR TRUE   [103 ] =      0.01 %
............VALUE FOR FALSE  [104 ] =      0.00 %
............DESTINATION TAG  [102 ] =       228
```

图 4-15　C6 参数设置

（2）正反转的速率调整如下：在 SETUP PARAMETERS（设定参数）菜单中找到 JOG/SLACK（点动/放松），按 M 键进入，在此菜单下找到 JOG SPEED1 和 JOG SPEED2 就可以更改正反转点动的速率，系统出厂值为±5%，如图 4-16 所示。

```
....SETUP PARAMETERS
......JOG/SLACK
........JOG SPEED 1    [218 ] =    5.00 %
........JOG SPEED 2    [219 ] =   -5.00 %   最后退出保存参数
```

图 4-16　正反转速率参数设置

（3）参数保存。

按 M 键直到出现 DIAGNOSTICS（诊断）后，按 ↑ 键找到 PARAMETER SAVE（参数存储），按 M 键进入，然后按 ↑ 键，参数自动保存，按 E 键一直退到底。

4.5.2　欧陆 590C 弱磁升速实训

欧陆 590C 除可以利用其数字端子实现升降速之外，还可以利用弱磁调速的方法实现升速。弱磁升速接线如图 4-17 所示。

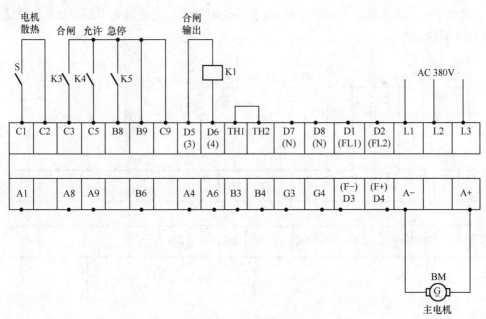

图 4-17　弱磁升速接线

正反转调速参数设置如下。

（1）将 590C 直流调速装置的励磁控制方式改成电流控制：SETUP PARAMETERS（设定参数）→FIELD CONTROL（磁场控制）→FLD.CTRL MODE（励磁控制方式）→电流控制。

（2）将 590C 直流调速装置的弱磁使能功能打开：SETUP PARAMETERS（设定参数）→FIELD CONTROL（磁场控制）→FLD.CURRENT VARS（磁场电流变量）→FLD.WEAK VARS（削弱磁场）→FLD. WEAK ENABLE（弱磁使能），将默认的 DISABLE 改成 ENABLE，同

时将 MIN FLD.CURRENT（最小励磁电流）改成 10%，MAX VOLTS（最大电压）改成 95%。

（3）将 SSD590C 直流调速装置的反馈方式改成测速反馈或者编码器反馈：SETUP PARAMETERS（设定参数）→SPEED LOOP（速度环）→SPEED FBK SELECT（速度反馈选择）。

如果用测速反馈，设定如下：测速发电机 110V、2 000RPM，电机额定转速 1 500 转，要弱磁到 2 000 转，在额定情况下测速反馈设定值计算如下：110×1 500/2 000=82.5，测速反馈设定为 83V，将电机的转速弱磁到 2 000 转，计算如下：110×2 000/2 000=110V。

如果用编码器反馈，设定如下：设定编码器的线数（编码器铭牌），设定编码器的转速，在额定情况下设定 1500 转，弱磁到 2 000 转就设定 2 000 转。

（4）设置完以上参数后，保存参数。

按 M 键直到出现 DIAGNOSTICS（诊断）后，按 ↑ 键找到 PARAMETER SAVE（参数存储），按 M 键进入，然后按 ↑ 键，参数自动保存，按 E 键一直退到底。

4.5.3 欧陆 590C 快速制动实训

欧陆 590C 直流调速装置有快速停车的功能，通过改变菜单中的停机时间来实现快速制动。590C 直流调速装置制动功能的实现主要依靠 B8 端子（程序停车）的状态来控制，当 B8 处于高电平时，调速器正常工作；当 B8 处于低电平时，调速器处于制动状态。快速制动接线如图 4-18 所示。

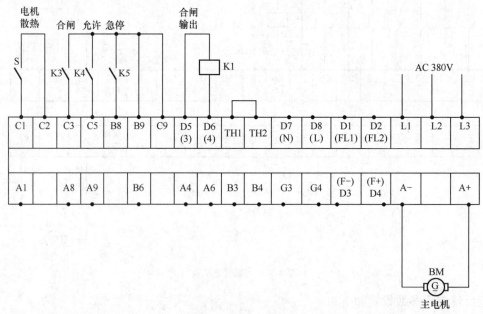

图 4-18 快速制动接线

停车时间参数设置如下。

调速器通电开机后按 M 键，出现 DIAGNOSTICS 后按 ↓ 键找到 SETUP PARAMETERS（设定参数），按 M 键进入菜单，按 ↓ 键找到 STOP RATES 菜单，按 M 键进入菜单，找到 PROG STOP TIME 和 PROG STOP LIMIT，更改这两个参数即可，如图 4-19 所示。

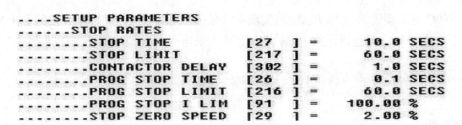

```
.....SETUP PARAMETERS
.......STOP RATES
.........STOP TIME          [27  ] =      10.0 SECS
.........STOP LIMIT         [217 ] =      60.0 SECS
.........CONTACTOR DELAY    [302 ] =       1.0 SECS
.........PROG STOP TIME     [26  ] =       0.1 SECS
.........PROG STOP LIMIT    [216 ] =      60.0 SECS
.........PROG STOP I LIM    [91  ] =     100.00 %
.........STOP ZERO SPEED    [29  ] =       2.00 %
```

图 4-19　快速制动参数设置

本 章 小 结

（1）随着微电子技术、微处理器及计算机软件的发展，调速控制的各种功能几乎均可通过微处理器和软件来实现。直流调速系统从过去的模拟控制向模拟-数字混合控制发展，最终实现全数字化。目前，工业生产广泛应用的数字直流调速装置是这一发展的产物，它集控制功能和功率驱动于一体，有着十分优越的性能。

（2）数字控制直流调速装置与模拟量控制的直流调速装置相比，数字直流调速装置不仅控制精确，运行稳定，而且硬件电路结构简单，操作灵活，不受器件温度漂移的影响；所用元件数量少，不易失效；设定值量化程度高，且状态重复率好；放大器和级间耦合噪声很小，电磁干扰小；调试及投产灵活方便，易于设计和修改设计；标准及通用化程度高，除主 CPU 模块外，多种附加模块可实现包括工艺参数在内的多元闭环控制；适用范围广，可实现各类变速控制，易于实现 PLC 或总线通信控制。

（3）目前在国内直流调速装置市场是以外资品牌一统天下，直到 2009 年前后还占据着 95%左右的市场份额。目前国内直流调速装置市场主要被 SIEMENS、ABB、欧陆等品牌所占据。

（4）欧陆 590 系列直流调速装置的工作原理。触发脉冲信号由微处理器根据预设参数与实际输入的各种信号（包括操作信号和保护信号等）通过计算和处理后提供。脉冲信号的触发时间和触发次序由相关的输入信号决定，即电动机运行时的所需转矩（负载）大小或运行速度、运行方向由操作者通过操作相关的开关、变阻器等元件来实施。比如，需要电动机运转速度下降时，调整脉冲信号中触发时间（改变变阻器数值）短些；反之需要电动机运转速度上升时触发时间长些。如要求电动机的转向变化，则调整相关的触发信号（由相关的开关组合而定）加到不同的晶闸管模块组合元件上。直流调速装置的输出电压大小，是由改变晶闸管的控制角ⓐ和导通角ⓑ来实施调整的。正向控制电压（触发脉冲）的相位越前移，控制角ⓐ就越小，导通角ⓑ就越大，输出电压就越大。反之ⓐ越大，ⓑ就越小，输出电压就越低。

（5）欧陆 590C 的端子由模拟端子、数字端子、其他端子、电源输入/输出端子、三相电源输入及电枢输出端子和测速反馈端子组成；设置菜单主要有诊断设置、励磁参数设置、口令设置、参数存储设置等。

（6）590C 直流调速装置正反转点动功能的实现主要依靠 C4、C6 两个数字输入端子的状态来控制；当 C4 端子处于高电平时是正转，当 C4、C6 端子同时处于高电平时是反转。

（7）欧陆 590C 直流调速装置有快速停车的功能，通过改变菜单中的停机时间来实现快速制动。590C 直流调速装置制动功能的实现主要依靠 B8 端子（程序停车）的状态来控制，当 B8 处于高电平时，调速器正常工作；当 B8 处于低电平时，调速器处于制动状态。

检 测 题

1. 简答题

（1）数字直流调速装置的工作原理是什么？

（2）数字直流调速装置的主要品牌有哪些？

（3）欧陆 590C 面板由哪几部分组成？

2. 填空题

（1）欧陆 590 系列电路主要由_____和_____两大部分组成。

（2）在欧陆 590C 的面板上的按键中，**M** 键的作用是_____；**E** 键的作用是_____；**↑** 键的作用是_____；**↓** 键的作用是_____。

（3）在欧陆 590C 的面板上的运行指示灯中，Health 灯的作用是_____；RUN 灯的作用是_____；Start Contactor 灯的作用是_____；Overcurrent Trip 灯的作用是_____；Program Stop 灯的作用是_____；Coast Stop 灯的作用是_____。

（4）欧陆 590C 的端子由_____、_____、_____、_____、_____和_____组成。

（5）590C 直流调速装置制动功能的实现主要依靠_____端子（程序停车）的状态来控制，当该端子处于_____时，调速器正常工作，当该端子处于_____时，调速器处于制动状态。

（6）590C 直流调速装置正反转点动功能的实现主要依靠_____和_____端子的状态来控制；当端子_____处于高电平时是正转，当_____端子处于高电平时是反转。

3. 分析题

（1）有一台直流电机，想要用欧陆 590C 直流调速装置在 5s 内实现快速制动，请画出接线图和参数设置步骤。

（2）请写出利用 590C 直流调速装置实现直流电动机正转和反转调速的步骤，并画出接线图。

下篇

交流电动机调速系统

第五章
交流异步电动机调速及变频原理

学习目标

- 了解交流电动机调速的 3 种基本方法。
- 掌握通用变频器的基本结构及变频原理。充分理解和把握基频（额定频率）以下和基频以上两种情况下调频与调压协调控制特性。
- 了解通用变频器的各种分类方法和控制方式。

| 5.1　交流异步电动机调速的基本类型 |

众所周知，直流调速系统具有较为优良的静、动态性能指标，在很长的一个历史时期内，调速传动领域基本上被直流电动机调速系统所垄断。但直流电动机由于受换向器限制，使其维修工作量大，事故率高，使用环境受限，很难向高电压、高转速、大容量发展。与直流电动机相比，交流电动机具有结构简单、制造容易、维护工作量小等优点，但交流电动机的控制却比直流电动机复杂得多。早期的交流传动均用于不可调速传动，而可调速传动则用直流传动，随着电力电子技术、控制技术和计算机技术的发展，交流调速技术日益成熟，在许多方面已经可以取代直流调速系统，特别是各类通用变频器的出现，使交流调速已逐渐成为电气传动中的主流。

根据异步电动机的转速公式

$$n = n_1(1-s) = \frac{60 f_1}{p}(1-s) \tag{5-1}$$

式中，f_1——异步电动机定子绕组上交流电源的频率（Hz）；

　　　p——异步电动机的磁极对数；

　　　s——异步电动机的转差率；

　　　n——异步电动机的转速（r/min）。

由式（5-1）可知，交流异步电动机有下列 3 种基本调速方法。

① 改变定子绕组的磁极对数 p，称为变极调速。

② 改变转差率 s，其方法有改变电压调速、绕线式电动机转子串电阻调速和串级调速。

③ 改变电源频率 f_1，称为变频调速。

5.1.1　变 极 调 速

视频：交流异步电动机的调速方法

在电源频率 f_1 不变的条件下，改变电动机的极对数 p，电动机的同步转速 n_1 就会变化，从而改变电动机的转速 n。若极对数减少一半，同步转速就升高一倍，电动机的转速也几乎升高一倍。这种调速方法通常用改变电动机定子绕组的接法来改变极对数，这种电动机称为多速电动机。其转子均采用笼型转子，其转子感应的极对数能自动与定子相适应。这种电动机在制造时，从定子绕组中抽出一些线头，以便于使用时调换。下面以一相绕组来说明变极原理。先将 U 相绕组中的 2 个半相绕组 a_1x_1 与 a_2x_2 采用顺向串联，如图 5-1 所示，产生 2 对磁极。若将 U 相绕组中的一半相绕组 a_2x_2 反向并联，如图 5-2 所示，则产生 1 对磁极。

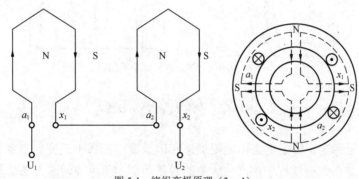

图 5-1　绕组变极原理（$2p=4$）

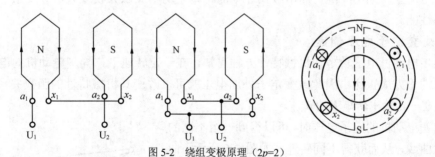

图 5-2　绕组变极原理（$2p=2$）

目前，我国多极电动机定子绕组连接方式常用的有两种：一种是从星形改成双星形，写为 Y/YY，如图 5-3 所示；另一种是从三角形改成双星形，写为△/YY，如图 5-4 所示，这两种接法可使电动机极对数减少一半。在改接绕组时，为了使电动机转向不变，应把绕组的相序改接一下。

变极调速主要用于各种机床及其他设备上。其优点是设备简单，操作方便，具有较硬的机械特性，稳定性好；其缺点是电动机绕组引出头较多，调速级数少，级差大，不能实现无级调速；电动机体积大，制造成本高。

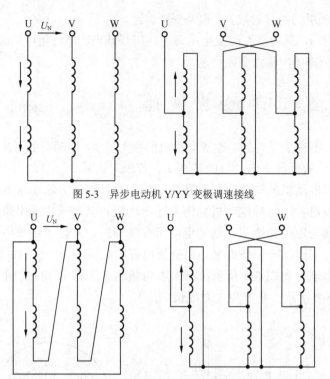

图 5-3 异步电动机 Y/YY 变极调速接线

图 5-4 异步电动机 △/YY 变极调速接线

5.1.2 变转差率调速

改变定子电压调速、转子电路串电阻调速和串级调速都属于改变转差率调速。这些调速方法的共同特点是在调速过程中都产生大量的转差功率。前两种调速方法都是把转差功率消耗在转子电路里，很不经济，而串级调速则能将转差功率加以吸收或大部分反馈给电网，提高了经济性能。

1. 改变定子电压调速

由异步电动机电磁转矩和机械特性方程可知，在一定转速下，异步电动机的电磁转矩与定子电压的平方成正比。因此改变定子外加电压就可以改变其机械特性的函数关系，从而改变电动机在一定输出转矩下的转速。

当改变电动机的定子电压时，可以得到一组不同的机械特性曲线，从而获得不同转速。如图 5-5 所示，曲线 1 为电动机的固有机械特性，曲线 2 为定子电压是额定电压的 0.7 倍时的机械特性。从图 5-5 中可以看出：同步转速 n_0 不变，最大转差或临界转差率 S_m 不变。当负载为恒转矩负载 T_L 时，随着电压从 U_N 减小到 $0.7U_N$，转速相应地从 n_1 减小到 n_2，转差率增大，显然可以认为调压调速属于改变转差率的调速方法。

该调速方法的调速范围较小，低压时机械特性太软，转速变化大。为改善调速特性，可采用带速度负反

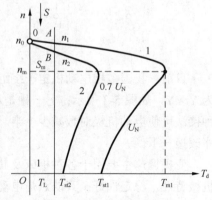

图 5-5 调压调速的机械特性

馈的闭环控制系统来解决该问题。

目前广泛采用晶闸管交流调压电路来实现定子调压调速。

2．转子串电阻调速

绕线式异步电动机转子串电阻调速的机械特性如图 5-6 所示。转子串电阻时最大转矩 T_m 不变，临界转差率增大。所串电阻越大，运行段机械特性斜率越大。若带恒转矩负载，原来运行在固有特性曲线 1 的 a 点上，在转子串电阻 R_1 后，就运行在 b 点上，转速由 n_a 变为 n_b，以此类推。

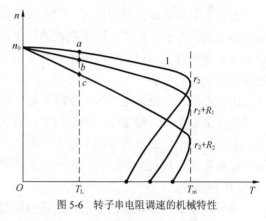

图5-6　转子串电阻调速的机械特性

转子串电阻调速的优点是设备简单，主要用于中、小容量的绕线式异步电动机，如桥式起重机等。缺点是转子绕组需经过电刷引出，属于有级调速，平滑性差；由于转子中电流很大，在串接电阻上产生很大损耗，所以电动机的效率很低，机械特性较软，调速精度差。

3．串级调速

串级调速方式是指绕线式异步电动机转子回路中串入可调节的附加电势来改变电动机的转差，从而达到调速的目的。其优点是可以通过某种控制方式，使转子回路的能量回馈到电网，从而提高效率；在适当的控制方式下，可以实现低同步或高同步的连续调速。缺点是只适用于绕线式异步电动机，且控制系统相对复杂。

5.1.3　电磁转差离合器调速

图 5-7 所示为一个电磁转差离合器调速系统，它由晶闸管整流器、电磁转差离合器和异步电动机三大部分组成。电磁转差离合器由电枢和磁极两部分组成，两者无机械联系，都可自由旋转。电枢由笼型异步电动机带动，称主动部分；磁极用联轴节与负载相连，称从动部分。电枢通常用整块的铸钢加工而成，形状像一个杯子，上面没有绕组。磁极则由铁芯和绕组两部分组成，绕组由晶闸管整流器励磁。

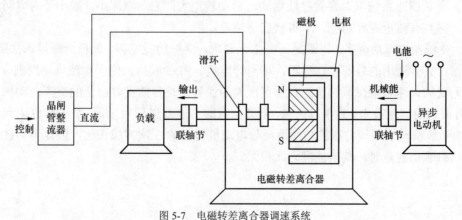

图5-7　电磁转差离合器调速系统

当励磁绕组通以直流电，电枢为电动机所拖动以恒速定向旋转时，在电枢中感应产生涡流，涡流与磁极的磁场作用产生电磁力，形成的电磁转矩使磁极跟着电枢方向旋转。由于拖动电枢的异步电动机的固有机械特性较硬，因此可以认为电枢的转速是近似不变的，而磁极的转速则由磁极磁场的强弱而定，即由提供给电磁离合器的励磁电流大小而定。因此只要改变励磁电流的大小，就可以改变磁极的转速，也就可以改变工作机械的转速。调速系统晶闸管整流电源通常采用单相全波或桥式整流电路，通过改变晶闸管的控制角，可以方便地改变直流输出电压的大小。

由此可见，当励磁电流等于零时，磁极是不会转动的，这就相当于工作机械被"离开"。一旦加上励磁电流，磁极即刻转动起来，这就相当于工作机械被"合上"，因此称为离合器。又因为它是基于电磁感应原理来发生作用的，磁极与电枢之间一定要有转差才能产生感应电流和电磁转矩，因此全名就称为"电磁转差离合器"。又常将其连同它的异步电动机一起称为"滑差电动机"。

电磁转差离合器调速的主要特点是控制简单，运行可靠，可实现无级调速，采用转速闭环控制后可以改善调速性能，扩大调速范围；缺点是低速损耗大，效率低。适用于不需长期低速运行的场合。

5.1.4　变频调速

交流变频调速技术的原理是把工频 50Hz 的交流电转换成频率和电压可调的交流电，通过改变交流异步电动机定子绕组的供电频率，在改变频率的同时也改变电压，从而达到调节电动机转速的目的（即 VVVF 技术）。

交流变频调速系统一般由三相交流异步电动机、变频器及控制器组成，它与直流调速系统相比具有以下显著优点。

（1）变频调速装置的大容量化。直流电动机由于受换向器限制，单机容量、最高转速及使用环境都受到限制。其电枢电压最高只能做到一千多伏，而交流电动机可做到 6～10kV。直流电动机的转速一般仅为每分钟数百转到一千多转，而交流电动机的速度可以达到每分钟数千转，以满足高速机械的运行要求。

（2）变频调速系统调速范围宽，能平滑调速，其调速静态精度及动态品质好。

（3）变频调速系统可以直接在线启动，启动转矩大，启动电流小，减小了对电网和设备的冲击，并具有转矩提升功能，节省软启动装置。

（4）变频器内置功能多，可满足不同工艺要求；保护功能完善，能自诊断显示故障所在，维护简便；具有通用的外部接口端子，可同计算机、PLC 联机，便于实现自动控制。

（5）变频调速系统在节约能源方面有很大的优势，是目前世界公认的交流电动机的最理想、最有前途的调速技术。其中以风机、泵类负载的节能效果最为显著，节电率可达到 20%～60%。由于风机、水泵等负载的功率消耗与电动机转速的 3 次方成正比，因此当负载的转速小于电动机额定转速时，其节能潜力比较大。

| 5.2 三相异步电动机的变频调速原理 |

1. 变频调速的条件

从式（5-1）来看，只要改变定子绕组的电源频率 f_1 就可以调节转速大小了，但是事实上只改变 f_1 并不能正常调速，而且可能导致电动机运行性能恶化。其原因分析如下。

由电动机学原理知，三相异步电动机定子绕组反电动势 E_1 的表达式为

$$E_1 = 4.44 f_1 N_1 K_{N1} \Phi_m \qquad (5-2)$$

式中，E_1——气隙磁通在定子每相中感应电动势的有效值（V）；

N_1——每相定子绕组的匝数；

K_{N1}——与绕组结构有关的常数；

Φ_m——电动机每极气隙磁通。

由于 4.44、N_1、K_{N1} 均为常数，所以定子绕组的反电动势可用下式表示。

视频：变频调速
原理

$$E_1 \propto f_1 \Phi_m \qquad (5-3)$$

根据三相异步电动机的等效电路知，$E_1 = U_1 + \Delta U$，当 E_1 和 f_1 的值较大时，定子的漏阻抗相对比较小，漏阻抗压降 ΔU 可以忽略不计，即可认为电动机的定子电压 $U_1 \approx E_1$，因此可将式（5-3）写成

$$U_1 \approx E_1 \propto f_1 \Phi_m \qquad (5-4)$$

若电动机的定子电压 U_1 保持不变，则 E_1 也基本保持不变，由式（5-4）可知，当定子绕组的交流电源频率 f_1 由基频 f_{1N} 向下调节时，将会引起主磁通 Φ_m 的增加。由于额定工作时，电动机的磁通已经接近饱和，Φ_m 继续增大，将会使电动机磁路过分饱和，从而导致过大的励磁电流，严重时会因绕组过热而损坏电动机。而从基频 f_{1N} 向上调节时，主磁通 Φ_m 将减少，铁芯利用不充分，同样的转子电流下，电磁转矩 T 下降，电动机的负载能力下降，电动机的容量也得不到充分利用。因此为维持电动机输出转矩不变，我们希望在调节频率 f_1 的同时能够维持主磁通 Φ_m 不变（即恒磁通控制方式）。

以电动机的额定频率 f_{1N} 为基准频率，称为基频。变频调速时，可以从基频向上调，也可以从基频向下调。

2. 基频以下恒磁通（恒转矩）变频调速

当在额定频率以下调频，即 $f_1 < f_{1N}$ 时，为了保证 Φ_m 不变，根据式（5-3）得

$$\frac{E_1}{f_1} = 常数$$

也就是说，在频率 f_1 下调时也同步下调反电动势 E_1，但是由于异步电动机定子绕组中的感应电动势 E_1 无法直接检测和控制，根据 $U_1 \approx E_1$，可以通过控制 U_1 达到控制 E_1 的目的，即

$$\frac{U_1}{f_1} = 常数 \qquad (5-5)$$

通过以上分析可知：在额定频率以下调频时（$f_1 < f_{1N}$），调频的同时也要调压。将这种调速方法称为变压变频（Variable Voltage Variable Frequency，VVVF）调速控制，也称为恒压频比控制方式。

当定子电源频率 f_1 很低时，U_1 也很低。此时定子绕组上的电压降 ΔU 在电压 U_1 中所占的比例增加，将使定子电流减小，从而使 Φ_m 减小，这将引起低速时的最大输出转矩减小。可用提高 U_1 来补偿 ΔU 的影响，使 E_1/f_1 不变，即 Φ_m 不变，这种控制方法称为电压补偿，也称为转矩提升。定子电源频率 f_1 越低，定子绕组电压补偿得越大，带定子压降补偿控制的恒压频比控制特性如图 5-8 所示。

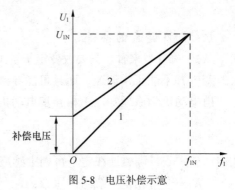

图 5-8　电压补偿示意

如图 5-8 所示，1 为 U_1/f_1=常数时的电压与频率关系曲线；2 为有电压补偿时，即近似的 E_1/f_1 为常数时的电压与频率关系曲线。实际上变频器装置中相电压 U_1 和频率 f_1 的函数关系并不简单地如曲线 2 一样，通用变频器有几十种电压与频率函数关系曲线，可以根据负载性质和运行状况加以选择。

在基频以下调速时，采用 U/f 控制方式以保持主磁通 Φ_m 的恒定，电动机的机械特性曲线如图 5-9 中 f_{1N} 曲线以下所示。在此过程中，电磁转矩 T 恒定，电动机带负载的能力不变，属于恒转矩调速。如图 5-9 所示，曲线 f_4 中的虚线是进行电压补偿后的机械特性曲线。

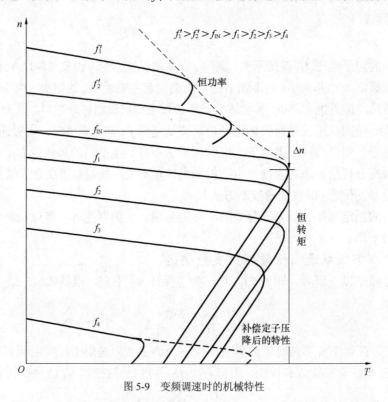

图 5-9　变频调速时的机械特性

观察各条机械特性曲线，它们的特征如下。

（1）从额定频率向下调频时，理想空载转速减小，最大转矩逐渐减小。

（2）频率在额定频率附近下调时，最大转矩减少，可以近似认为不变；频率调得很低时，最大转矩减小很快。

（3）因为频率不同时，最大转矩点对应的转差Δn变化不是很大，所以稳定工作区的机械特性基本是平行的。

3. 基频以上恒功率（恒电压）变频调速

当定子绕组的交流电源频率 f_1 由基频 f_{1N} 向上调节时，若按照 U_1/f_1＝常数的规律控制，电压也必须由额定值 U_{1N} 向上增大。由于电动机不能超过额定电压运行，所以频率 f_1 由额定值向上升高时，由式（5-4）可知，定子电压不可能随之升高，只能保持 $U_1=U_{1N}$ 不变。这样必然会使 Φ_m 随着 f_1 的升高而下降，类似于直流电动机的弱磁调速。由电动机学原理知，Φ_m 的下降将引起电磁转矩 T 的下降。频率越高，主磁通 Φ_m 下降得越多，由于 Φ_m 与电流或转矩成正比，因此电磁转矩 T 也变小。需要注意的是，这时的电磁转矩 T 仍应比负载转矩大，否则会出现电动机的堵转。在这种控制方式下，转速越高，转矩越低，但是转速与转矩的乘积（输出功率）基本不变，所以基频以上调速属于弱磁恒功率调速。其机械特性曲线如图5-9中 f_{1N} 曲线以上2条曲线所示。其特征如下。

（1）额定频率以上调频时，理想空载转速增大，最大转矩大幅减小。

（2）最大转矩点对应的转差Δn几乎不变，但由于最大转矩减小很多，所以机械特性斜度加大，特性变软。

4. 变频调速特性的特点

把基频以下和基频以上两种情况结合起来，可得如图5-10所示的异步电动机变频调速的控制特性。按照电力拖动原理，在基频以下，属于恒转矩调速的性质，而在基频以上，属于恒功率调速性质。

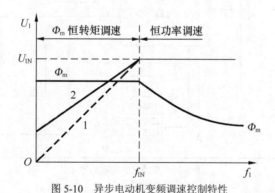

图 5-10　异步电动机变频调速控制特性

（1）恒转矩的调速特性。这里的恒转矩是指在转速的变化过程中，电动机具有输出恒定转矩的能力。在 $f_1<f_{1N}$ 的范围内变频调速时，经过补偿后，各条机械特性的临界转矩基本为一定值，因此该区域基本为恒转矩调速区域，适合带恒转矩负载。从另一方面来看，经补偿以后的 $f_1<f_{1N}$ 调速，可基本认为 $E/f＝$ 常数，即 Φ_m 不变，根据电动机的转矩公式知，在负载不变的情况下，电动机输出的电磁转矩基本为一定值。

（2）恒功率的调速特性。这里的恒功率是指在转速的变化过程中，电动机具有输出恒定功率的能力，在 $f_1>f_{1N}$ 下，频率越高，主磁通 Φ_m 必然相应下降，电磁转矩 T 也越小，而电

动机的功率 $P = T(\downarrow) \omega(\uparrow) =$ 常数，因此 $f_1 > f_{1N}$ 时，电动机具有恒功率的调速特性，适合带恒功率负载。

| 5.3　通用变频器的基本结构与控制方式 |

5.3.1　基 本 结 构

变频器是把电压、频率固定的交流电变成电压、频率可调的交流电的变换器。它与外界的联系基本上分为主电路、控制电路 2 个部分，如图 5-11 所示。

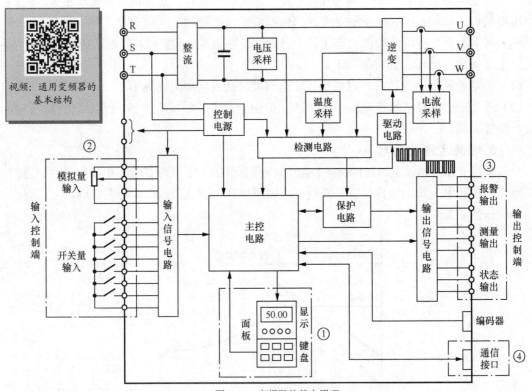

视频：通用变频器的基本结构

图 5-11　变频器的基本原理

1．主电路

交—直—交变频器的主电路如图 5-12 所示，由整流电路、能耗电路和逆变电路组成。

（1）整流电路。

① 整流管 $VD_1 \sim VD_6$。在图 5-12 中，二极管 $VD_1 \sim VD_6$ 组成三相整流桥，将电源的三相交流电全波整流成直流电。如电源的线电压为 U_L，则三相全波整流后平均直流电压 U_D 的大小是

$$U_D = 1.35 U_L \tag{5-6}$$

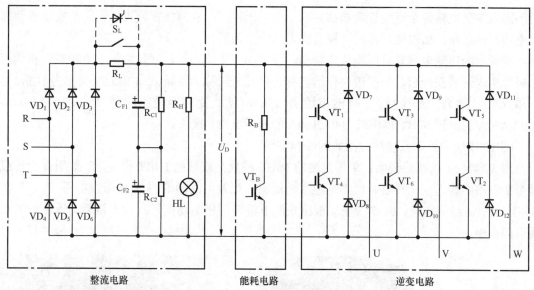

图 5-12　交—直—交变频器的主电路

我国三相电源的线电压为 380V，故全波整流后的平均电压是

$$U_D = 1.35 \times 380 = 513(V)$$

变频器的三相桥式整流电路常采用集成电路模块，其整流桥集成电路模块如图 5-13 所示。

② 滤波电容器 C_F。图 5-12 中的滤波电容器 C_F 有两个功能：一是滤平全波整流后的电压纹波；二是当负载变化时，使直流电压保持平稳。

图 5-13　三相整流桥集成电路模块

③ 电源指示 HL。HL 除了表示电源是否接通以外，还有一个十分重要的功能，即在变频器切断电源后，表示滤波电容器 C_F 上的电荷是否已经释放完毕。

（2）能耗电路。电动机在工作频率下降过程中，将处于再生制动状态，拖动系统的动能要反馈到直流电路中，使直流电压 U_D 不断上升，甚至可能达到危险的地步。因此必须将再生到直流电路的能量消耗掉，使 U_D 保持在允许范围内。图 5-12 所示的制动电阻 R_B 就是用来消耗这部分能量的。

★ 知识拓展：泵升电压

　当电动机处于再生发电制动状态时，会导致电压源型变频器直流侧电压 U_D 升高而产生过电压，这种过电压称为泵升电压。为了限制泵升电压，如图 5-12 所示，可给直流侧电容并联一个由电力晶体管 VT_B 和能耗电阻 R_B 组成的泵升电压限制电路。当泵升电压超过一定数值时，使 VT_B 导通，再生回馈制动能量消耗在 R_B 上，所以又将该电路称为制动电路。

（3）逆变电路。逆变管 $VT_1 \sim VT_6$ 组成逆变桥，把 $VD_1 \sim VD_6$ 整流所得的直流电再"逆变"成频率可调的交流电。这是变频器实现变频的具体执行环节，当前常用的逆变管有绝缘栅双极型晶体管（IGBT）、门极关断（GTO）晶闸管及电力场效应晶体管（MOSFET）等。在中、小型变频器中最常采用的是 IGBT 管。

因为逆变电路每个逆变管两端都并联一个二极管，并联二极管为再生电流及能量返回直流电路提供通路，所以把这样的二极管称为续流二极管。

变频器的逆变电路常采用模块化结构，以 IGBT 模块为例，就是将多个 IGBT 管和续流二极管集成封装在一起，一般模块化结构有 2 单元（又称为单桥）、4 单元（又称为 H 桥）、6 单元（又称为三相全桥）。目前市场上 15kW 以上变频器使用的是 150A/200A/300A/400A/450A 的单桥 IGBT 模块或 100A/150A 的全桥 IGBT 模块。

IGBT 模块的外形及接线方法如图 5-14 所示。

图 5-14（c）的接线说明：单桥封装的 IGBT 模块是双管的 IGBT 模块，一般用在全桥或者半桥电路中作为一个桥臂。假定是用在全桥上，等效电路图中的 3 接母线电压 V_C，2 接 GND，1 引出线接负载，6、7 接驱动板出来的下桥臂门极驱动信号；4、5 接驱动板出来的上桥臂门极驱动信号。

（a）IGBT 单管封装

（b）IGBT 单桥封装

学海领航

攻克 IGBT，中国高铁跃动"中国芯"

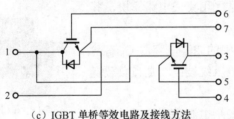

（c）IGBT 单桥等效电路及接线方法

（d）IGBT 全桥封装

图 5-14　IGBT 模块外形及接线方法

★ 知识拓展：智能功率模块（IPM）

智能功率模块（IPM）是将大功率开关器件和驱动电路、保护电路、检测电路等集成在同一个模块内，是电力集成电路的一种。目前，IPM 一般以 IGBT 为基本功率开关元件，构成单相或三相逆变器的专用功能模块。IPM 有 4 种电路形式：单管封装（H）、双管封装（D）、六合一封装（C）、七合一封装（R）。由于 IPM 通态损耗和开关损耗都比较低，可使散热器减小，因而整机尺寸亦可减小，又有自保护能力，国内外 55kW 以下的变频器多数采用 IPM 模块。

IPM 功率集成模块的内部结构如图 5-15 所示。

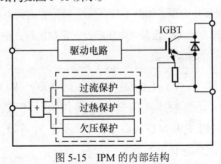

图 5-15　IPM 的内部结构

★ **知识拓展：功率集成模块（PIM）**

中小功率变频器多采用 25A、50A、75A、100A、150A 的 PIM 模块。PIM 结构包括三相全波整流和 6～7 个 IGBT 单元，即变频器的主电路全部封装在一个模块内，在中小功率变频器上均使用 PIM 模块以降低成本，减少变频器的尺寸。

PIM 功率集成模块的外形如图 5-16 所示。

图 5-16　PIM 功率集成模块的外形

2．控制电路

变频器的控制电路主要以 16 位、32 位单片机或 DSP 为控制核心，从而实现全数字化控制。它具有设定和显示运行参数、信号检测、系统保护、计算与控制、驱动逆变管等作用。

3．外部端子

外部端子包括主电路端子（R、S、T、U、V、W）和控制电路端子。其中控制电路端子又分为输入控制端（如图 5-11 中的②）及输出控制端（如图 5-11 中的③）。输入控制端既可以接收模拟量输入信号，又可以接收开关量输入信号。输出端子有用于报警输出的端子、指示变频器运行状态的端子及用于指示各种输出数据的测量端子。

通信接口（如图 5-11 中的④）用于变频器和其他控制设备的通信。变频器通常采用 RS485 接口。

5.3.2　分　　类

1．按变换环节分类

从交流变频调速的变换环节来分变速器可以分为交—交直接变频器和交—直—交间接变频器。

（1）交—交直接变频器。它是一种把频率固定的交流电源直接变换成频率连续可调的交流电源的装置。减少了中间环节，变换效率高，但由于其连续可调的频率范围较窄，一般为额定频率的 1/2 以下，因此主要用于低速大容量的拖动系统中。常用的交—交变频器的结构如图 5-17 所示。

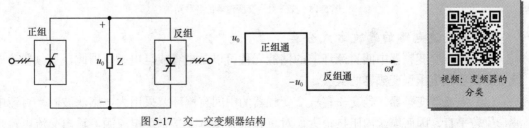

图 5-17　交—交变频器结构

视频：变频器的分类

（2）交—直—交间接变频器。目前已被广泛应用在交流电动机变频调速中的变频器是交—直—交变频器，它是先将恒压恒频（Constant Voltage Constant Frequecy，CVCF）的交流电通过整流器变成直流电，再经过逆变器将直流电变换成频率连续可调的三相交流电。

由于交—直—交变频器在恒频交流电源和变频交流输出之间有一个"中间直流环节"，因此它主要有3种结构形式，如图5-18所示。

① 整流调压。采用可控整流器调压、逆变器调频的控制方式，如图5-18（a）所示。这种装置调压和调频在两个环节上分别进行，控制电路结构简单，控制方便。但是，由于输入环节采用可控整流器，当电压或转速调得较低时，电网端的功率因数较低；输出环节多采用由功率开关元件组成的逆变器，输出的谐波较大，因此这类控制方式现在用得较少。

② 斩波调压。采用不可控整流器整流，斩波器调压，再用逆变器调频的控制方式，如图5-18（b）所示。整流环节采用二极管不可控整流器，只整流不调压，再单独设置斩波器，用脉宽调压，这种方法克服了功率因数较低的缺点，但输出逆变环节未变，仍有谐波较大的缺点。

③ PWM调压。采用不可控整流器整流，脉宽调制（PWM）逆变器同时调压调频的控制方式，如图5-18（c）所示。在这种控制方法中，由于采用不可控整流器整流，故输入功率因数高；采用PWM型逆变器则输出谐波可以减少。这样，前两种调压控制方法中存在的缺点问题都解决了。PWM逆变器需要全控型电力半导体器件，其输出谐波减少的程度取决于PWM的开关频率，而开关频率则受器件开关时间的限制。采用绝缘栅双极型晶体管IGBT时，开关频率可达10kHz以上，输出波形已经非常逼近正弦波，因而又称为SPWM逆变器，成为当前最有发展前途的一种调压调频控制方法。

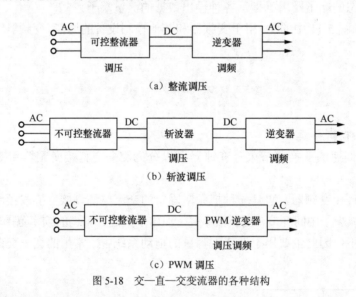

图5-18 交—直—交变流器的各种结构

2．按直流电路的滤波方式分类

交—直—交变频器中间直流环节的储能元件可以是电容或是电感，据此，变频器分成电流型变频器和电压型变频器两大类。

（1）电流型变频器。当交—直—交变频器的中间直流环节采用大电感滤波时，直流电流波形比较平直，因而电源内阻抗很大，对负载来说基本上是一个电流源，输出交流电流是矩形波或阶梯波，电压波形接近于正弦波，这类变频器叫作电流型变频器，如图 5-19 所示。

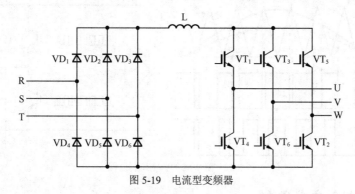

图 5-19 电流型变频器

（2）电压型变频器。当交—直—交变频器的中间直流环节采用大电容滤波时，直流电压波形比较平直，在理想情况下是一个内阻抗为零的恒压源，输出交流电压是矩形波或阶梯波，电流波形为近似正弦波，这类变频器叫作电压型变频器，如图 5-20 所示。

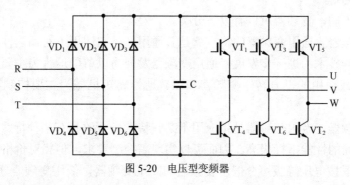

图 5-20 电压型变频器

3. 按输出电压的调制方式分类

按输出电压的调制方式分为脉幅调制（PAM）方式和脉宽调制（PWM）方式。

（1）脉幅调制。脉幅调制（Pulse Amplitude Modulation，PAM）方式是调频时通过改变整流后直流电压的幅值，达到改变变频器输出电压的目的。一般通过可控整流器来调压，通过逆变器来调频，变压与变频分别在两个不同环节上进行，控制复杂，现已很少采用。采用 PAM 调压时，变频器的输出电压波形如图 5-21 所示。

（2）脉宽调制。脉宽调制（Pulse Width Modulation，PWM）方式是指变频器输出电压的大小是通过改变输出脉冲的占空比来实现的。在调制过程中，逆变器负责调频调压。目前使用最多的是占空比按正弦规律变化的正弦波脉宽调制方式，即 SPWM 方式。中、小容量的通用变频器几乎全部采用此类型的变频器。SPWM 控制方式输出的波形如图 5-22 所示。

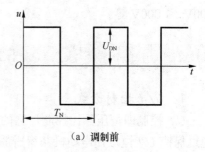

（a）调制前

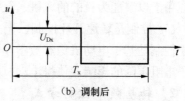

（b）调制后

图 5-21 PAM 调制的输出电压波形

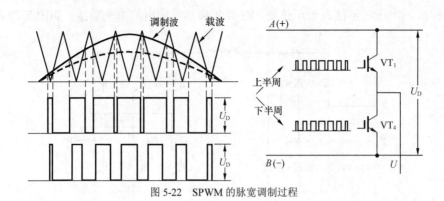

图 5-22　SPWM 的脉宽调制过程

4．按变频控制方式分类

根据变频控制方式的不同，变频器大致可以分 4 类：U/f 控制变频器、转差频率控制变频器、矢量控制变频器和直接转矩控制变频器。

5．按用途分类

根据用途的不同，变频器可以有以下分类。

（1）通用变频器。通用变频器的特点就是其通用性，它适用于对调速性能没有严格要求的场合，随着变频技术的进一步发展，通用变频器发展为以节能运行为主要目的的风机、泵类等平方转矩负载使用的平方转矩变频器和以普通恒转矩机械为主要控制对象的恒转矩变频器。

（2）专用变频器。专用变频器是指应用于某些特殊场合的具有某种特殊性能的变频器，其特点是某个方面的性能指标极高，因而可以实现高控制要求，但相对价格较高。

此外，变频器按电压等级可分低压变频器和高压变频器，低压变频器分为单相 220V、三相 380V、三相 660V、三相 1 140V。高压（国际上称作中压）变频器分为 3kV、6kV 和 10kV 3 种。如果采用公共直流母线逆变器，则要选择直流电压，其等级有 24V、48V、110V、200V、500V、1 000V 等。

5.3.3　控 制 方 式

1．U/f 控制方式

U/f 控制即恒压频比控制。它的基本特点是对变频器输出的电压和频率同时进行控制，通过保持 U/f 恒定使电动机获得所需的转矩特性。它是变频调速系统最经典的控制方式，广泛应用于以节能为目的的风机、泵类等负载的调速系统中。

U/f 控制是转速开环控制，无需速度传感器，控制电路简单，通用性强，经济性好；但由于控制是基于电动机稳态数学模型基础上的，因此动态调速性能不佳，电动机低速运行时，定子电阻压降的影响，使得电动机的带载能力下降，需要实行转矩补偿。

2．转差频率控制方式

转差频率控制方式是对 U/f 控制的一种改进。其实现思想是通过检测电动机的实际转速，根据设定频率与实际频率的差对输出频率进行连续调节，从而达到在进行调速控制的同时，控制电动机输出转矩的目的。

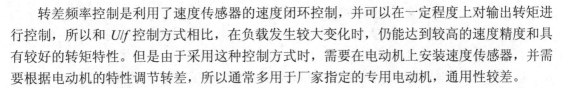

转差频率控制是利用了速度传感器的速度闭环控制，并可以在一定程度上对输出转矩进行控制，所以和 U/f 控制方式相比，在负载发生较大变化时，仍能达到较高的速度精度和具有较好的转矩特性。但是由于采用这种控制方式时，需要在电动机上安装速度传感器，并需要根据电动机的特性调节转差，所以通常多用于厂家指定的专用电动机，通用性较差。

3. 矢量控制方式

上述的 U/f 控制方式和转差频率控制方式的控制思想都是建立在异步电动机的静态数学模型上，因此动态性能指标不高。20 世纪 70 年代初，西德 F.Blasschke 等人首先提出了矢量控制，它是一种高性能异步电动机控制方式，其基于交流电动机的动态数学模型，利用坐标变换的手段，将交流电动机的定子电流分解成励磁电流分量和转矩电流分量，并加以控制，具有直流电动机相类似的控制性能。采用矢量控制方式的目的，主要是提高变频器调速方式的动态性能。各种高端变频器普遍采用矢量控制方式。

由于在进行矢量控制时，需要准确地掌握异步电动机的有关参数，这种控制方式过去主要用于厂家指定的变频器专用电动机的控制。随着变频调速理论和技术的发展，以及现代控制理论在变频器中的成功应用，目前在新型矢量控制变频器中，已经增加了自整定功能。带有这种功能的变频器，在驱动异步电动机进行正常运转之前，可以自动识别电动机的参数，并根据辨识结果调整控制算法中的有关参数，从而使得对普通异步电动机进行矢量控制也成为可能。

4. 直接转矩控制方式

1985 年，德国鲁尔大学的 M.Depenbrock 教授首次提出了直接转矩控制理论。直接转矩控制是利用空间矢量坐标的概念，在定子坐标系下分析交流电动机的数学模型，控制电动机的磁链和转矩，通过检测定子电阻来达到观测定子磁链的目的，因此省去了矢量控制等复杂的变换计算，系统直观、简洁，计算速度和精度都比矢量控制方式有所提高。即使在开环的状态下，也能输出 100% 的额定转矩，对于多拖动具有负荷平衡功能。

本 章 小 结

（1）交流调速的分类。

$$
交流调速
\begin{cases}
变极调速 \\[2pt]
变转差率调速
\begin{cases}
调压调速（降低电压，将使机械特性变软）\\
绕线转子串电阻调速（转子电阻增加，将使机械特性变软）\\
绕线转子串附加电动势调速（串级调速）\\
采用电磁离合器（滑差电动机）调速
\end{cases}\\[2pt]
变频调速
\begin{cases}
交—交变频调速\\
交—直—交变频调速
\end{cases}
\end{cases}
$$

（2）变频调速的条件为在调节频率 f_1 的同时还要调压，即能够维持主磁通 Φ_m 不变（即恒磁通控制方式），亦即 $U_1/f_1=$ 常数。

（3）当定子绕组的交流电源频率 f_1 由基频向下调节时，采用 $U_1/f_1=$ 常数的调速方式。当 f_1 很低时，将引起低速时的最大输出转矩减小，可用提高 U_1 来补偿定子阻抗压降，使 E_1/f_1 不变，即 $\varPhi_m$ 不变，这种控制方法称为电压补偿，也称为转矩补偿，它属于恒转矩调速。当 f_1 由基频向上调节时，加到定子绕组的电压只能保持额定电压不变，属于弱磁恒功率调速。

（4）变频器分为两个部分。主电路包括整流、能耗、逆变单元；控制电路包括驱动控制单元、主控单元、保护及报警单元、参数设定和监视单元等。

（5）变频器的种类繁多，根据不同的分类方法可以将变频器进行如下分类。

① 按变换环节分 {交—直—交型：低压变频器通用，调节频率范围较宽。
交—交型：变换效率高，可调频率范围窄，用于低速大容量的调速系统。

② 按输出电压的调制方法分 {PAM型：脉冲幅度调制，少用。
PWM型：脉冲宽度调制，多用。

③ 按电压的等级分 {低压变频器：220～1 140V，一般为中、小容量。
高压大容量变频器：电压等级有3kV、6kV、10kV。

④ 按滤波方式分 {电流型：电感滤波，适用于大容量变频器。
电压型：电容滤波，适用于小容量变频器。

⑤ 按用途分 {专用型：为具体应用而设计，使用面窄，价格高，操作简单。
通用型：用于机械传动调速，功能齐全，性能好，价格低。

（6）变频器控制方式分为 U/f 控制方式、转差频率控制方式、矢量控制方式和直接转矩控制方式。

检 测 题

1. 填空题

（1）三相异步电动机的转速除了与电源频率、转差率有关外，还与_____有关系。

（2）目前，在中、小型变频器中普遍采用的电力电子器件是_____。

（3）变频器是把电压、频率固定的工频交流电变为_____和_____都可以变化的交流电的变换器。

（4）变频器具有多种不同的类型：按变换环节可分为交—交变频器和_____变频器；按改变变频器输出电压的方法可分为_____型和_____型；按用途可分为专用型变频器和_____型变频器。

（5）正弦波脉冲宽度调制英文缩写是_____。

（6）变频调速时，基频以下的调速属于_____调速，基频以上的调速属于_____调速。

（7）在 U/f 控制方式下，当输出频率比较低时，会出现输出转矩不足的情况，要求变频器具有_____功能。

（8）变频器通信接口是_____。

2. 简答题

（1）交流异步电动机有哪些调速方式？并比较其优缺点。

（2）从交流电动机调速的各种方法及效果，说明变频调速的优点。

（3）目前变频器应用于哪类负载节能效果最明显？

（4）交—直—交变频器的主电路由哪三大部分组成？试述各部分的作用。

（5）变频器是怎样分类的？

（6）变频器的控制方式有哪些？

3. 分析题

（1）为什么对异步电动机进行变频调速时，希望电动机的主磁通保持不变？

（2）什么叫作 U/f 控制方式？为什么变频时需要相应的改变电压？

（3）在何种情况下变频也需变压，在何种情况下变频不能变压？为什么？在上述两种情况下，电动机的调速特性有何特征？三相异步电动机的机械特性曲线有何特点？

（4）为什么在基本 U/f 控制基础上还要进行转矩补偿？

第六章
三菱变频器的运行方式与功能

视频：三菱变频器的
端子

|6.1　通用变频器端子接线图|

　　变频器的接线端子分为主电路端子和控制电路端子。各变频器的主电路端子相差不大，通常用 R、S、T 表示交流电源的输入端，U、V、W 表示变频器的输出端。而不同厂家的变频器控制电路的端子差异较大，为说明问题，本书将以三菱公司的变频器为例进行讲述。

6.1.1　三菱 FR-A700 系列变频器的端子接线图

　　三菱 FR-A700 系列变频器是采用先进的磁通矢量控制方式、PWM 原理和智能功率模块（IPM）的高性能矢量变频器。其功率范围为 0.4～500kW，具有简易 PLC 功能（特殊型号）、工频/变频切换和 PID 等多种功能，内置 RS485 通信口，可支持各种常用的通信方式。

　　三菱 FR-A740 变频器的端子接线如图 6-1 所示，其中◎表示主电路接线端子，〇表示控制电路端子。

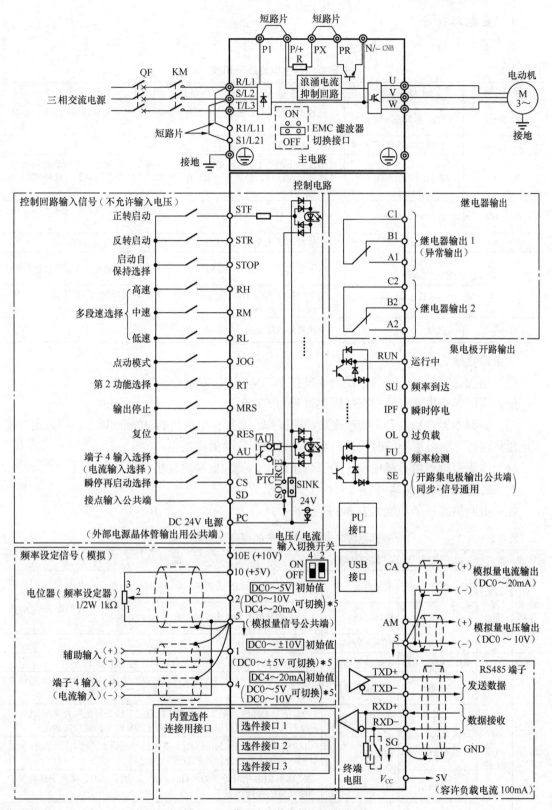

图 6-1　三菱 FR-A740 变频器的端子接线

1．主电路端子

主电路端子的功能如表 6-1 所示。

表 6-1　　　　　　　　　　　　　三菱变频器主电路端子功能

端子符号	端子名称	说　明
R、S、T	交流电源输入端子	连接工频电源，当使用功率因数变流器及公共直流母线变流器时，不要连接任何东西
U、V、W	变频器输出端子	接三相笼型异步电动机
R1、S1	控制回路用电源	与交流电源端子 R、S 连接。在保持异常显示和异常输出时或使用高功率因数变流器时，必须拆下 R、R1 和 S、S1 之间的短路片，从外部对该端子输入电源
P/+、PR	连接制动电阻	拆开端子 PR、PX 之间的短路片（7.5kW 以下），在 P/+、PR 之间连接选件制动电阻器
P/+、N−	连接制动单元	连接制动单元或电源再生转换器单元及高功率因数变流器
P/+、P1	连接改善功率因数 DC 电抗器	对于 55kW 以下产品，请拆开端子 P/+、P1 间的短路片，连接直流电抗器
Pr.、PX	连接内部制动回路	用短路片将 PX、Pr.间短路时（出厂设定），内部制动回路有效（7.5kW 以下装有）
⏚	接地	变频器外壳接地用，必须接大地

主电路接线说明。

（1）电源必须接 R、S、T，绝对不能接 U、V、W，否则会损坏变频器。

（2）变频器和电动机间的布线距离最长为 500m。

（3）变频器运行后，若需要改变接线的操作，必须在电源切断 10min 以上，用万用表检查电压后进行。断电后一段时间内，电容上仍然有危险的高压电。

（4）由于变频器内有漏电流，为了防止触电，变频器和电动机必须分别接地。

2．控制电路接线端子

控制电路接线端子功能如表 6-2 所示。

表 6-2　　　　　　　　　变频器控制电路接线端子的符号及功能说明

类　型		端子符号	端子名称	说　明	
输入信号	启动及功能设定	STF	正转启动	STF 信号处于 ON 为正转，处于 OFF 为停止	当 STF 和 STR 信号同时处于 ON 时，相当于给出停止指令
		STR	反转启动	STR 信号处于 ON 为反转，处于 OFF 为停止	
		STOP	启动自保持选择	使 STOP 信号处于 ON，可以选择启动信号自保持	
输入信号	启动及功能设定	RH、RM、RL	多段速度选择	用 RH、RM 和 RL 信号的组合可以选择多段速度	
		JOG	点动模式选择	JOG 信号 ON 时选择点动运行，用启动信号（STF 和 STR）可以点动运行	
		RT	第 2 功能选择	RT 信号 ON 时，第 2 功能选择。设定了第 2 转矩提升（第 2V/F，基底频率）时，也可以用 RT 信号处于 ON 时选择这些功能	
		MRS	输出停止	MRS 信号为 ON（20ms）时，变频器停止输出。用电磁制动停止电动机时，用于断开变频器的输出	
		RES	复位	使端子 RES 信号处于 ON（0.1s 以上），然后断开，可用于解除保护回路动作的保持状态	
		AU	电流输入选择	只在端子 AU 信号处于 ON 时，变频器 4 端子才可用 AC4～20mA 作为频率设定信号	

续表

类　型		端子符号	端子名称	说　明	
输入信号	启动及功能设定	CS	瞬时停电再启动选择	CS 信号预先处于 ON，瞬时停电再恢复使变频器可自动启动。但用这种运行方式时必须设定有关参数，因为出厂时设定为不能再启动	
		SD	公共输入端（漏型）	接点输入端子的公共端，AC24V，0.1A（PC）端子电源的输出公共端	
		PC	AC24V 电源和外部晶体管公共端接点输入公共端（源型）	当连接晶体管输出（集电极开路输出），例如，可编程控制器时，将晶体管输出用的外部电源公共端接到这个端子，可以防止因漏电引起的误动作，该端子可用于 24V，0.1A 电源输出，当选择源型时，该端子作为接点输入的公共端	
模拟信号	频率设定	10E	频率设定用电源	DC10V，容许负荷电流 10mA	按出厂设定状态连接频率设定电位器时，与端子 10 连接。当连接到端子 10E 时，请改变端子 2 的输入规格
		10		DC5V，容许负荷电流 10mA	
		2	频率设定（电压）	输入 DC0～5V（DC0～10V）时，5V（10V）对应为最大输出频率，输出输入成正比，DC0～5V（出厂设定）和 DC0～10V 的切换由 Pr.73 控制	
		4	频率设定（电流）	DC4～20mA，20mA 对应为最大输出频率，输入一输出成正比。只在端子 AU 信号处于 ON 时该输入的信号有效。输入阻抗为 250Ω 时，容许最大电流为 30mA	
		1	辅助频率设定	输入 DC0～±5V 或 DC0～±10V 时，端子 2 或 4 的频率设定信号与这个信号相加，用 Pr.73 进行输入 DC0～±5V 或 DC0～±10V（出厂设定）的切换	
		5	频率设定公共端	频率信号设定端（2，1 和 4）和模拟输出端 CA、AM 的公共端子，请不要接大地	
输出信号	接点	A1、B1、C1	继电器输出 1（异常输出）	指示变频器因保护功能动作而输出停止的转换接点。AC230V、0.3A，DC30V、0.3A，异常时，B、C 间不导通（A、C 间导通），正常时，B、C 间导通（A、C 间不导通）	
		A2、B2、C2	继电器输出 2	1 个继电器输出（常开/常闭）	
	集电极开路	RUN	变频器正在运行	变频器输出频率为启动频率（出厂时为 0.5Hz，可变更）以上时为低电平，正在停止或正在直流制动时为高电平[①]。容许负荷为 DC24V，0.1A	
		SU	频率到达	输出频率达到设定频率的±10%（出厂设定，可变更）时为低电平，正在加/减速或停止时为高电平[①]。容许负荷为 DC24V，0.1A	
		OL	过负荷报警	当失速保护功能动作时为低电平，失速保护解除时为高电平[①]。容许负荷为 DC24V，0.1A	
		IPF	瞬时停电	瞬时停电、电压不足保护动作为低电平[①]，容许负荷为 DC24V，0.1A	
		FU	频率检测	输出频率为任意设定的检测频率以上时为低电平，以下时为高电平[①]，容许负荷为 DC 24V，0.1A	
		SE	集电极开路输出公共端	端子 RUN、SU、OL、IPF、FU 的公共端子	
	模拟电流输出	CA	可以从多种监示项目中选一种作为输出[②]，如输出频率，输出信号与监示项目的大小成正比	容许负载阻抗 200～450Ω 输出信号 DC0～20mA	
	模拟电压输出	AM		输出信号 DC0～10V 容许负载电流 1mA，模拟输出电压的分辨率 8 位	
通信	RS485	PU 端口		通过 PU 端口，进行 RS485 通信	
		TXD+	变频器传输端子	通过 RS485 端子，进行 RS485 通信	
		TXD−			

续表

类 型	端子符号	端子名称	说　　明
通信	RXD+	变频器接收端子	通过 RS485 端子，进行 RS485 通信
	RXD−		
	SG	接地	

注：① 低电平表示集电极开路输出用的晶体管处于 ON（导通状态），高电平为 OFF（不导通状态）。

②　变频器复位中不被输出。

控制电路端子接线说明如下。

控制电路输入信号出厂设定为漏型逻辑。在这种逻辑中，信号端子接通时，电流是从相应的输入端子流出，其结构如图 6-2 所示。

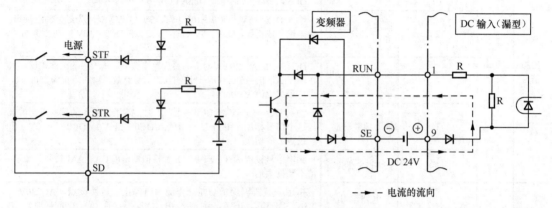

图 6-2　漏型逻辑控制电路结构

在控制电路端子板的背面，把跳线从漏型逻辑位置移到源型逻辑位置，可以改变变频器的控制逻辑。在源型逻辑中，信号接通时，电流是流入相应的输入端子，其结构如图 6-3 所示。

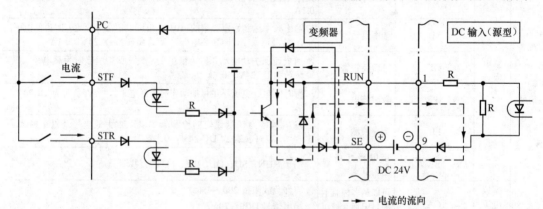

图 6-3　源型逻辑控制电路结构

6.1.2　三菱 FR-D700 系列变频器接线图

三菱公司 FR-D700 系列变频器是多功能、紧凑型变频器，采用通用磁通矢量控制方式，功率范围为 0.4～7.5kW，具有 15 段速、PID 和漏—源型转换等功能。三菱 FR-D700 变频器的端子接线图如图 6-4 所示。各个端子功能参照 FR-A740 变频器。

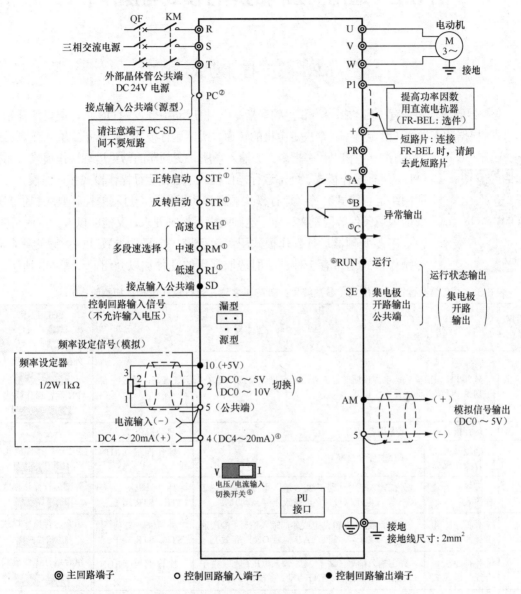

注：① 可通过输入端子功能分配（Pr.178～Pr.182）变更端子的功能。

② 端子 PC-SD 间作为 DC24V 电源端子使用时，请注意两端子间不要短路。

③ 可通过模拟量输入选择 Pr.73 进行变更。

④ 可通过模拟量输入规格切换 Pr.267 进行变更。设为电压输入（0～5V/0～10V）时，请将电压/电流输入切换开关置为 V，电流输入（4～20mA）时，请置为 I（初始值）。

⑤ 可通过 Pr.192A、B、C 端子功能选择变更端子的功能。

⑥ 可通过 Pr.190RUN 端子功能选择变更端子功能。

图 6-4　三菱 FR-D700 变频器的端子接线

6.2 通用变频器的运行模式与操作

6.2.1 运 行 模 式

变频器的运行必须有"启动指令"和"频率指令"。将启动指令设为 ON 后，电机便开始运转，同时根据频率指令（给定频率）来决定电机的转速。所谓运行模式，是指指定输入变频器的

视频：Pr.79 参数的设置操作

"启动指令"和"频率指令"的输入场所。变频器的常见运行操作模式有面板（PU）运行操作模式、外部运行操作模式、组合运行操作模式和通信模式（又叫网络运行模式）等。运行模式的选择应根据生产过程的控制要求和生产作业的现场条件等因素来确定，达到既满足控制要求，又能够以人为本的目的。

三菱变频器运行操作模式用"运行模式选择"参数 Pr.79 设定，其运行操作模式通常有 7 种，下面选取常用的几种加以介绍，如表 6-3 所示。

表 6-3　变频器运行操作模式（参数编号：Pr79；名称：运行模式选择；初始值：0）

设定范围	内　　容		LED 显示 ▮：灭灯 ▭：亮灯
0	外部/PU 切换模式，电源接通时，为外部运行操作模式，EXT 指示灯点亮；通过 ㉘ 键可切换 PU 或外部运行操作模式		外部运行操作模式 [EXT]　PU 运行操作模式 [PU]
	运行模式	频率指令	启动指令
1	面板（PU）运行操作模式	操作面板（M 旋钮）	操作面板（RUN 键）| PU 运行操作模式 [PU]
2	外部运行操作模式	外部输入信号（端子 2、5 输入电压信号、端子 4、5 输入电流信号、多段速设定、点动）	外部输入信号（STF、STR 端子）	外部运行操作模式 [EXT]
3	外部/PU 组合操作模式 1	操作面板 M 旋钮设定或外部输入信号［多段速度设定、端子 4、5 间（AU 信号 ON 时有效）］	外部输入信号（STF、STR 端子）	组合运行操作模式 [PU EXT]
4	外部/PU 组合操作模式 2	外部输入信号（端子 2、5 输入电压信号、端子 4、5 输入电流信号、JOG 点动、多段速度选择等）	操作面板（RUN 键）	组合运行操作模式 [PU EXT]
5	切换模式	运行时可进行 PU 运行操作、外部运行操作和网络运行操作的切换		PU 运行操作模式 [PU]　外部运行操作模式 [EXT]　网络运行操作模式 [NET]

1. 面板（PU）运行操作模式

面板（PU）运行模式主要通过变频器的面板设定变频器的运行频率、启动指令、监示操作命令、显示参数等。这种模式不需要外接其他的操作控制信号，可直接在变频器的面板上进行操作。操作面板也可以从变频器上取下来进行远距离操作。

采用面板（PU）运行模式时，可通过设定"运行操作模式选择"参数 Pr.79 = 1 或 0 来实现。

2．外部运行操作模式

外部运行模式通常为出厂设定。这种模式通过外接的启动开关、频率设定电位器等产生外部操作信号，控制变频器的运行。外部频率设定信号为 0～5V、0～10V 或 4～20mA 的直流信号。启动开关与变频器的正转启动 STF 端/反转启动 STR 端连接，频率设定电位器与变频器的 10、2、5 端相连接，外部运行操作模式的基本电路如图 6-5 所示。

采用外部运行模式时，可通过设定"运行操作模式选择"参数 Pr.79 = 2 或 0 来实现。

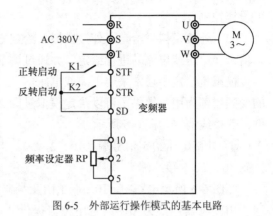

图 6-5　外部运行操作模式的基本电路

3．组合运行操作模式

面板（PU）和外部操作模式可以进行组合操作，此时 Pr.79 = 3 或 4，采用下列两种方法中的一种。

① 启动信号用外部信号设定（通过 STF 或 STR 端子设定），频率信号用面板（PU）模式操作设定或通过多段速端子 RH、RM、RL 设定。

② 启动信号用面板（PU）键盘设定，频率信号用外部频率设定电位器或多段速选择端子 RH、RM、RL 进行设定。

4．网络操作模式

通过 RS485 接口和通信电缆，可以将变频器的 PU 接口与 PLC、工业用计算机（PC）等数字化控制器连接，实现先进的数字化控制、现场总线系统等。这个领域有着广阔的应用和开发前景。

网络操作模式可以通过设定参数 Pr.79 = 6 来实现，这时不仅可以进行数字化控制器与变频器的通信操作，还可以进行计算机通信操作与其他操作模式的相互切换。

6.2.2　工作频率给定方式

要调节变频器的输出频率，必须首先向变频器提供改变频率的信号，这个信号称为频率给定信号。所谓给定方法，就是调节变频器输出频率的具体方法，也就是提供给定信号的方式。

1．频率给定方式

（1）面板给定：利用面板上键盘的数字增加键（▲）和数字减小键（▼）来直接改变变频器的设定频率，它属于数字量给定。

变频器的面板通常可以取下，通过延长线安置在用户操作方便的地方，同时变频器的操作面板可直接实时显示变频器运行时的电流、电压、实际转速、母线电压等参数及故障代码。

（2）外接数字量给定：就是通过外接开关量端子输入开关信号进行给定。通常有两种方法。一是通过变频器的多功能输入端子的升速端子和降速端子来改变变频器的设定频率值。该端子可以外接按钮或其他类似于按钮的开关信号（如 PLC），开关闭合时，给定频率不断增加或减少，开关断开时给定频率保持；二是用开关的组合选择已经设定好的固有频率，即多段速控制。

（3）外接模拟量给定：外接模拟量给定方式即通过变频器的模拟量端子从外部输入模拟量信号（电压或电流）进行给定，并通过调节模拟量的大小来改变变频器的输出频率。

模拟量给定中通常采用电流或电压信号，常见于电位器、仪表、PLC 等控制回路。所有的变频器都为用户提供了可以给定模拟量的 2 个及以上的模拟量输入端子。以三菱变频器为例，其接线情况如图 6-6 所示。

① 外接电压给定信号端（10、2、5）。当模拟量给定信号是电压信号时，将外接信号线接到 10、2、5 接线端上。

在图 6-6 所示电路中，10E 端子由变频器内部为频率给定电位器提供一个 +10V 电源，10端子由变频器内部为频率给定电位器提供一个 +5V 电源。将频率设定电位器的一端连接在 10E 端子或 10 端子上时，加在端子2 上的输入电压规格不同。选择 0～5V 或0～10V 输入，由电压输入选择参数 Pr.73设定。变频器出厂设定 Pr.73 = 1，选择 0～5V 输入电压。

不同的变频器对电压给定信号的规定也各不相同。主要有以下几种：0～10V、0～±10V、0～5V、0～±5V。其中，带"±"号者，变频器可根据给定信号的极性来决定电动机的旋转方向。

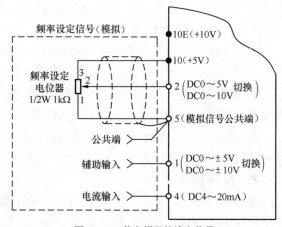

图 6-6　三菱变频器的给定信号

② 外接电流给定信号端（4、5）。当模拟量给定信号为 4～20mA 电流信号时，将外接信号线接到 4、5 接线端，此时还必须使变频器的 AU 端子信号置为 ON，才能使端子 4 输入电流信号有效。

电流给定信号的取值范围通常都是 4～20mA，这是为了容易区别零信号和无信号。

零信号：信号的大小为"零"（即信号的最小值，这里为 4mA）。

无信号：因系统处于未工作状态或故障状态而没有信号（电流为 0）。

（4）通信给定：通信给定方式是指上位机通过通信口按照特定的通信协议、特定的通信介质将数据传输到变频器以改变变频器设定频率的方式。

上位机一般是指计算机（或工控机）、PLC、DCS、人机界面等主控制设备。该给定属于数字量给定。

2．选择给定方式的原则

（1）面板给定和模拟量给定中，优先选择面板给定。因为变频器的操作面板包括键盘和显示屏，而显示屏的显示功能十分齐全。例如，可显示运行过程中的各种参数及故障代码等。

（2）数字量给定和模拟量给定中，优先选择数字量给定。因为数字量给定时频率精度较高，且抗干扰能力强。

（3）在电压给定和电流给定中，优先选择电流给定。因为电流信号在传输过程中，不受线路电压降、接触电阻及其压降、杂散的热电效应和感应噪声等的影响，抗干扰能力较强。

3．外接给定时的频率给定线及相关参数设置

由模拟量给定外接频率时，变频器的给定信号 X 与对应的给定频率 f_X 之间的关系曲线 $f_X = f(X)$，称为频率给定线。这里的给定信号 X，既可以是电压信号 U_G，也可以是电流信号 I_G。

（1）基本频率给定线。在给定信号 X 从 0 增大至最大值 X_{max} 的过程中，给定频率 f_X 线性地从 0 增大到 f_{max} 的频率给定线称为基本频率给定线。其起点为 $(X = 0, f_X = 0)$，终点为 $(X = X_{max}, f_X = f_{max})$，如图 6-7 中曲线①所示。

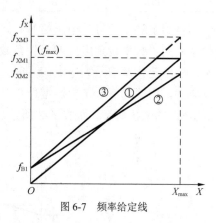

图 6-7　频率给定线

（2）频率给定线的调整。

① 调整的必要性。在生产实践中，常常遇到这样的情况：生产机械所要求的最低频率及最高频率常常不是 0Hz 和额定频率，或者说，实际要求的频率给定线与基本频率给定线并不一致。所以需要适当调整频率给定线，使之符合生产实际的需要。

② 调整的要点。因为频率给定线是直线，所以可以根据拖动系统的需要任意预置。

起点坐标 $(X = 0, f_X = f_{BI})$。这里，f_{BI} 为给定信号 $X = 0$ 时对应的给定频率，称为偏置频率。

视频：频率给定线的
参数设置

终点坐标 $(X = X_{max}, f_X = f_{XM})$。这里，$f_{XM}$ 为给定信号 $X = X_{max}$ 时对应的给定频率，称为最大给定频率。

预置时，偏置频率 f_{BI} 是直接设定的频率值；而最大给定频率 f_{XM} 常常是通过预置"频率增益" $G\%$ 来设定的。

$G\%$ 的定义是最大给定频率 f_{XM} 与最大频率 f_{max} 之比的百分数，即

$$G\% = (f_{XM}/f_{max}) \times 100\%$$

在这里，f_{XM} 是虚拟的最大给定频率，其值不一定与最大频率 f_{max} 相等。

若 $G\% > 100\%$，则 $f_{XM} > f_{max}$。这时的 f_{XM} 为假想值，其中，$f_{XM} > f_{max}$ 的部分，变频器的实际输出最大频率等于 f_{max}，其频率给定线如图 6-7 中的曲线③所示；若 $G\% < 100\%$，则 $f_{XM} < f_{max}$，变频器能够输出的最大频率由 f_{XM} 决定，f_{XM} 与 f_{max} 对应，其频率给定线如图 6-7 中的曲线②所示。

（3）频率给定线的参数设置。频率给定线的设置对变频器的运行具有重要的意义。设置的内容包括运用偏置、增益功能实现频率给定线的设置，涉及频率设定、电压偏置设定和增益调整。下面以图 6-8 所示曲线来说明频率给定线相关参数的设置。

相关参数的功能如表 6-4 所示。其中设定 Pr.73=1，选择电压输入端子 2、5 之间的输入电压规格是 0～5V。Pr.13 用来设定变频器的启动频率，若设定频率小于启动频率，则变频器将不能启动。

表 6-4　　　　　　　　　　　频率给定线设置的相关参数的设定范围及功能

参 数 号	出 厂 设 定	设 定 范 围	功　　能
Pr.13	0.5Hz	0.01～60Hz	启动频率
Pr.73	1	0～5，10～15	0～5V/0～10V 选择
Pr.902	0V，0Hz	0～10V，0～60Hz	频率设定电压偏置
Pr.903	5V，50Hz	0～10V，0～400Hz	频率设定电压增益
Pr.904	4mA，0Hz	0～20mA，0～60Hz	频率设定电流偏置
Pr.905	20mA，50Hz	0～20mA，1～400Hz	频率设定电流增益

当给定频率信号是电压信号时，用"频率设定电压偏置"参数 Pr.902 设定 0V 时的偏置频率，用"频率设定电压增益"参数 Pr.903 设定相对于 Pr.73 设定的频率指令电压的输出频率；当给定频率信号为电流信号时，用"频率设定电流偏置"参数 Pr.904 设定 4mA 时的偏置频率，用"频率设定电流增益"参数 Pr.905 设定相对于 20mA 设定的频率指令电流（4～20mA）的输出频率，如图 6-8 所示。

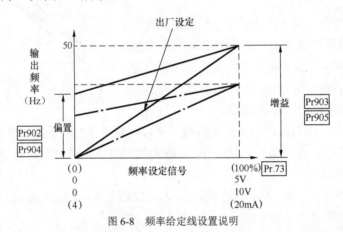

图 6-8　频率给定线设置说明

6.2.3　操作面板

1．操作面板的名称及功能

变频器的操作可用面板（PU）的键盘进行，可以设定变频器的运行频率，设定各种参数，监示操作命令和显示错误等。变频器的型号不同，其操作面板也不相同。这里选用三菱 FR-D700 变频器所配操作面板 FR-PU07，其外形如图 6-9 所示。各显示和按键功能如表 6-5 所示。

视频：三菱变频器的操作面板

表 6-5　　　　　　　　　　　　　　　显示和按键功能

显示/按键	功　　能	说　　明
RUN 指示灯	变频器动作中亮灯/闪烁	亮灯，正转运行中；慢闪烁（1.4s/次），反转运行中；快闪烁（0.2s/次）： • 按 （RUN） 键或输入启动指令都无法运行时 • 有启动指令，频率指令在启动频率以下时 • 输入了 MRS 信号时
MON 指示灯	监视显示	监视模式时亮灯

续表

显示/按键	功　能	说　明
PRM 指示灯	参数设定模式显示	参数设定模式时亮灯
PU 指示灯	PU 运行模式显示	PU 运行模式时亮灯
EXT 指示灯	外部运行模式显示	外部运行模式时亮灯
NET 指示灯	网络运行模式显示	网络运行模式时亮灯
监示用 4 位 LED	监视器	显示频率、参数序号、故障代码等
Hz 指示灯	单位显示	显示频率时亮灯
A 指示灯	单位显示	显示电流时亮灯（显示电压时熄灯，显示设定频率监视时闪烁）
M 旋钮	变更频率设定、参数的设定值	按该旋钮可显示以下内容。 • 监视模式时的设定频率 • 校正时的当前设定值 • 报警历史模式时的顺序
PU/EXT 键	切换 PU/外部操作模式	PU：PU 运行模式。 EXT：外部运行模式。 使用外部运行模式（用另外连接的频率设定旋钮和启动信号运行）时，请按下此键，使 EXT 显示为点亮状态
RUN 键	启动指令	通过 Pr.40 的设定，可以选择旋转方向
STOP/RESET 键	停止、复位	STOP：用于停止运行。 RESET：用于保护功能动作输出停止时复位变频器（用于主要故障）
SET 键	确定各设定	用于确定频率和参数的设定。运行中按此键，则监视器出现以下显示：运行频率→输出电流→输出电压
MODE 键	模式切换	用于切换各设定模式。和 PU/EXT 同时按下也可以用来切换运行模式。长按此键（2s）可以锁定操作

图 6-9　FR-PU07 操作面板

2．FR-D700 变频器的基本操作

　　FR-D700 变频器的基本操作方法包括设定频率、设定参数、显示报警履历等，如图 6-10 所示。此时变频器运行模式选择参数设定为 Pr.79 = 0 或 1。

视频：三菱变频器
的基本操作流程

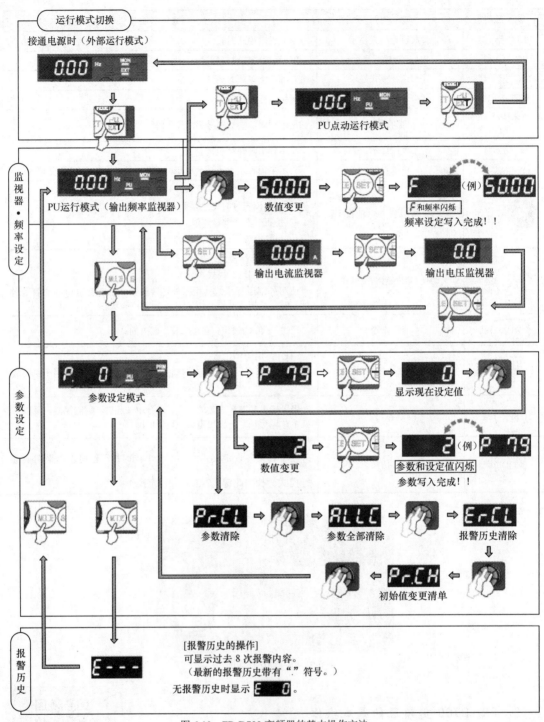

图 6-10　FR-D700 变频器的基本操作方法

　　Pr.79=0 时，变频器可以在外部运行、PU 运行和 PU 点动（PU JOG）运行 3 种模式之间切换控制。当变频器上电时，首先进入外部运行模式，以后每按一次 $\left(\dfrac{PU}{EXT}\right)$ 键，变频器都将以外部运行→PU 运行→PU JOG 运行的顺序切换。

6.2.4　变频器面板运行模式实训

一、实训目的

（1）了解变频器的基本结构及外部端子结构。

（2）了解变频器最基本的接线方法。

（3）掌握变频器操作面板的基本操作方法及显示特点。

（4）掌握面板（PU）运行操作模式。

二、实训设备

（1）三菱 FR-D700 变频器 1 台。

（2）电动机 1 台。

（3）电工常用工具 1 套。

（4）导线若干。

三、实训要求

在面板（PU）操作模式下实现下列操作。

（1）熟悉 FR-D700 变频器的基本结构和接线端子。

（2）熟悉变频器的面板操作方法。

（3）在 PU 面板上分别以 $f = 30Hz$、$f = 46Hz$ 运行。

四、实训内容

1．熟悉 FR-D700 变频器的结构及外部端子

（1）变频器的型号及含义

实验所用变频器的型号是 FR-D740-0.75K-CHT，其中 FR-D740 是变频器的产品序号，0.75K 是指变频器的额定功率为 0.75kW。

（2）内部结构及外部端子

参照图 6-4 所示的端子接线图，按要求打开变频器的端盖，仔细观察变频器内部结构，并指出各部分的名称。找出变频器的主电路端子和控制电路端子。

2．接线

按照图 6-4 将变频器的 R、S、T 端子接三相交流电压，U、V、W 端子接三相电动机，然后合上电源开关，给变频器通电。

3．变频器基本操作

（1）用操作面板设定频率运行

采用 PU 运行操作模式，使变频器在 $f = 30Hz$ 下运行，其操作步骤如表 6-6 所示。

视频：三菱变频器
的面板运行操作

表 6-6 用操作面板设定频率运行的步骤

	操 作 步 骤	显 示 结 果
1	**运行模式的变更** 按 PU/EXT 键，进入 PU 运行模式	PU显示灯亮。 **0.00** PU
2	**频率的设定** 旋转 设定用旋钮，显示想要设定的频率 **30.00**，闪烁约 5s。 在数值闪烁期间，按 SET 键设定频率值，**F** 和 **30.00** 交替闪烁 （若不按 SET 键，数值闪烁约 5s 后显示将变为 **0.00**（监视显示）。这种情况 下请再次旋转 重新设定频率）	**30.00 F**
3	**启动→加速→恒速** 按 RUN 键，运行。显示器的频率值随 Pr.7 加速时间而增大，显示为 **30.00** （30.00Hz）	**30.00**
4	要变更设定频率，例如，将运行频率改为 46Hz，请执行第 2、3 项操作 （从之前设定的频率开始）	
5	**减速→停止** 按 STOP/RESET 键，停止。显示器的频率值随 Pr.8 减速时间而减小，显示为 **0.00** （0.00Hz），电机停止运行	**0.00** Hz MON PU

请将运行频率改为 46Hz，按表 6-6 再操作一次。

 想一想

为什么不能进行 50Hz 以上的设定？

（2）用 M 旋钮作为电位器设定频率

在变频器运行中或停止中都可以通过 M 旋转来设定频率。此时设置"扩展功能显示选择"参数 Pr.160=0，"频率设定/键盘锁定操作选择"参数 Pr.161=1，为"M 旋钮电位器模式"，即旋转 M 旋钮可以调节变频器的输出频率大小，其操作步骤如表 6-7 所示。如果 Pr.161=0，则为 M 旋钮频率设定模式，如表 6-6 所示。

视频：用 M 旋钮作为电位器设定频率

表 6-7 用 M 旋钮作为电位器设定频率运行的步骤

	操 作 步 骤	显 示 结 果
1	电源接通时显示的监视器画面	**0.00** Hz MON EXT
2	按 PU/EXT 键，进入 PU 运行模式	PU显示灯亮 **0.00** PU
3	将 Pr.160 设定为 0，Pr.161 变更为 1	参照表 6-8
4	按 RUN 键运行变频器	**0.00** Hz RUN MON PU
5	旋转 ，将值设定为 **50.00**（50.00Hz）。闪烁的数值即为设定频率，没有必要按 SET 键	**0** → **50.00** 闪烁约 5s

注　意

- 如果 50.00 闪烁后回到 0.00，说明"频率设定/键盘锁定操作选择"参数 Pr.161 的设定值可能不是 1。
- 在变频器运行中或停止中都可以通过旋转来设定频率（在 Pr.295 频率变化量设定中旋转可以改变变化量）。

视频：三菱变频器的参数设置

（3）参数设定

① 把上限参数 Pr.1 的设定值从 120 变为 50，其操作步骤如表 6-8 所示。

表 6-8　　　　　　　　　　　　　改变参数值的操作步骤

	操 作 步 骤	显 示 结 果
1	按 $\frac{PU}{EXT}$ 键，选择 PU 操作模式	PU显示灯亮 **0.00** PU
2	按 MODE 键，进入参数设定模式	PRM显示灯亮 **P. 0** PRM
3	拨动设定用旋钮，选择参数号码 P.1（Pr.1）	**P. 1**
4	按 SET 键，读出当前的设定值	**120.0** Hz
5	拨动设定用旋钮，把设定值变为 50	**50.00** Hz
6	按 SET 键，完成设定	**50.00** Hz　**P. 1** 闪烁

- 旋转可读取其他参数。
- 按 SET 键可再次显示设定值。
- 按两次 SET 键可显示下一个参数。
- 按两次 MODE 键可返回频率监视画面。

注　意

在变频器运行时不能设定参数，否则变频器会出现错误信息 $Er2$（运行中写入错误）。在参数写入选择 Pr.77=1 时，不可设定参数，否则会出现错误信息 $Er1$（禁止写入错误）。

② 变频器在出厂时，所有参数都会显示。但用户可以限制参数的显示，使部分参数隐藏，如不使用的参数以及不希望被随便更改的参数。"扩展参数的显示"参数 Pr.160 可以限制通过操作面板或参数单元读取的参数。其值可设定为以下两种。

视频：三菱变频器的参数清除

Pr.160=9999，只显示基本参数。

Pr.160=0，可以显示基本参数和扩展参数。

把 Pr.160 的设定值从 9 999 变为 0，可以显示变频器的所有参数，其操作步骤参考表 6-8 所示。

（4）参数清除

设定 Pr.CL 参数清除、ALLC 参数全部清除＝"1"，可使参数恢复为初始值。参数清除 Pr.CL、参数全部清除 ALLC 是扩展参数，把 Pr.160 设为 0，拨动旋钮则显示出来。参数清除 的操作步骤如表 6-9 所示。

表 6-9　　　　　　　　　　　　　　　　参数清零的步骤

操 作 步 骤	显 示 结 果
1　按 PU/EXT 键，选择 PU 操作模式	PU显示灯亮　0.00 PU
2　按 MODE 键，进入参数设定模式	PRM显示灯亮　P. 0 PRM
3　拨动 设定用旋钮，将参数编号设定为 Pr..CL（ALLC）	参数清除　Pr.CL　参数全部清除　ALLC
4　按 SET 键，读出当前的设定值	0
5　拨动 设定用旋钮，把设定值变为 1	1
6　按 SET 键，完成设定	参数清除　Pr.CL　1　参数全部清除　ALLC 闪烁

注：无法显示 Pr..CL 和 ALLC 时，将 Pr.160 设为 0，无法清零时，将 Pr.79 改为 1。

（5）监视输出电流和输出电压

在监视模式中按 SET 键可以切换输出频率、输出电流、输出电压的监视器显示，其操作 步骤如表 6-10 所示。

表 6-10　　　　　　　　　　　　　　　　监视输出电流、输出电压的步骤

操 作 步 骤	显 示 结 果	
1　运行中按 SET 键，使监视器显示输出频率	50.00 Hz RUN MON EXT	Hz亮灯
2　无论在哪种运行模式下，若在运行、停止中按住 SET 键，监视器上显示输出电流	1.00 A RUN MON EXT	A亮灯
3　按 SET 键，监视器上将显示输出电压	448.0 RUN MON EXT	Hz、A熄灭

注：显示结果根据设定频率的不同会与上表显示数据不同。

> **注 意**
>
> 若电动机不转，请确认启动频率 Pr.13。在点动频率设定比启动频率的值低时，电动机不转。变频器切断电源后，在显示屏熄灭前变频器是带电的，不要用身体触及变频器各端子。

视频：用操作面板
进行点动控制

（6）用操作面板进行点动控制

用操作面板可以对变频器进行点动控制，其操作步骤如表 6-11 所示。

表 6-11　　　　　　　　　　变频器面板点动操作步骤

	操 作 步 骤	显 示 结 果
1	确认运行显示和运行模式显示。 * 应为监视模式 * 应为停止中状态	`0.00` Hz MON/EXT
2	按 PU/EXT 键，进入 PU 点动运行模式	`JOG` Hz MON/PU
3	按 RUN 键。 * 按下 RUN 键的期间电机旋转 * 以 5Hz 旋转（Pr.15 的初始值）	`5.00` Hz MON/PU
4	松开 RUN 键	停止
5	（变更 PU 点动运行的频率时） 按 MODE 键，进入参数设定模式	PRM 显示灯亮 `P. 0` PRM （显示以前读取的参数编号）
6	旋转🔘，将参数编号设定为 Pr.15 点动频率	`P. 15`
7	按 SET 键，显示当前设定值	`5.00` Hz MON/PU
8	旋转🔘，将数值设定为 10Hz	`10.00` Hz MON/PU
9	按 SET 键确定	`10.00` `P. 15` 闪烁…参数设定完成 !!
10	执行步骤 1～步骤 4 的操作。 电机以 10Hz 旋转	

五、实训总结

（1）简述 FR-D740 变频器的操作面板的功能。

（2）总结利用操作面板改变变频器参数的步骤。

（3）写出实训报告。

6.2.5 变频器外部运行模式实训

一、实训目的

（1）掌握变频器的外部运行模式。

（2）掌握变频器外部运行模式的接线。

（3）理解运行操作模式选择参数 Pr.79 的意义。

二、实训设备

（1）三菱 FR-D740 变频器 1 台。

（2）电动机 1 台。

（3）电工常用工具 1 套。

（4）电位器 1 个、开关 3 个、导线若干。

三、实训内容

1．实训要求

利用外部开关、电位器将外部操作信号送到变频器，控制电动机以 45Hz 正、反转运行，此时设定 Pr.79＝2 或 0。注意，为了实训能顺利进行，在实训开始前应将变频器参数清零，使变频器的参数全部恢复到出厂设定值。

2．设置变频器参数

需要设置以下参数。

Pr.1=50Hz，上限频率。

Pr.2=0Hz，下限频率。

Pr.7=5s，加速时间。

Pr.8=5s，减速时间。

Pr.9=2.5A，电子过电流保护，一般设定为变频器的额定电流。

Pr.73=1，端子 2 输入 0～5V 电压信号。

Pr.125=50Hz，端子 2 频率设定增益频率。

Pr.178=60，端子 STF 设定为正转端子。

Pr.179=61，端子 STR 设定为反转端子。

Pr.180 =25，即将 RL 端子功能变更为 STOP 端子功能。

Pr.79=2，选择外部运行模式。

3．实训步骤

（1）变频器上电，确认运行状态。用 MODE 键切换到参数设定模式，

使 Pr.79＝2 或 0，确认 EXT 指示灯点亮（如 EXT 指示灯未亮，请切换到外部运行模式）。

视频：三菱变频器
外部正反转运行操作

（2）开关操作运行。

① 开始。按图 6-5 所示的电路接好线。将启动开关（STF 或 STR）处于 ON。表示运转

状态的 RUN 灯闪烁。

② 加速。顺时针缓慢旋转电位器（频率设定电位器）到满刻度。显示的频率数值逐渐增大，电动机加速，当显示为 45Hz 时，停止旋转电位器。此时变频器运行在 45Hz 上，RUN 灯一直亮。

③ 减速。逆时针缓慢旋转电位器（频率设定电位器）到底。显示的频率数值逐渐减小到 0Hz，电动机减速，最后停止运行。

④ 停止。断开启动开关（STF 或 STR），电动机将停止运行。

注意，如果正转和反转开关都处于 ON，电动机不启动；如果在运行期间，两开关同时处于 ON，则电动机减速至停止状态。

（3）按钮自保持操作运行。按图 6-11 接好电路，并设定 Pr.180 =25，即将 RL 端子功能变更为 STOP 端子功能。当按 SB1 时，电动机开始工作，同时使 STOP 信号接通（即使 SB 按钮保持闭合），当松开 SB1 时，电动机仍然保持正转。当断开 SB 时，电动机停止工作，反之亦然。

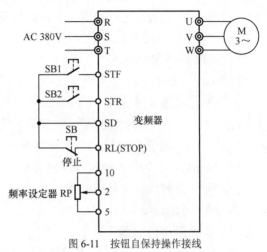

图 6-11　按钮自保持操作接线

四、实训总结

写出实训报告。

6.2.6　变频器组合运行模式实训

一、实训目的

掌握变频器的组合运行模式。

二、实训设备

（1）三菱 FR-D740 变频器 1 台。

（2）电动机 1 台。

（3）电工常用工具 1 套。

（4）电位器 1 个、开关 3 个、导线若干。

三、实训要求

组合运行模式即 PU 运行和外部运行两种方式并用。变频器的组合运行模式分为以下两种。

（1）组合运行模式 1（Pr.79=3）。组合运行模式 1 是指变频器的启动指令通过外部端子 STF 或 STR 给定，变频器的频率指令通过操作面板上的⬤旋钮给定，设置变频器以 30Hz 频率运行。

（2）组合运行模式 2（Pr.79=4）。组合运行模式 2 是指变频器的启动指令由 PU 面板上的 ⓇⓊⓝ 键给定，频率指令由外部模拟量信号给定，分为电压给定和电流给定两种方式。

四、实训内容

1. 组合运行模式 1（Pr.79 = 3）

组合运行模式 1 的接线如图 6-12 所示，由外部开关 SA1 和 SA2 控制变频器正反转运行，通过变频器的面板给定运行频率。组合运行模式 1 的参数设置如下。

Pr.1=50Hz，上限频率。

Pr.2=0Hz，下限频率。

Pr.7=5s，加速时间。

Pr.8=5s，减速时间。

Pr.9=2.5A，电子过电流保护，一般设定为变频器的额定电流。

Pr.178=60，端子 STF 设定为正转端子。

Pr.179=61，端子 STR 设定为反转端子。

视频：三菱变频器
组合 1 运行操作

Pr.79=3，选择组合运行模式 1。

其操作步骤如下。

（1）参照图 6-12 接线。

（2）变频器上电，确定 PU 灯亮（此时 Pr.79=0 或 Pr.79=1）。将组合运行模式 1 中的参数输入变频器中。

（3）运行模式选择：将运行操作模式选择参数 Pr.79 设定为 3，选择组合运行操作模式 1，运行状态 EXT 和 PU 指示灯都亮。

（4）旋转 🔘 旋钮设定运行频率为 30Hz。想要设定的频率将在显示屏显示。设定值将闪烁约 5s。

（5）在数值闪烁期间按 ⓈⒺⓉ 键确定频率。若不按键，数值闪烁约 5s 后显示将变为 0.00Hz，这种情况下请重新设定频率。

（6）将图 6-12 中的启动开关（STF 或 STR）设置为 ON。RUN 指示灯在正转时亮灯，反转时闪烁。电机以在操作面板的频率设定模式中设定的频率运行。

（7）将启动开关（STF 或 STR）设置为 OFF。电机将随按 Pr.8 减速时间减速并停止。RUN 指示灯熄灭。

若通过操作面板的 ⓈⓉⓄⓅ/ⓇⒺⓈⒺⓉ 按键停止，会出现 PS ⇄ 0.00 的情况，此时将启动开关（STF 或 STR）设置为 OFF，用 ⓅⓊ/ⒺⓍⓉ 键就可以解除。

2. 组合运行模式 2（Pr.79 = 4）

组合运行模式 2 的接线如图 6-13 所示，由变频器面板上的 ⓇⓊⓝ 键控制变频器启停，通过端子 10、端子 2、端子 5 给定运行频率。组合运行模式 2 电压给定频率指令的参数设置如下。

Pr.1=50Hz，上限频率。

Pr.2=0Hz，下限频率。

Pr.7=5s，加速时间。

视频：三菱变频器
组合 2 运行操作

Pr.8=5s，减速时间。

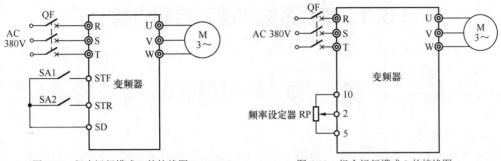

图 6-12　组合运行模式 1 的接线图　　　　图 6-13　组合运行模式 2 的接线图

Pr.9=2.5A，电子过电流保护，一般设定为变频器的额定电流。

Pr.73=1，端子 2 输入 0～5V 电压信号。

Pr.125=50Hz，端子 2 频率设定增益频率。

Pr.79=4，选择组合运行模式 2。

其操作步骤如下。

（1）参照图 6-13 接线。

（2）变频器上电，确定 PU 灯亮（此时 Pr.79=0 或 Pr.79=1）。将组合运行模式 2 中的参数输入变频器中。

（3）运行模式选择：将运行操作模式选择参数 Pr.79 设定为 4，选择组合运行操作模式 2，运行状态 EXT 和 PU 指示灯都亮。

（4）按 (RUN) 键启动变频器。无频率指令时，RUN 指示灯会快速闪烁。

（5）加速→恒速。将电位器（频率设定器）缓慢向右拧到底。显示屏上的频率数值随 Pr.7 加速时间而增大，变为 50.00Hz。

RUN 指示灯在正转时亮灯，反转时缓慢闪烁。

（6）减速。将电位器（频率设定器）缓慢向左拧到底。显示屏上的频率数值随 Pr.8 减速时间而减小，变为 0.00Hz，电机停止运行。RUN 指示灯快速闪烁。

（7）按 (STOP/RESET) 键，变频器停止运行，RUN 指示灯熄灭。

 注　意

想改变电位器最大值（5V 初始值）时的频率（50Hz），可以利用 Pr.125 端子 2 频率设定增益频率来调整。例如，需要将 5V 给定电压对应的频率修改为 60Hz，只需要设置 Pr.125=60Hz，Pr.1=60Hz 即可。

想改变电位器最小值（0V 初始值）时的频率（0Hz），利用校正参数 C2 端子 2 频率设定偏置频率来调整。

五、实训总结

（1）总结运行操作模式选择参数 Pr.79 在不同操作模式下的设定方法和接线方法。

（2）写出实训报告。

| 6.3 变频器的加速和启动功能 |

6.3.1 与工作频率有关的参数

1．给定频率

给定频率是用户根据生产工艺的需要希望变频器输出的频率。给定频率是与给定信号相对应的频率。例如，给定频率 30Hz 的调节方法有两种：一种是通过变频器的面板来输入频率的数字量 30；另一种是从外接控制接线端上以外部给定信号（电压或电流）进行调节（参见 6.2.2 小节）。

2．输出频率

输出频率即变频器实际输出的频率。当电动机所带的负载变化时，为使拖动系统稳定，此时变频器的输出频率会根据系统情况不断调整。因此输出频率经常在给定频率附近变化。变频器的输出频率就是整个拖动系统的运行频率。

3．最大频率 f_{max}

在数字量给定（包括面板给定、外接升速/降速给定、外接多段速给定等）时，是变频器允许输出的最高频率；在模拟量给定时，是与最大给定信号对应的频率。

4．基本频率 f_b

当变频器的输出电压等于额定电压时的最小输出频率，称为基本频率，又称基准频率或基底频率，用来作为调节频率的基准。

f_{max}、f_b 与电压 U 的关系如图 6-14 所示。

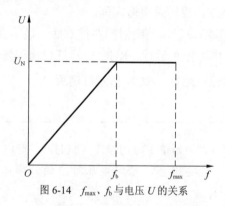

图 6-14 f_{max}、f_b 与电压 U 的关系

5．启动频率 Pr.13

启动频率是指电动机开始启动时的频率，常用 Pr.13 表示。通常变频器都可以预先设定启动频率，需要注意的是，启动频率预置好后，小于该启动频率的运行频率将不能工作。三菱变频器的启动频率参数为 Pr.13。

有些负载在静止状态下的静摩擦力较大，难以从 0Hz 开始启动，设置启动频率后，可以在启动瞬间有一点机械冲击力，使拖动系统较易启动起来。

6.上限频率 Pr.1、下限频率 Pr.2 和高速上限频率 Pr.18

（1）上限频率 Pr.1。允许变频器输出的最高频率。在 Pr.1 上限频率中设定输出频率的上限。即使输入的频率指令在设定频率以上，输出频率也将固定为上限频率。

（2）高速上限频率 Pr.18。在 120Hz 或以上运行时设定。希望超过 120Hz 运行时，可在 Pr.18 高速上限频率中设定输出频率的上限。

若设定了 Pr.18，则 Pr.1 自动切换成 Pr.18 的频率。另外，若设定了 Pr.1，则 Pr.18 自动切换成 Pr.1 的频率。

（3）下限频率 Pr.2。允许变频器输出的最低频率。在 Pr.2 下限频率中设定输出频率的下限。即使设定频率在 Pr.2 以下，输出频率也将固定在 Pr.2 的设定值上（不会低于 Pr.2 的设定）。

（4）设置 Pr.1、Pr.2 的目的。限制变频器的输出频率范围，从而限制电动机的转速范围，防止由于误操作造成事故。

设置 Pr.1、Pr.2 后，变频器的输入信号与输出频率之间的关系如图 6-15 所示。X 指输入模拟量信号电压或电流。

变频器在运行前必须设定其上限频率和下限频率，用 Pr.1 设定输出频率的上限，如果频率设定值高于此设定值，则输出频率被钳位在上限频率；用 Pr.2 设定输出频率的下限频率，若频率设定值低于此设定值，则输出频率被钳位在下限频率，如图 6-15 所示。

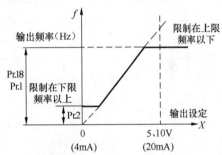

图 6-15 输入信号与输出频率之间的关系

7.频率跳变

频率跳变也称回避频率，是指变频器跳过而不运行的频率。频率跳变功能是为了防止与机械系统的固有频率产生谐振，可以使其跳过谐振发生的频率点。三菱变频器最多可设定 3 个区域，分别为频率跳变 1A 和 1B、频率跳变 2A 和 2B、频率跳变 3A 和 3B。跳变频率可以设定为各区域的上点或下点。1A、2A 或 3A 的设定值为跳变点，用这个频率运行。频率跳变各参数的设定范围及功能如表 6-12 所示，其运行示意如图 6-16 所示。当设定值为 9 999 时，该功能无效。

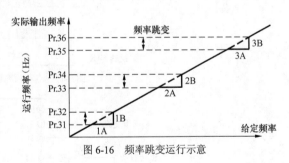

图 6-16 频率跳变运行示意

表 6-12 频率跳变各参数的设定范围及功能

参 数 号	出厂设定(Hz)	设定范围(Hz)	功 能
Pr.31	9 999	0～400, 9 999	频率跳变 1A
Pr.32	9 999	0～400, 9 999	频率跳变 1B
Pr.33	9 999	0～400, 9 999	频率跳变 2A
Pr.34	9 999	0～400, 9 999	频率跳变 2B
Pr.35	9 999	0～400, 9 999	频率跳变 3A
Pr.36	9 999	0～400, 9 999	频率跳变 3B

例如，设定 Pr.34 = 35Hz，Pr.33 = 30Hz，在 Pr.33 和 Pr.34 之间（30Hz 和 35Hz）固定在 30Hz 运行，回避 30～35Hz 的频率。

8. 点动频率

生产机械在调试时常常需要点动，以便观察各部位的运转状况。点动频率可以事先预置，运行前只要选择点动运行模式即可，这样就不需要修改给定频率了。

点动频率和加/减速时间参数意义及设定范围如表 6-13 所示，其输出示意图如图 6-17 所示。三菱变频器的外部运行模式和面板运行模式都可以进行点动操作。图 6-18 所示为外部点动运行接线图，用输入端子 JOG 选择点动操作功能，当 JOG 端子为 ON 时，用启动信号（STF 或 STR）进行启动、停止。面板运行模式时用面板可实行点动操作。

表 6-13　　　　　　　　　　　　　　　　　点动频率设定范围

参 数 号	出 厂 设 定	设 定 范 围	功 能	备 注
Pr.15	5Hz	0～400Hz	点动频率	
Pr.16	0.5s	0～3 600s	点动加/减速时间	当 Pr.21=0
		0～360s		当 Pr.21=1
Pr.20	50Hz	0～400Hz	加/减基准频率	

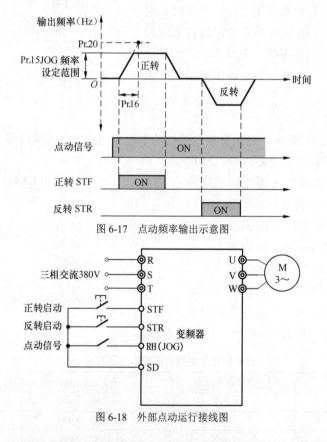

图 6-17　点动频率输出示意图

图 6-18　外部点动运行接线图

6.3.2　加速时间和加速方式

变频启动时，启动频率与加速时间都可以设置，有效解决了启动电流大与机械冲击问题。

1．加速时间

（1）定义。变频器的工作频率从 0Hz 上升至加减速基准频率 Pr.20 所需的时间称为加速时间，如图 6-19 所示。加速时间越长，启动电流就越小，启动也越平缓。加速时间过短则容易导致过电流。

各种变频器都为用户提供了可在一定范围内任意设定加速时间的功能。加减速时间的设定范围及功能如表 6-14 所示。

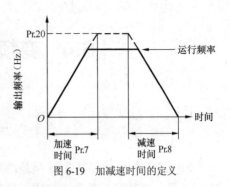

图 6-19　加减速时间的定义

表 6-14　　　　　　　　　加速时间和减速时间的设定范围及功能

参　数　号		出 厂 设 定	设 定 范 围	功　　　能
Pr.7	7.5kW	5s	0～3 600s/0～360s	加速时间
	11kW	15s		
Pr.8	7.5kW	5s	0～3 600s/0～360s	减速时间
	11kW	15s		
Pr.20		50Hz	1～400Hz	加减速基准频率
Pr.21		0	0，1	加减速时间单位

（2）设定加速时间的基本原则和方法。设定原则就是在不过流的前提下，越短越好。兼顾启动电流和启动时间，一般情况下，负载重时加速时间长，负载轻时加速时间短。

设置方法：用试验的方法，使加速时间由长而短，一般使启动过程中的电流不超过额定电流的 1.1 倍为宜。有些变频器还有自动选择最佳加速时间的功能。

2．加速方式

各种变频器提供的加速方式不尽相同，主要有以下 3 种。

（1）线性方式。在启动或加速过程中，频率随时间呈正比的上升，如图 6-20（a）所示。适用于一般要求的场合。

（2）S 形方式。S 形方式先慢、中快、后慢，启动与制动平稳，如图 6-20（b）所示。此方式适用于传送带、电梯等对启动有特殊要求的场合。

（3）半 S 形方式。即加速曲线的一半为 S 形，另一半为线性的方式。这又有两种情况：一种是前半段线性，后半段 S 形，如图 6-20（c）所示的曲线①，适用于泵类和风机类负载；另一种是前半段为 S 形，后半段为线形，如图 6-20（c）所示的曲线②。

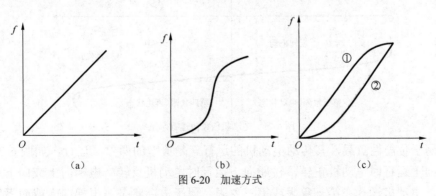

（a）　　　　　　　　　（b）　　　　　　　　　（c）

图 6-20　加速方式

三菱变频器用参数 Pr.29 来设定加速曲线，当取不同的值时，所选择的加速曲线不同。

6.4 变频器的减速和制动功能

6.4.1 减速时间和减速方式

变频器的工作频率从加减速基准频率 Pr.20 下降至 0Hz 所需的时间称为减速时间，如图 6-19 所示，其参数的设定范围及功能如表 6-14 所示。

电动机从较高转速降至较低转速的过程称为减速过程。在变频调速系统中，是通过降低变频器的输出频率来实现减速的。电动机通过变频器实行减速时，电动机易处于再生发电制动状态，减速时间设置不当，不但容易导致过电流，还容易导致过电压，因此应根据运行情况合理设置减速时间。设定减速时间的主要考虑因素是拖动系统的惯性。惯性越大，设定的减速时间也越长。

变频器的减速方式与加速方式一样，有线性、S 形、半 S 形 3 种。

6.4.2 制 动 方 式

1. 变频器的再生发电制动状态

图 6-21 所示为电动机四象限运行示意图。由图 6-21 可见，电动机在第一象限运行时，转速 $n>0$，输出转矩 $T>0$，电动机处于正向电动状态，能量从变频器传递至电动机，即 $P>0$。在第二象限运行时，$n>0$，但 $T<0$，电动机处于正向制动状态，因此能量从电动机传递到变频器，即 $P<0$。第三、第四象限运行与第一、第二象限运行相似，只是电动机的转速方向相反，分别为反向电动和反向制动状态。

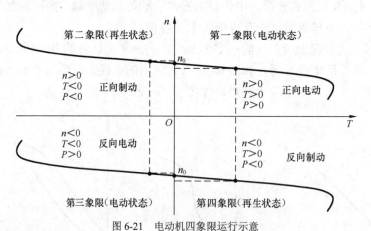

图 6-21 电动机四象限运行示意

电梯属于位能性负载，其传动电动机的运行就是典型的四象限运行，如图 6-22 所示。假设轿厢向上运行时电动机正转，轿厢向下运行时电动机反转。电梯向上或向下启动和正常运行时，电动机运行在第一象限或第三象限，属于电动状态。电梯向上或向下停止过程中，电动机运行在第二象限或第四象限，属于制动状态，这时电能从电动机传递到变频器。

在电动机第二象限、第四象限运行时，变频器处于制动状态，称为再生发电制动状态，又称回馈制动。

在变频调速系统中，减速及停车（非自由停车）是通过降低变频器的输出频率来实现的。在变频器频率降低的瞬间，电动机的同步转速 n_0 小于电动机的转子速度，此时电动机的电流反向，电动机从电动状态变为发电状态。与此同时，电磁转矩反向，电磁转矩变为制动转矩，使电动机的转速迅速下降，电动机处于再生发电制动状态。对于变频器来说，电动机的再生电能通过逆变器

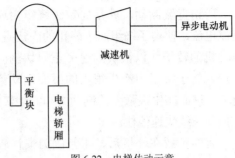

图 6-22　电梯传动示意

的反并联二极管全波整流后反馈到直流回路。由于通用变频器整流单元采用不可控整流电路，这部分电能无法经过整流回路回馈到交流电网，会使直流电路电压升高，形成泵升电压，损坏变频器的整流和逆变模块。所以当制动过快或机械负载为位能性负载时，必须对这部分再生能量进行处理，以保护变频装置的安全。

2．能耗制动

利用设置在直流回路中的制动电阻吸收电动机的再生电能的方式称为能耗制动，又称动力制动，如图 6-23 所示。这种方法就是通过与直流回路滤波电容 C 并联的放电电阻 R_B，将这部分电能消耗掉。图 6-23 所示虚线框内为制动单元（PW），它包括制动用的晶体管 VT_B 或 IGBT 管、二极管 VD_B 和内部制动电阻 R_B。当电动机制动，能量经逆变器回馈到直流侧时，直流回路中的电容器的电压将升高，当该电压值超过设定值时，给 VT_B 施加基极信号使之导通，存储在电容中的回馈能量经 R_B（或 R_{EB}）消耗掉。此单元实际上只起消耗电能防止直流侧过电压的作用。它并不起制动作用，但人们习惯称此单元为制动单元。制动单元中如果回馈能量较大或要求强制动，还可以选用接于 H、G 两点上外接制动电阻 R_{EB}、R_{EB} 的阻值与功率应符合产品样本要求。

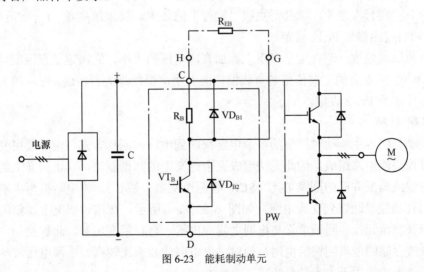

图 6-23　能耗制动单元

对于大多数的通用变频器，图 6-23 所示的 VT_B、VD_B 都设置在变频装置的内部，甚至 IPM 组件中，也将制动 IGBT 集成其中。制动电阻器 R_B 绝大多数放在变频器的外部，只有

功率较小的变频器才将 R_B 置于装置的内部。

3. 直流制动

所谓直流制动，就是向定子绕组内通入直流电流，使定子绕组产生静止的固定磁场。电动机的转子将以很快的速度正向切割固定磁场，转子绕组中产生很大的感应电动势和电流，进而产生很强烈的制动力和制动转矩，使拖动系统快速停住。

有的负载在停机后，常常因为惯性较大而停不住，有"爬行"现象。这对于某些机械来说，是不允许的。为此，变频器设置了直流制动功能，主要用于准确停车与防止启动前电动机由于外因引起的不规则自由旋转（如风机类负载）。

通用变频器中对直流制动功能的控制，主要通过设定直流起始制动频率 f_{DB}、制动电压 U_{DB} 和制动时间 t_{DB} 来实现；f_{DB}、U_{DB} 和 t_{DB} 的含义如图 6-24 所示。

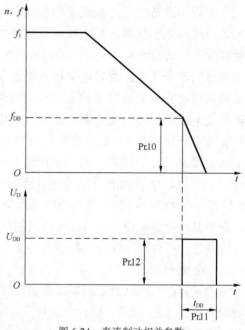

图 6-24　直流制动相关参数

（1）直流制动的起始频率 f_{DB}。在大多数情况下，直流制动都是和再生制动配合使用的，即首先用再生制动方式将电动机的转速降至较低转速，然后再转换成直流制动，使电动机迅速停住。其转换时对应的频率即为直流制动的起始频率 f_{DB}。

预置起始频率 f_{DB} 的主要依据是负载对制动时间的要求，要求制动时间越短，起始频率 f_{DB} 应越高。三菱变频器的 f_{DB} 由参数 Pr.10 设定。

（2）直流制动时间 t_{DB}。即施加直流制动的时间长短。预置直流制动时间 t_{DB} 的主要依据是负载是否有"爬行"现象，以及对克服"爬行"的要求，要求越高者，t_{DB} 应适当长一些。三菱变频器的 t_{DB} 由参数 Pr.11 设定。

（3）直流制动强度。即在定子绕组上施加直流电压的大小，它决定了直流制动的强度。预置直流制动电压 U_{DB} 的主要依据是负载惯性的大小，惯性越大者，U_{DB} 也应越大。三菱变频器的 U_{DB} 由参数 Pr.12 设定。

4. 回馈制动

回馈制动是将再生制动时产生的多余电能反馈到电网的制动方式。由于通用变频器整流单元由不可控整流电路组成，因此无法组成完全意义上的回馈制动。真正意义上的回馈制动必须通过与整流器反并联的回馈单元（SCR 有源逆变器，桥Ⅱ），将电动机再生制动时回馈到直流侧的有功能量回馈到交流电网，如图 6-25（a）所示。在这种情况下，整流单元也必须采用晶闸管整流元件。回馈单元与电网之间应串接一台自耦变压器，此种制动方法虽然可以把旋转系统存储的能量回馈给电网，但对供电电网的要求比较高。电网电压波动要小，且必须可靠。该方法适用于大容量系统。

5. 公共直流母线

采用通用变频器传动时，必须考虑再生能量的处理问题，除了前面所述的对每台电动机都可以采用标准的制动单元（PW）或再生能量回馈方式以外，在特定的情况下，公共直流母线方式可以用于多电动机传动系统。

公共直流母线技术是在多电动机交流变频调速系统中，采用单独的整流/回馈装置为系统提供一定功率的直流电源，调速用逆变器直接挂接在直流母线上。如图 6-25（b）所示，图中逆变器 1 至逆变器 3 共用一个整流/回馈单元，负载 1 至负载 3 有些工作于电动状态，有些工作于制动状态。工作于制动状态的电动机通过逆变器将能量回馈到直流母线后，由处于电动状态的电动机消耗掉。

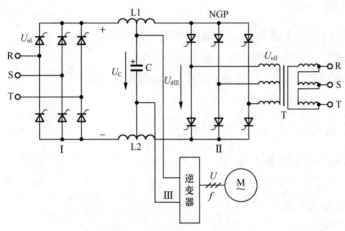

（a）带变压器的 SCR 有源逆变回馈电路

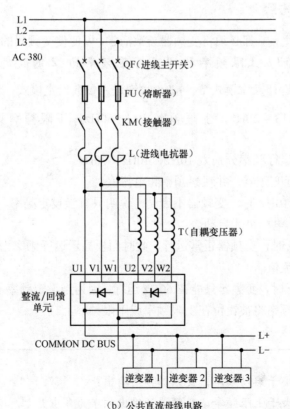

（b）公共直流母线电路

图 6-25　有源逆变回馈电路和公共直流母线电路

多电动机传动系统内的多台传动电动机无论是工作在电动状态还是工作在发电制动状态，其再生制动能量均经直流母线侧逆变桥回馈至电网，有效抑制了过流和过压故障的发生；其独特的公共直流母线可使系统内处于发电状态的电动机再生制动能量经公共直流母线提供给处于电动状态的电动机，具有明显的节能效果。

6.4.3　变频器加减速、直流制动参数设定实训

一、实训目的

（1）掌握启动频率、上限频率、下限频率的功能和设定方法。

（2）通过实训进一步理解跳变频率的作用。

（3）掌握加/减速时间、加/减速曲线的设定原则与方法。

（4）掌握直流制动的参数设置。

二、实训设备

（1）三菱 FR-D740 变频器 1 台。

（2）电动机 1 台。

（3）电工常用工具 1 套。

（4）按钮及导线若干。

三、实训内容及步骤

每做一个实训项目之前，都必须将变频器参数清零，以便使变频器的参数回到出厂设定。

1．启动频率 Pr.13、上限频率 Pr.1 和下限频率 Pr.2 的设定及运行

（1）在面板（PU）运行操作模式下，按 (MODE) 键进入参数设定模式，

视频：启动频率、上限频率及下限频率的功能

分别设定启动频率 Pr.13 = 20Hz，上限频率 Pr.1= 60Hz，下限频率 Pr.2 = 10Hz。

（2）通过面板设定运行频率分别为 10Hz、40Hz、70Hz。

（3）按 (RUN) 键运行变频器，并观察频率和电流值。

（4）当设定频率为 10Hz 时，变频器不启动。说明只有当设定频率大于启动频率 Pr.13 时，电动机才启动。

当设定频率为 40Hz 时，变频器正常运行，此时面板显示运行频率为 40Hz，通过按 SET 键，交替显示频率、电流值。

当设定频率为 70Hz 时，变频器只能在 60Hz 运行。因为当设定频率不在上、下限频率设定值范围之内时，输出频率将被钳位在上限频率或下限频率上。

想一想

1．如果给定频率小于启动频率，变频器如何输出？

2．如果给定频率大于上限频率，变频器的输出频率为多少？

2．跳变频率的设定及运行

（1）实训要求。某系统的电动机在 18～22Hz 和 25～30Hz 之间易发生震荡，要求用变频器的设定避免震荡区间。请设置变频器的参数，并分别用 PU 和外部运行模式实现此功能。

（2）操作步骤如下。

① 按 键进入参数设定模式，先设 Pr.79＝1（PU 操作模式），然后设 Pr.31＝18Hz，Pr.32＝22Hz，Pr.33＝25Hz，Pr.34＝30Hz。

注意，每段频率差不能大于 10Hz。

② 按 MODE 键至频率设定模式，设定给定频率为 20Hz。

③ 设定完毕后，按 MODE 键至监示模式。

④ 按 RUN 键，使电动机运行。此时，面板显示运行频率为 18Hz，将其值填入表 6-15 中。

⑤ 在 25～30Hz 之间改变给定频率，观察频率的变化规律，并将显示结果填入表 6-15 中。

表 6-15　　　　　　　　　　　　　　跳变频率

参　数　号	设　定　参　数	设　定　频　率	运　行　频　率
Pr.31	18	20	
Pr.32	22		
Pr.33	25	28	
Pr.34	30		
Pr.31	22	20	
Pr.32	18		

⑥ 重复上述步骤，设定 Pr.31＝22Hz，Pr.32＝18Hz，使电动机在 18～22Hz 之间时固定在 22Hz 运行。

 注　意

在加速启动中，设定范围内的运行频率仍然有效；启动后，变频器只能在跳变频率的设定频率上运行。

⑦ 当采用外部操作模式，即 Pr.79＝2 时，设定 Pr.31＝18Hz，Pr.32＝22Hz（或 Pr.31＝22Hz，Pr.32＝18Hz），Pr.33＝25Hz、Pr.34＝30Hz。按照图 6-26 接线。并将电位器 RP 旋钮旋至最小位置，合上图 6-26 中的 K1 或 K2，缓慢调节电位器 RP 使运行频率逐渐提高，注意观察显示屏的频率指示。当频率达到 Pr.31＝18Hz 后，有一小段时间，再旋转电位器，频率保持 18Hz 不变，当旋转到一定范围后，变频器会跳过 Pr.32 设定的 22Hz，继续升高，这时观察到第一次频率跳变现象。继续旋转电位器，会观察到第二次频率跳变现象。

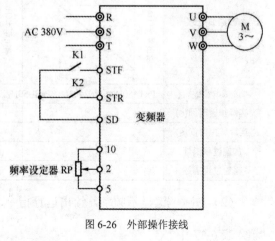

图 6-26　外部操作接线

 注　意

调节旋钮时一定要缓慢。

3．加/减速时间设定及运行

（1）恢复出厂设定值。

（2）相关功能参数设定如下。

Pr.1 = 60Hz——上限频率设定值。

Pr.2 = 0Hz——下限频率设定值。

Pr.7 = 8.0s——加速时间设定值。

Pr.8 = 8.0s——减速时间设定值。

Pr.20 = 50Hz——加减速基准频率。

Pr.79 = 1——面板（PU）运行操作模式。

通过 PU 面板将运行频率设定为 45Hz。

（3）设置完成后，按 MODE 键显示频率，按 RUN 键给出运行指令，注意观察变频器的运行情况，并记下加速时间填入表 6-16 中。运行几秒后，再按 STOP/RESET 键给出停机指令，记下变频器的减速时间填入表 6-16 中。在加减速过程中，按 SET 键观察不同加减速时间的电流值。

表 6-16 　　　　　　　　　　加减速时间表

参数号	Pr.1	Pr.2	Pr.7	Pr.8	设定频率	实际加速时间（s）	实际减速时间（s）	电流（A）
参数值	60	0	8.0	8.0	50			
	50	0	3.0	3.0	20			

（4）按表 6-16 的要求改变加减速时间的设定值，再重复第（3）步，将结果填入表 6-16 中。

4．加/减速曲线的预置

Pr.29——加减速曲线选择，当 Pr.29 = 0 时，加/减速曲线采用线性加减速方式；当 Pr.29 = 1 时，为 S 形加减速 A 方式；Pr.29 = 2 时，为 S 形加减速 B。不同的加减速曲线，使变频器的加减速时间的计算方式不同，请参看变频器使用手册。

（1）设定相关参数如表 6-17 所示。

表 6-17 　　　　　　　　　　加减速曲线对加减速时间的影响

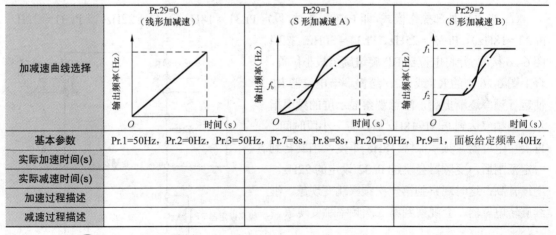

加减速曲线选择	Pr.29=0（线形加减速）	Pr.29=1（S 形加减速 A）	Pr.29=2（S 形加减速 B）
基本参数	Pr.1=50Hz，Pr.2=0Hz，Pr.3=50Hz，Pr.7=8s，Pr.8=8s，Pr.20=50Hz，Pr.9=1，面板给定频率 40Hz		
实际加速时间(s)			
实际减速时间(s)			
加速过程描述			
减速过程描述			

（2）按 MODE 键显示频率，给出运行指令，注意变频器的启动加速过程，记下加速时间，填入表 6-17 中。

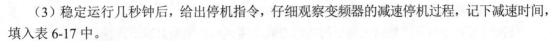
（3）稳定运行几秒钟后，给出停机指令，仔细观察变频器的减速停机过程，记下减速时间，填入表 6-17 中。

5．直流制动功能的测定

（1）恢复出厂设定。

（2）在面板（PU）运行模式下，设定下列参数。

视频：直流制动

制动开始频率 Pr.0 =10Hz，制动时间 Pr.1=5s，制动开始电压 Pr.2=10%，面板设定运行频率 40Hz，面板 (RUN) 键控制运行。

（3）启动变频器，达到运行频率后给出停止指令，停止变频器的运行，注意观察制动过程中变频器输出频率和输出电流的最小值，此值应为制动开始频率和制动开始电流值。

四、实训总结

（1）如果给定频率小于启动频率，变频器如何输出？

（2）如果给定频率大于上限频率，变频器的输出频率为多少？

（3）Pr.1=18Hz，Pr.2=22Hz 和 Pr.1=22Hz，Pr.2=18Hz 这两种预置跳变频率的方法，在运行结果上有何不同？

（4）分析实训过程中出现的现象，总结频率参数和加减速参数在设定中应注意的问题。

（5）写出实训报告。

| 6.5　变频器的外接端子及控制功能 |

6.5.1　外接输入控制端的功能

端子控制是变频器的运转指令通过其外接输入端子从外部输入开关信号（或电平信号）来进行控制的方式。这时这些按钮、选择开关、继电器、PLC 或 DCS 的继电器模块就替代了变频器面板上的运行键、停止键、点动键和复位键，可以在远距离控制变频器的运转。

1．外接输入控制端子的分类

变频器常见的输入控制端子都采用光电耦合隔离方式，接收的都是开关量信号，所有端子大体上可以分为两大类。

（1）基本控制输入端。正反转端子是基本控制输入端，这些端子的功能是变频器在出厂时已经标定的，一般不能再更改。

（2）可编程控制输入端。由于变频器可能接收的控制信号多达数十种，但每个拖动系统同时使用的输入控制端子并不多。为了节省接线端子和减小体积，变频器只提供一定数量的"可编程控制输入端"，也称为"多功能输入端子"。其具体功能虽然在出厂时也进行了设置，但并不固定，用户可以根据需要通过参数预置。常见的可编程功能端子如多段转速控制、多段加/减速时间控制、升速/降速控制等。

2．外接输入开关与开关量输入端子的接口方式

外接输入开关与开关量输入端子的接口方式非常灵活，主要有以下几种。

（1）干接点方式。它可以使用变频器内部电源，也可以使用外部电源 DC9～30V。这种方式能接收如继电器、按钮、行程开关等无源输入开关量信号，如图 6-27（a）所示。

（2）漏型方式。当外部输入信号为 NPN 型的有源信号时，变频器输入端子必须采用漏型逻辑方式，如图 6-27（b）所示。这种方式能接收接近开关、PLC 或旋转脉冲编码器等输出电路提供的信号，用于测速、计数或限位动作等。

（3）源型方式。当外部输入信号为 PNP 型的有源信号时，变频器输入端子必须采用源型逻辑方式，如图 6-27（c）所示。这种方式的信号源与漏型相同。

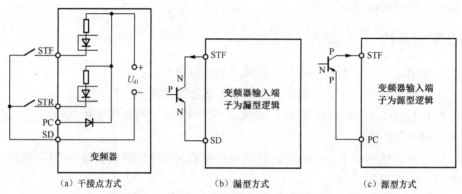

图 6-27　变频器在不同输入信号时的接线方式

3．外接输入端的配置和工作特点

各种变频器对外接输入端子的安排是各不相同的，名称也各异。三菱 FR-D740 变频器的控制端子配置情况如图 6-28 所示，图 6-28 中各端子的功能可以参考表 6-2，其中 SO、S1、S2、SC 端子是生产厂家设定用端子，请勿连接任何设备，否则可能导致变频器故障。另外，不要拆下连接在端子 S1-SC、S2-SC 间的短路用电线。任何一个短路用电线被拆下后，变频器都将无法运行。

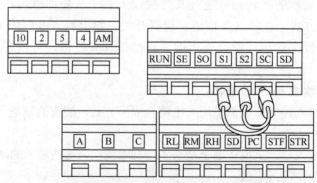

图 6-28　FR-D740 变频器的控制端子配置情况

变频器的基本运行控制端子包括正转运行（STF）、反转运行（STR）、高中低速选择（RH、RM、RL）等。控制方式有以下两种。

（1）开关信号控制方式。当 STF 或 STR 处于闭合状态时，电动机正转或反转运行；当它们处于断开状态时，电动机即停止，如图 6-29 所示。

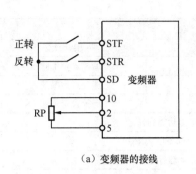

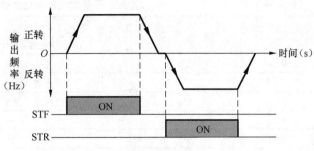

（a）变频器的接线　　　　　　　　　（b）控制信号的状态

图 6-29　开关信号控制方式

（2）脉冲信号控制方式。在 STF 或 STR 端只需输入一个脉冲信号，电动机即可维持正转或反转状态，犹如具有自锁功能一样。此时需要用一个常闭按钮连接变频器的 STOP 端子。如要停机，就必须断开停止按钮，如图 6-30 所示。

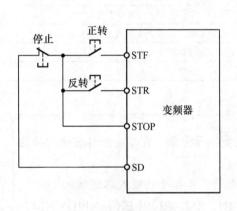

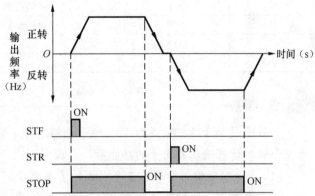

（a）变频器的接线　　　　　　　　　（b）控制信号的状态

图 6-30　脉冲信号控制方式

4．数字量输入端子功能的设定

在三菱 FR-D740 变频器的输入端子中，STF、STR、RL、RM、RH 等端子是多功能端子，这些端子功能可以通过参数 Pr.178～Pr.182 设定的方法来选择，以节省变频器控制端子的数量。

输入端子功能选择的参数号、端子符号、出厂设定及端子功能如表 6-18 所示。

表 6-18　　　　　　　　　　FR-D740 变频器的多功能端子参数设置

端子	参数	名　　称	初始值	初始信号	设定范围
输入端子	Pr.178	STF 端子功能选择	60	STF（正转指令）	0～5、7、8、10、12、14、16、18、24、25、37、60、62、65～67、9 999
	Pr.179	STR 端子功能选择	61	STR（反转指令）	0～5、7、8、10、12、14、16、18、24、25、37、61、62、65～67、9 999
	Pr.180	RL 端子功能选择	0	RL（低速运行指令）	0～5、7、8、10、12、14、16、18、24、25、37、62、65～67、9 999
	Pr.181	RM 端子功能选择	1	RM（中速运行指令）	
	Pr.182	RH 端子功能选择	2	RH（高速运行指令）	

参数设定与功能选择的部分设定如表 6-19 所示，详细设定参看 FR-D740 变频器手册。

表 6-19　　　　　　　　　　　输入端子参数设定与功能选择

设 定 值	端 子 名 称	功　能	
		Pr.59 = 0	Pr.59 = 1,2
0	RL	低速运行指令	遥控设定清除
1	RM	中速运行指令	遥控设定减速
2	RH	高速运行指令	遥控设定加速
3	RT	第 2 功能选择	
4	AU	端子 4 输入选择	
5	JOG	点动运行选择	
7	OH	外部热继电器输入	
8	REX	15 段速选择（同 RL、RM、RH 组合使用）	
14	X14	PID 控制有效端子	
24	MRS	输出停止	
25	STOP	启动自保持选择	
60	STF	正转指令（仅 STF 端子，即 Pr.178 可分配）	
61	STR	反转指令（仅 STR 端子，即 Pr.179 可分配）	
62	RES	变频器复位	
9 999	—	无功能	

⚡ **注　意**

如果通过 Pr.178 ~ Pr.182（输入端子功能选择）变更端子分配，有可能会对其他的功能产生影响。请在确认各端子的功能后，再设定。

（1）1 个功能能够分配给 2 个以上的多个端子。此时，各端子的输入取逻辑和。

（2）速度指令的优先顺序为点动 > 多段速设定（RH、RM、RL、REX）> PID（X14）。

（3）当没有选择 HC 连接（变频器运行允许信号）时，MRS 端子分担此功能。

（4）当 Pr.59 = 1 或 2 时，RH、RM、RL 信号的功能变更如表 6-19 所示。

（5）AU 信号 ON 时端子 2（电压输入）无效。

5．模拟量输入端子功能的设定

三菱变频器可以通过外部给定电压信号或电流信号调节变频器的输出频率。这些电压信号和电流信号在变频器内部通过模数转换器转换成数字信号作为频率给定信号，控制变频器的速度。

视频：变频器模拟量输入端子的功能

三菱变频器的模拟量输入端有 2、5 和 4、5 两路输入。这两路模拟量输入的功能由"模拟量输入选择"参数 Pr.73 和"端子 4 输入选择"参数 Pr.267 设定，其参数含义及设定范围如表 6-20 所示。

表 6-20　　　　　　　　模拟量输入端设置的相关参数含义及设定范围

参数编号	名称	初始值	设定范围	内　　容	
Pr.73	模拟量输入选择	1	0	端子 2 输入 0~10V	无可逆运行
			1	端子 2 输入 0~5V	
			10	端子 2 输入 0~10V	可逆运行
			11	端子 2 输入 0~5V	

续表

参数编号	名称	初始值	设定范围	内 容	
				电压/电流输入切换开关	内容
Pr.267	端子 4 输入选择	0	0	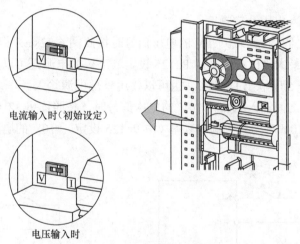	端子 4 输入 4～20mA
			1		端子 4 输入 0～5V
			2		端子 4 输入 0～10V

（1）模拟量输入规格的选择

模拟量电压输入使用的端子 2 可以选择 0～5V（初始值）或 0～10V 的电压信号，选择 0～5V 或 0～10V 输入，由"模拟量输入选择"参数 Pr.73 设定，如表 6-20 所示。

模拟量输入使用的端子 4 可以选择电压输入（0～5V、0～10V）或电流输入（4～20mA 初始值），其输入规格由"端子 4 输入选择"参数 Pr.267 设定，如表 6-20 所示，同时需要将电压/电流输入切换开关置于如图 6-31 所示的位置。

电流输入时（初始设定）

电压输入时

图 6-31 端子 4 的电压/电流切换开关设定

⚡ **注 意**

必须正确设定 Pr.267 和电压/电流输入切换开关，并输入与设定相符的模拟量信号，否则发生错误设定时，会导致变频器故障。请参照表 1-20 来设定 Pr.73、Pr.267。在表 6-21 中，有底灰的部分█████表示主速度设定，—表示无效。

表 6-21　　　　　　　　　Pr.73 和 Pr.267 参数设置

Pr.73	端子 2 输入	端子 4 输入 AU 信号	端子 4 输入	可 逆 运 行
0	0～10V	OFF	—	不运行
1（初始值）	0～5V			
10	0～10V			运行
11	0～5V			

续表

Pr.73	端子2输入	端子4输入 AU信号	端子4输入	可逆运行
0			根据Pr.267的设定值 0: 4～20mA（初始值） 1: 0～5V 2: 0～10V	不运行
1（初始值）	—	ON		
10				运行
11	—			

注　意

① AU信号输入使用的端子通过将Pr.178～Pr.182设定为4来分配功能。

② 当AU为ON时，端子4有效；当AU为OFF时，端子2有效。

③ 输入最大输出频率指令电压（电流）时，如要变更最大输出频率，则通过Pr.125（Pr.126）（频率设定增益）来设定。此时无需输入指令电压（电流）。

（2）以模拟量输入电压给定频率

端子2、端子5之间输入DC0～5V的电压信号时按照图6-32（a）接线，此时设置Pr.73=1或11，输入5V时为最大输出频率（由Pr.125设定）。5V的电源既可以使用内部电源（内部电源在端子10～端子5间输出DC5V），也可以使用外部电源输入。

端子2、端子5之间输入DC0～10V的电压信号时，按照图6-32（b）接线，此时设置Pr.73=0或10，输入10V时为最大输出频率（由Pr.125设定）。10V的电源必须使用外部电源输入。

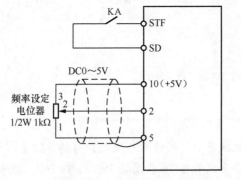
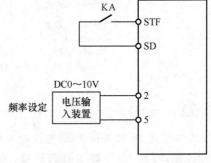

（a）使用0～5V信号时的接线方式　　　（b）使用0～10V信号时的接线方式

图6-32　模拟量输入端子2的接线方式

将端子4设为电压输入规格时，必须设置Pr.267=1（DC0～5V）或Pr.267=2（DC0～10V），同时将电压/电流输入切换开关置于V，AU信号为ON。

（3）以模拟量输入电流给定频率

采用电流信号给定频率时，需要将DC4～20mA的电流信号输入端子4～端子5之间，此时要使用端子4，必须设置Pr.267=0，同时将AU信号设置为ON，其接线图如图6-33所示。输入 20mA 时为最大输出频率（由 Pr.126 设定）。

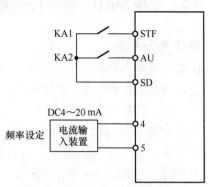

图 6-33 模拟量输入端子 4 的接线方式

（4）以模拟量输入来切换变频器的正转、反转运行（可逆运行）

通过设置 Pr.73=10 或 Pr.73=11，并调整"端子 2 频率设定增益频率"Pr.125、"端子 4 频率设定增益频率 Pr.126""端子 2 频率设定偏置频率"C2（Pr.902）或"端子 4 频率设定增益"C7（Pr.905），可以通过端子 2（或端子 4）实现变频器的可逆运行。

【例 6-1】 通过端子 2（0～5V）输入进行可逆运行时，设定 Pr.73 = 11，使可逆运行有效。在 Pr.125（Pr.903）中设定最大模拟量输入 5V 时的频率为 50Hz，C2=0Hz，将 C3（Pr.902）设定为 C4（Pr.903）设定值的 1/2，即 C3=2.5/5=50%，C4=5/5=100%。如图 6-34 所示，在端子 2、端子 5 之间输入 DC0～2.5V 的电压时，变频器反转运行，输入 DC2.5V～5V 的电压时，变频器正转运行。

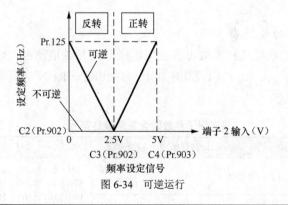

图 6-34 可逆运行

 注　意

① 在设定为可逆运行后，没有模拟量输入时（仅输入启动信号）会以反转运行。

② 设定为可逆运行后，在初始状态下，端子 4 也为可逆运行（0～4mA，反转；4mA～20mA，正转）。

6.5.2　外接输出控制端的功能

1. 外接输出控制端子的种类和规格

变频器除了用输入控制端接收各种输入控制信号外，还可以用输出控制端输出与自己工作状态相关的信号。外接输出信号的电路结构有两种：一种是内部继电器的触点，如报警输出 A、B、C 端子；另一种是晶体管的集电极开路触点，如 RUN 端子，其结构如图 6-35 所示。

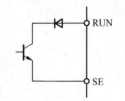

图 6-35　集电极输出端子结构图

三菱 FR-D740 变频器的输出端子分配如图 6-4 所示。输出控制端子可以分为数字量输出端和模拟量输出端两类。

（1）数字量输出端。数字量输出端又分为继电器输出端和集电极开路输出端两类。

① 集电极开路输出端 RUN，用来指示变频器的运行状态。

图 6-35 中的端子 SE 是集电极开路输出信号的公共端，通常采用正逻辑，容许负载为 DC24V，0.1A。低电平表示集电极开路输出用的晶体管处于 ON（导通状态），高电平为 OFF（不导通状态）。

② 继电器输出端 A、B、C。当变频器发生故障时，变频器将通过输出端子（A、B、C 端子）发出报警信号。正常时，B、C 间导通，A、C 间不导通；异常时，B、C 间断开，A、C 间导通。

（2）模拟量输出端 AM。该输出端通过外接仪表可以显示变频器的运行参数（频率、电压、电流等）。

对于模拟量测量信号的测量内容，用户还可根据自己的需要选定，如电压、转矩、负载率等。

2. 输出端子的功能选择

数字量输出端子的功能选择参数可改变集电极开路和继电器触点输出端子的功能。三菱变频器继电器输出端子 A、B、C 以及集电极开路输出端子 RUN 对应参数的含义及设定范围如表 6-22 所示。

表 6-22　　　　　　　　　　　　输出端子参数的含义及设定范围

端子	参数	名　称	初始值	初始信号	设 定 范 围
输出端子	Pr.190	RUN 端子功能选择	0	RUN（变频器运行中）	0、1、3、4、7、8、11～16、25、26、46、47、64、70、90、91、93 *、95、96、98、99、100、101、103、104、107、108、111～116、125、126、146、147、164、170、190、191、193 *、195、196、198、199、9 999
	Pr.192	A、B、C 端子功能选择	99	ALM（异常输出）	

* Pr.192 不可设定为 93、193。

参照表 6-23 即可设定相应参数，其中 0～99 为正逻辑，100～199 为负逻辑。输出端子的部分参数设定值及相应的功能如表 6-23 所示。

表 6-23 输出端子参数设定与功能选择

设定值		信号名称	功 能	动 作	相关参数
正逻辑	负逻辑				
0	100	RUN	变频器运行中	运行期间当变频器输出频率超过 Pr.13 启动频率时输出	
1	101	SU	频率到达	输出频率到达设定频率时输出	Pr.41
3	103	OL	过负荷报警	失速防止功能动作期间输出	Pr.22、Pr.23、Pr.66
4	104	FU	输出频率检测	输出频率达到 Pr.42（反转是 Pr.43）设定的频率以上时输出	Pr.42、Pr.43
8	108	THP	电子过电流预报警	当电子过电流保护累积值达到设定值的 85%时输出	Pr.9、Pr.51
11	111	RY	变频器运行准备就绪	变频器电源接通、复位处理完成后（启动信号 ON、变频器处于可启动状态，或当变频器运行时）输出	
14	114	FDN	PID 下限	达到 PID 控制的下限时输出	Pr.12～Pr.134、Pr.575～Pr.577
15	115	FUP	PID 上限	达到 PID 控制的上限时输出	
16	116	RL	PID 正—反向输出	PID 控制时，正转时输出	
47	147	PID	PID 控制动作中	PID 控制中输出	Pr.12～Pr.134、Pr.575～Pr.577
99	199	ALM	异常输出	当变频器的保护功能动作时输出此信号，并停止变频器的输出（严重故障时）	
9999		—	没有功能	—	

3．输出信号的应用

如图 6-36 所示，报警信号端 A、B、C 接在外部的报警电路中，HA 是蜂鸣器。HL$_R$ 是红色指示灯。如变频器因故障而跳闸，将把 HA 和 HL$_R$ 接通，进行声光报警。

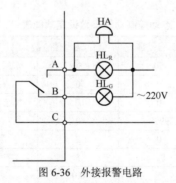

图 6-36 外接报警电路

端子 B 为"运行指示"，当电动机正常工作时，绿色指示灯 HL$_G$ 亮。

6.5.3 变频器点动控制与输出端子功能检测实训

一、实训目的

（1）掌握外部点动控制功能及操作方法。
（2）掌握多功能输入端子和输出端子的参数设定方法及相应操作。

二、实训设备

（1）三菱 FR-D740 变频器 1 台。

（2）电动机 1 台。

（3）电工常用工具 1 套。

（4）按钮、指示灯及导线若干。

三、实训内容

1．控制要求

利用变频器外部端子控制正反转点动，点动频率为 10Hz，点动加减速时间为 1s。

2．点动控制

（1）按照图 6-37 完成变频器的外部点动控制接线，认真检查，确保正确无误。

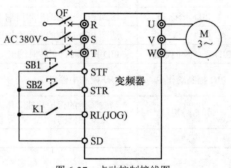

视频：外部点动
运行操作

图 6-37　点动控制接线图

（2）打开电源开关，在面板（PU）运行模式下，按照表 6-24 正确设置变频器参数。设定完毕后，EXT 指示灯点亮。

表 6-24　　　　　　　　　　　点动控制功能参数设定功能表

序　号	变频器参数	出　厂　值	设　定　值	功　能　说　明
1	Pr.1	50	50	上限频率（50Hz）
2	Pr.2	0	0	下限频率（0Hz）
3	Pr.9	0	0.35	电子过电流保护（0.35A）
4	Pr.160	9999	0	扩展功能显示选择
5	Pr.79	0	2	运行模式选择
6	Pr.13	0.5	5	启动频率（5Hz）
7	Pr.15	5	10.00	点动频率（10Hz）
8	Pr.16	0.5	1	点动加减速时间（0.5s）
9	Pr.180	0	5	设定 RL 为点动运行选择信号

注：① 设置参数前先将变频器参数复位为工厂设定值。

② 请把 Pr.15 点动频率的设定值设定在 Pr.13 启动频率的设定值之上。

③ 点动信号分配在通过设定 Pr.180=5 的 RL 输入端子功能选择上。

（3）首先闭合点动开关 K1，操作面板显示 JOG，接着按下正转启动按钮 SB1 或反转启动按钮 SB2，电动机便会以 10Hz 的点动频率正转或反转运行，注意操作面板的显示频率。

（4）断开 K1，电动机停止点动运行。改变 Pr.15、Pr.16 的值，重复上述步骤，观察电动机运转状态有什么变化。

注　意

外部操作时，若按 $\boxed{\frac{STOP}{RESET}}$ 键将会出错报警（报警代码为 PS），不能启动，必须进行停电复位。

3．MRS 输入选择的操作

（1）按图 6-38 接线，将变频器设定为外部运行模式，即 Pr.79=2。设定 Pr.182=24，即将 RH 端子功能变更为 MRS 功能。MRS 输入选择参数 Pr.17=0，常开输入。

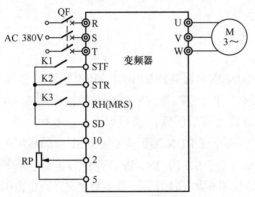

视频：MRS 输入端子功能实训

图 6-38　MRS 输入功能验证接线

（2）将图 6-38 中的 K1 或 K2 闭合，缓慢旋转电位器 RP，当变频器显示 40Hz 时，停止旋转，让变频器继续在 40Hz 上运行。

（3）将 RH（MRS）端子上的开关 K3 闭合，变频器会瞬间停止输出，切断 K3 开关约 10ms 后变频器可以继续运行。

4．变频器运行输出端子功能测定

（1）按图 6-39 接线。设定如下参数。

Pr.1=50Hz，上限频率。

Pr.2=0Hz，下限频率。

Pr.7=8s，加速时间。

Pr.8=8s，减速时间。

Pr.13=10Hz，启动频率。

视频：变频器运行输出端子功能实训

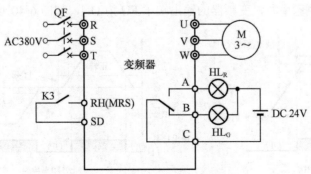

图 6-39　故障信号及运行信号测定电路

Pr.160=0，显示所有参数。

Pr.182=24，将 RH 端子设定为 MRS 功能。

Pr.192=0，将 A、B、C 端子功能设定为变频器运行中。

Pr.79=1，PU 运行模式。

（2）在 PU 面板上设定运行频率为 30Hz。

（3）按操作面板上的 $\boxed{\text{RUN}}$ 键，变频器开始运行，接于 B 端子上的绿灯 HL_G 点亮。观察变频器显示屏上的频率，当频率大于启动频率 10Hz 时，接于端子 RUN 的红灯 HL_{R2} 点亮。

（4）变频器正在 30Hz 上稳定运行时，闭合开关 K3，观察 3 盏灯的运行情况。

（5）断开 K3，10s 后继续观察 3 盏灯的运行情况。此时变频器又继续运行。

（6）按 $\boxed{\begin{array}{c}\text{STOP}\\\text{RESET}\end{array}}$ 键，变频器停止运行。

5．多功能输出端子功能测定

（1）频率到达与输出频率检测。

从表 6-22 和表 6-23 中可知，RUN 集电极开路输出端子和继电器输出端子 A、B、C 具有频率到达和输出频率检测功能，这两种功能都是说明变频器的输出频率是否到达某一水平的信号。但在"到达频率"的设定方式上有所区别，说明如下。

① 频率到达。变频器的 A、B、C 端子或 RUN 端子被预置为 SU（频率到达）功能时，当变频器的输出频率到达给定频率时，该输出端子 SU 为 ON，Pr.41 用来设定输出频率到达运行频率时输出频率到达信号（SU）的动作范围，如图 6-40（a）所示，其参数含义及设定范围如表 6-25 所示。

- 频率到达信号（SU）的动作范围可在运行频率 0～±100%的范围内调整。
- 可用于确认是否到达设定频率，用于相关设备的动作开始信号。
- 使用 SU 信号时，必须将 Pr.190、Pr.192（输出端子功能选择）设定为 1（正逻辑）或者 101（负逻辑），向输出端子分配功能。

表 6-25　　　　　　　　Pr.41、Pr.42 和 Pr.43 参数的含义及设定范围

参数编号	名称	初始值	设定范围	内容
Pr.41	频率到达动作范围	10%	0～100%	使 SU 信号变为 ON 的电平
Pr.42	输出频率检测	6Hz	0～400Hz	使 FU 信号变为 ON 的频率
Pr.43	反转时输出频率检测	9 999	0～400Hz	反转时使 FU 信号变为 ON 的频率
			9 999	与 Pr.42 的设定值一致

② 输出频率检测。频率检测并非以给定频率作为检测的依据，而可以任意设定一个频率值（Pr.42 设定正转的输出频率检测，Pr.43 设定反转时的输出频率检测）作为检测的依据。当输出频率到达检测频率时，变频器的输出端子 FU 为 ON，如图 6-40（b）所示。

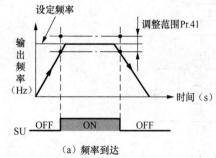

（a）频率到达

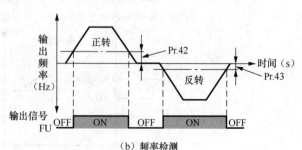

（b）频率检测

图 6-40　频率到达与频率检测

使用 FU 信号时，必须设定 Pr.190、Pr.192（输出端子功能选择）为 4（正逻辑）或 104（负逻辑），向输出端子分配功能。

【例 6-2】 如图 6-41 所示，某粉末传送带控制系统有两台变频器，其中，变频器 UF1 控制搅拌机电机 M1 拖动料斗给传送带供料；变频器 UF2 控制传送带电动机 M2 拖动传送带运料。搅拌机与传送带之间实现联动时，为了防止物料在传送带上堆积，要求如下。

（1）只有传送带电动机 M2 的工作频率 $f_{X2} \geqslant 30Hz$ 时，搅拌电机 M1 才能启动。

（2）传送带电动机 M2 的工作频率 $f_{X2} < 30Hz$ 时，搅拌电机 M1 必须停止。

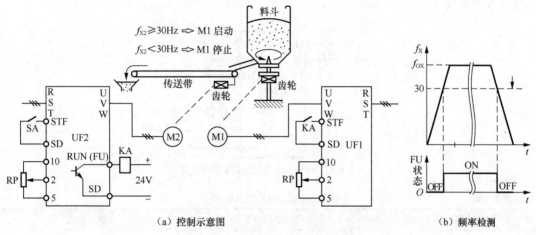

（a）控制示意图　　　　　　　　（b）频率检测

图 6-41　粉末传送带控制示意图

实现方式（以 FR-D740 变频器为例）如下。

① 变频器 UF2 多功能输出端子 RUN 预置为"输出频率检测"（FU）信号，将检测频率预置为 30Hz。需设置以下参数。

Pr.160=0，扩张参数。

Pr.42=30Hz，设置输出频率检测值。

Pr.178=60，将 STF 端子设定为正转端子。

Pr.190=4，将 RUN 端子变更为频率检测 FU 端子。

Pr.79=2，将变频器设置为外部运行模式。

同时，将变频器 UF1 的参数设置为 Pr.79=2，Pr.178=60。

② 闭合 UF2 传送带变频器上的启动开关 SA，旋转 RP 电位器，逐渐增加频率，当 UF2 的输出频率到达 30Hz 时，FU-SD 之间接通→继电器 KA 线圈得电→KA 的常开触点闭合→搅拌机变频器启动→搅拌电机 M1 运行。

③ 当变频器 UF2 的输出频率小于 30Hz 时→FU-SD 之间断开→继电器 KA 线圈失电→KA 的常开触点断开→搅拌机变频器停止→搅拌电机 M1 停止。

（2）变频器频率到达与输出频率检测功能实训。

将变频器设定为面板（PU）运行模式。运行频率设定为 40Hz。设定如下参数。

Pr.7=8s，加速时间。

Pr.8=8s，减速时间。

Pr.13=10Hz，启动频率。

Pr.160=0，扩展参数。

Pr.41=10%，频率到达动作范围。

Pr.42=25Hz，输出频率检测。

Pr.79=1，PU 运行模式。

视频：变频器频率到达与频率检测功能实训

按照图 6-42 所示，在输出端子 RUN 上接入一盏红灯。按表 6-26 设置功能参数，启动变频器，注意运行频率达到什么值时，红灯点亮，并将结果填入表 6-26 中。

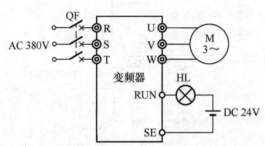

图 6-42　频率到达与输出频率检测接线

表 6-26　　　　　　　　　　　多功能输出端子功能检测

多功能输出端子功能	Pr.190 的设定值	红灯的状态
运行中指示	0（RUN）	
频率到达	1（SU）	
频率检测	4（FU）	

四、实训总结

（1）总结使用变频器外部端子控制电动机点动运行的操作方法。

（2）记录变频器多功能端子的设定方法及接线注意事项。

（3）写出实训报告。

6.5.4　多段速控制端功能

在变频器的外接输入控制端子中，通过功能预置，可以将若干（通常为 2～4）个输入端作为多段速（3～16 挡）控制端。其转速的切换由外接的开关器件通过改变输入端子的状态及其组合来实现，转速的挡次是按二进制的顺序排列的，故 2 个输入端可以组合成 3 或 4 挡转速，3 个输入端可以组合成 7 或 8 挡转速，4 个输入端可以组合成 15 或 16 挡转速。

用参数将多种运行频率（速度）预先设定，用输入端子的不同组合进行速度选择。其中参数 Pr.4～Pr.6 用来设定高、中、低 3 段速度，参数 Pr.24～Pr.27 用来设定 4～7 段速度，参数 Pr.232～Pr.239 用来设定 8～15 段速度，其参数含义及设定范围如表 6-27 所示。

表 6-27　　　　　　　　　　多段速参数的含义及设定范围

参　数　号	出厂设定(Hz)	设定范围(Hz)	功　　能	备　注
Pr.4	50	0～400	设定 RH 闭合时的频率	
Pr.5	30	0～400	设定 RM 闭合时的频率	
Pr.6	10	0～400	设定 RL 闭合时的频率	
Pr.24～Pr.27	9 999	0～400Hz，9 999	设定 4～7 段速	9 999：未选择
Pr.232～Pr.239	9 999	0～400Hz，9 999	设定 8～15 段速	9 999：未选择

可通过断开或闭合外部触点信号（RH、RM、RL、REX 信号）选择各种速度，三菱变频器的多段速运行分为以下几种方式。

（1）启动指令通过 ⓡⓤⓝ 键给定，频率指令通过变频器的外部输入端子 RH、RM、RL 设定，3 个端子可以实现 7 段速运行，此时必须设置 Pr.79=4（组合运行模式 2）、Pr.180=0（RL 低速信号）、Pr.181=1（RM 中速信号）、Pr.182=2（RH 高速信号）。其接线图如图 6-43 所示，输入信号组合与各挡速度的对应关系如图 6-45 所示。

例如，通过 3 段速开关控制变频器分别以 60Hz、30Hz、10Hz 运行。如图 6-43 所示，设置 Pr.4=60Hz、Pr.5=30Hz、Pr.6=10Hz，则 RH 信号为 ON 时，按 Pr.4 中设定的频率 60Hz 运行，RM 信号为 ON 时，按 Pr.5 中设定的频率 30Hz 运行，RL 信号为 ON 时，按 Pr.6 中设定的频率 10Hz 运行。

（2）启动指令通过变频器外部输入端子 STF （或 STR）给定，频率指令通过端子 RH、RM、RL 设定，此时必须设置 Pr.79=2 或 Pr.79=3、Pr.180=0（RL 低速信号）、Pr.181=1（RM 中速信号）、Pr.182=2（RH 高速信号），接线图如图 6-44 所示。RH、RM、RL 中 2 个（或 3 个）端子的不同组合可以实现 3 段速或 7 段速运行。通过 RH、RM、RL、REX 信号的组合可以实现 15 段速的运行，Pr.24～Pr.27、Pr.232～Pr.239 设定运行频率。输入信号组合与各挡速度的对应关系如图 6-45 所示。例如，如图 6-45（a）所示，当 RH 和 RL 信号同时为 ON 时，按 Pr.25 中设定的频率（即速度 5）运行。

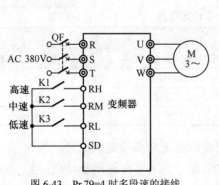

图 6-43　Pr.79=4 时多段速的接线

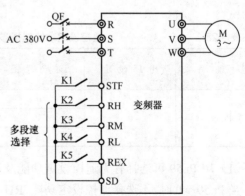

图 6-44　Pr.79=2 或 Pr.79=3 时多段速的接线

对于 REX 信号输入使用的端子，将 Pr.178～Pr.182 中的任一个参数设定为 8 来分配功能。借助于点动频率（Pr.15）、上限频率（Pr.1）和下限频率（Pr.2）最多可以设定 18 种速度。

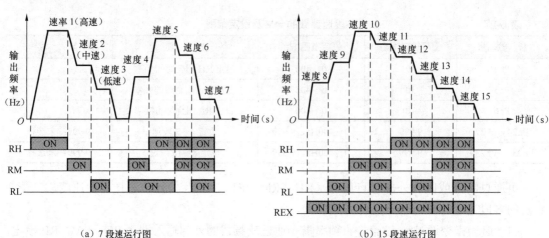

（a）7段速运行图　　　　　　　　　　　　（b）15段速运行图

图 6-45　多段速运行示意

 注　意

① 多段速只有在外部操作模式或 PU/外部组合运行操作模式（Pr.79=3，4）中才有效。

② 在 Pr.59 遥控功能选择的设定≠0 时，RH、RM、RL 信号成为遥控设定用信号，多段速设定将无效。

6.5.5　升降速控制端功能

变频器的外接开关量输入端子中，通过功能预置，可以使其中 2 个输入端具有升速和降速功能，称之为"升降速（UP/DOWN）控制端"。

对三菱 FR-A740 或 FR-D740 变频器，通过设定"遥控设定功能选择"参数 Pr.59 可以实现频率的升、降速控制。Pr.59 的含义及设定范围如表 6-28 所示。

视频：三菱变频器
升降速端子功能

表 6-28　　　　　　　　　　　遥控设定功能选择参数含义及设定范围

参 数 号	出 厂 设 定	设 定 范 围	功　　能	
			RH、RM、RL 信号功能	频率设定记忆功能
Pr.59	0	0	多段速设定	—
		1	遥控设定	有
		2	遥控设定	没有

（1）用 Pr.59 可选择有无遥控设定功能及遥控设定时有无频率设定值记忆功能。

当 Pr.59 = 0 时，不选择遥控设定功能，RH、RM、RL 端子具有多段速端子功能；当 Pr.59 = 1 或 2 时，选择遥控设定功能，RH、RM、RL 端子功能改变为加速（RH）、减速（RM）、清除（RL），如图 6-46 所示。此时一直闭合 STF 信号。

RH 接通→频率上升。

RH 断开→频率保持。

RM 接通→频率下降。

RM 断开→频率保持。

断开 STF 信号，则变频器停止运行。

（2）当 Pr.59=1 时，有频率设定值记忆功能。它可以把遥控设定频率（用 RH、RM 设定的频率）存储在存储器中。一旦切断电源再通电时，输出频率为此设定值，重新开始运行。

（3）当 Pr.59 = 2 时，没有频率设定值记忆功能。

（4）频率可通过 RH（加速）和 RM（减速）在 0Hz 到上限频率（由 Pr.1 或 Pr.18 设定值）之间改变。

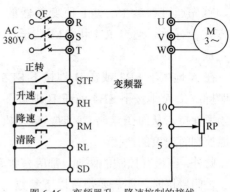

图 6-46　变频器升、降速控制的接线

（5）当选择遥控设定功能时，变频器采用外部运行模式即 Pr.79 = 2。

利用外接升、降速控制信号对变频器进行频率给定时，属于数字量给定，控制精度较高；用按钮开关来调节频率，不但操作简单，且不易损坏；因为是开关量控制，故不受线路电压降的影响，抗干扰性能较好。因此在变频器进行外接给定时，应尽量少用电位器，而以利用升、降速端子进行频率给定为好。

（6）利用升、降速端子实现两地控制。

在实际生产中，常常需要在 2 个或多个地点都能对同一台电动机进行升、降速控制。例如，某厂的锅炉风机在实现变频调速时，要求在炉前和楼上控制室都能调速等。比较简单的方法是利用变频器中的升、降速端子进行两地控制，如图 6-47 所示。SB3 和 SB4 是 A 地的升、降速按钮；SB5 和 SB6 是 B 地的升、降速按钮。

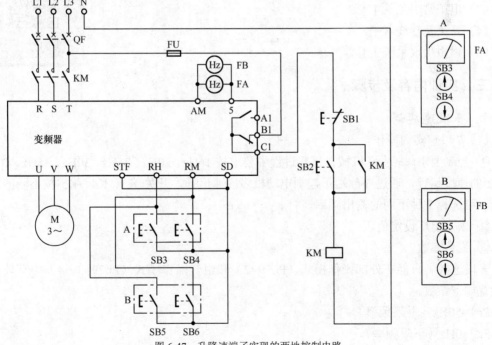

图 6-47　升降速端子实现的两地控制电路

首先通过参数 Pr.59=1 使变频器的 RH 和 RM 端子具有升降速调节功能。只要"遥控方式"有效，通过 RH 和 RM 端子的通断就可以实现变频器的升降速，而不用电位器来完成。

在 A 地按下 SB3 或在 B 地按下 SB5 按钮，RH 端子接通，频率上升，松开按钮，则频率保持；在 A 地按下 SB4 或在 B 地按下 SB6 按钮，RM 端子接通，频率下降，松开按钮，则频率保持。从而在异地控制时，电动机的转速都是在原有的基础上升降的，很好地实现了两地控制时速度的衔接。

此外，在进行控制的两地，都应有频率显示。将 2 个频率表 FA、FB 并联于输出端子 AM 和 5 之间。这时，还需要预置以下参数。

Pr.158 = 1（使 AM 端子输出频率信号）。

Pr.55 = 50（使输出频率表的量程为 0～50Hz）。

6.5.6　变频器的多段速及升速控制功能实训

一、实训目的

（1）进一步了解变频器外部端子的控制功能，掌握控制多段速运行的方法。

（2）通过升降速端子在供水系统中的应用，进一步理解升降速端子的功能。

二、实训设备

（1）三菱 FR-D740 变频器 1 台。

（2）电动机 1 台。

（3）电工常用工具 1 套。

（4）开关及导线若干。

（5）模拟供水系统 1 套。

视频：三菱变频器
7 段速运行操作

三、实训内容及步骤

1．多段速实训

（1）7 段速实训操作。

① 控制要求。某生产机械在运行过程中要求按 16Hz、20Hz、25Hz、30Hz、35Hz、40Hz、45Hz 的速度运行，通过外部端子控制电动机多段速运行，开关 K3、K4、K5 按不同的方式组合，可选择 7 种不同的输出频率。

② 恢复出厂设定值。

③ 设置参数。

多段速控制只能在外部操作模式（Pr.79=2）和组合操作模式（Pr.79=3、4）中有效。需要设置如下参数。

Pr.1=50Hz（上限频率）。

Pr.2=0Hz（下限频率）。

Pr.7=2s（加速时间）。

Pr.8=2s（减速时间）。

Pr.160=0（扩张参数）。

Pr.180=0（RL 低速信号）。

Pr.181=1（RM 中速信号）。

Pr.182=2（RH 高速信号）。

Pr.79=3（PU/组合模式 1）。

各段速度：Pr.4=16Hz，Pr.5=20Hz，Pr.6=25Hz，Pr.24=30Hz，Pr.25=35Hz，Pr.26=40Hz，Pr.27=45Hz。

④ 连接图 6-48 所示的电路。7 段速时，STR（REX）端子暂不接线。

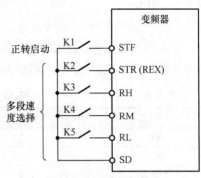

图 6-48 多段速运行接线

⑤ 在表 6-29 中，ON 表示开关闭合，OFF 表示开关断开。将开关 K1 一直闭合，按照表 6-29 操作各个开关。通过 PU 面板监示频率的变化，观察运转速度，并将结果填入表 6-29 中。

表 6-29 　　　　　　　　　　7 段速开关状态与运行速度的关系

K3(RH)	K4(RM)	K5(RL)	输出频率值(Hz)	参 数
ON	OFF	OFF		Pr.4
OFF	ON	OFF		Pr.5
OFF	OFF	ON		Pr.6
OFF	ON	ON		Pr.24
ON	OFF	ON		Pr.25
ON	ON	OFF		Pr.26
ON	ON	ON		Pr.27

（2）15 段速实训操作。

① 控制要求。某控制系统要求有 15 种运行速度：5Hz、8Hz、10Hz、12Hz、15Hz、20Hz、25Hz、28Hz、30Hz、35Hz、39Hz、42Hz、45Hz、48Hz、50Hz。

② 恢复出厂设定值。

③ 设置参数。

Pr.1=50Hz（上限频率）。

Pr.2=0Hz（下限频率）。

Pr.7=2s（加速时间）。

Pr.8=2s（减速时间）。

Pr.160=0（扩张参数）。

P179=8（将 STR 端子的功能变更为 REX 端子功能）。

Pr.180=0（RL 低速信号）。

Pr.181=1（RM 中速信号）。

Pr.182=2（RH 高速信号）。

Pr.79=3（PU/组合模式 1）。

分别设置 Pr.4～Pr.6 对应的速度为 5Hz、8Hz、10Hz；Pr.24～Pr.27 对应的速度为 12Hz、

15Hz、20Hz、25Hz；Pr.232～Pr.239 对应的速度为 28Hz、30Hz、35Hz、39Hz、42Hz、45Hz、48Hz、50Hz。

④ 连接图 6-48 所示的电路。15 段速时，STR（REX）端子必须接线。

⑤ 将开关 K1 一直闭合，按照表 6-30 操作各个开关。通过 PU 面板监示频率的变化，观察运转速度，并将结果填入表 6-30 中。

表 6-30　　　　　　　　　15 段速开关状态与运行速度的关系

K2(REX)	K3(RH)	K4(RM)	K5(RL)	输出频率值(Hz)	参　　数
OFF	ON	OFF	OFF		Pr.4
OFF	OFF	ON	OFF		Pr.5
OFF	OFF	OFF	ON		Pr.6
OFF	OFF	ON	ON		Pr.24
OFF	ON	OFF	ON		Pr.25
OFF	ON	ON	OFF		Pr.26
OFF	ON	ON	ON		Pr.27
ON	OFF	OFF	OFF		Pr.232
ON	OFF	OFF	ON		Pr.233
ON	OFF	ON	ON		Pr.234
ON	OFF	ON	ON		Pr.235
ON	ON	OFF	OFF		Pr.236
ON	ON	OFF	ON		Pr.237
ON	ON	ON	OFF		Pr.238
ON	ON	ON	ON		Pr.239

2．升降速端子在供水系统中的应用

（1）控制原理。本实训课题是变频器的升降速端子在供水中的具体应用，分为两种控制方法，一种是用接点压力表控制恒压供水；另一种是用水位接点变送器控制水位。这两种控制方法由于价格低廉，运行可靠，在工程上经常被采用。

（2）恒压供水控制。恒压供水控制系统如图 6-49 所示。水泵将水箱 1 中的水压入管道中，由节水阀门 1 控制出水口的流量。将节水阀门关小时，出水口流量减小，管道中的水压增加；将节水阀门开大时，出水口流量增加，管道中的水压减小。在管道上安装一个接点压力表，此压力表中安装有上限压力和下限压力触点。这两个压力触点可根据需要调整，既可以调整每个触点的压力范围，又可以调整这两个触点的压差大小。当上限和下限压力触点的位置确定之后，压力表的表针达到上限触点位置时，将上限触点与公共端接通；压力表的表针下降到下限触点位置时，将下限触点与公共端接通。变频器利用接点压力表发出的上、下限压力信号调整水泵输出转速（压力高变频器降速，压力低变频器升速），使管道中的水压达到恒定（在一定压力范围）。

（3）水位供水控制。水位控制系统如图 6-49 所示。水泵将水注入水箱 2，调节节水阀门 2，以模拟供水系统用水量的大小，在水箱中安装有上、下水位控制输出点，水位控制点连接到水位接点变送器。当水箱中的水位达到上限水位或低于下限水位时，分别发出水位信号，由水位接点变送器输出到变频器的升、降速端子，控制水泵的转速，将水箱的水位限制在上、下限之间。

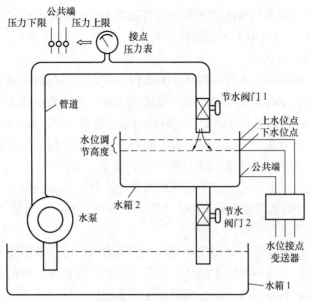

图 6-49 供水系统和水位系统结构

此供水系统在进行恒压供水实训时，将节水阀门 2 开到最大，控制节水阀门 1；进行水位控制供水时，将节水阀门 1 开到最大，控制节水阀门 2。

（4）控制电路与变频器的连接。连接电路如图 6-50 所示。将接点压力表和水位接点变频器的输出通过一只转换开关连接到变频器的升、降速端子。注意上限接降速端子，下限接升速端子，利用转换开关切换两种控制。

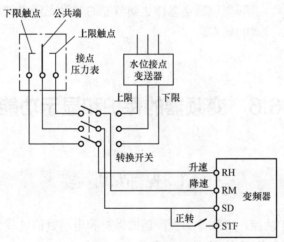

图 6-50 压力、水位信号切换电路

（5）参数设置如下。

Pr.1=50Hz（上限频率）。

Pr.2=20Hz（下限频率）。

Pr.7=5s（加速时间）。

Pr.8=5s（加速时间）。

Pr.160=0（扩展参数）。

Pr.59=1 或 2（将变频器的 RH 端子预置为升速端子，RM 端子预置为降速端子）。

Pr.178=60（将 STF 预置为正转启动端子）。

Pr.79=2（外部运行模式）。

（6）实训操作。将转换开关置到接点压力表控制端，先进行恒压供水控制实训。将 STF 端子闭合，再将接点压力表的上限触点接至降速端 RM，当压力由于用水流量较小而升高，并超过上限值时，上限触点使 RM 导通，变频器的输出频率下降，水泵的转速和流量也下降，从而使压力下降。当压力低于上限值时，RM 断开，变频器的输出频率停止下降；这时将节水阀 1 开大，当压力由于用水流量较大而降低，并低于下限值时，压力表的下限触点使 RH 导通，变频器的输出频率上升，水泵的转速和流量也上升，从而使压力升高，当压力高于下限值时，RH 断开，变频器的输出频率停止上升。在操作过程中，可适当将节水阀门 1 开大或开小，观察变频器的运行情况。

将转换开关置到水位接点变送器控制端，控制节水阀门 2，观察变频器的运行情况；当把节水阀门 2 关至最小，水箱中的水位达到上限水位时，观察变频器的运行情况；然后将节水阀门 2 开最大，再观察变频器的运行情况。由以上操作过程可以看出，变频器供水具有节能功能并避免了电动机的频烦启动。

四、实训报告

（1）若多个速度的大小不按表 6-29 和表 6-30 的顺序排列，多段速控制能否执行？

（2）在面板（PU）模式下预置给定频率为 40Hz，此时再进行多段速控制该如何操作，40Hz 频率是否起作用？

（3）通过实训观察，了解变频器是怎样达到节能的？将变频器供水与电动机恒转速供水进行比较，总结变频器供水的优点。

（4）写出实训报告。

| 6.6 变频器的保护和显示功能 |

6.6.1 保 护 功 能

变频器有各种保护功能，大致分为变频器的保护和电动机的过载保护。

1. 对变频器自身的保护功能

变频器对过流、过压、过功率、断电、其他故障等均可进行自动保护，并发出报警信号，甚至自动跳闸断电。变频器在出现过载及故障时，一方面由显示屏发出文字报警信号，另一方面由接点开关输出报警信号；当故障排除后，要由专用的复位控制指令复位，变频器方可重新工作。

（1）过电流保护功能。过电流是指变频器的输出电流的峰值超过了变频器的容许值。由于逆变器的过载能力很差，大多数变频器的过载能力只有 150%，允许迟延时间为 1min。因此变频器的过流保护尤为重要。

过电流的原因大致可分为两种，一种是在加减速过程中，由于加减速时间设置过短而产生的过电流；另一种是在恒速运行时，由于负载或变频器的工作异常而引起的过电流，如电动机遇到冲击负载、变频器输出短路等。

在大多数的拖动系统中，由于负载变动，短时间的过电流是不可避免的。为了避免频繁跳闸给生产带来不便，一般变频器都设置了失速防止功能（即防止跳闸功能），只有在该功能不能消除过电流或过电流峰值过大时，变频器才会跳闸，停止输出。

（2）过电压保护。变频器的过电压通常是指直流回路的电压过高。当直流电压过高时，主电路内的逆变器件、整流器件及滤波电容等都可能受到损害，故一般情况下，都应该进行跳闸保护。产生过电压的原因大致可分为两类，一类是在减速制动的过程中，由于电动机处于再生制动状态，若减速时间设置得太短，因再生能量来不及释放，引起变频器中间电路的直流电路电压升高而产生过电压；另一类是由于电源系统的浪涌电压引起的过电压。

对于在减速过程中出现的过电压，可以采用减缓减速的方法防止变频器跳闸，如将减速时间 Pr.8 设定得长一些。也可以采用 Pr.22 实现减速过程中或电动、再生制动时的失速防止（过电压）保护。

2．电动机的过载保护

过载保护功能主要是保护电动机的。电动机的过载是指电动机轴上的机械负载过重，使电动机的运行电流超过了额定值。常规的电动机控制电路中是用具有反时限特性的热继电器来进行过载保护的。在变频器内，由于能够方便而准确地检测电流，并可通过精密的计算来实现反时限的保护特性，大大提高了保护的可靠性和准确性。由于它能实现和热继电器类似的保护功能，故称为电子热保护器或电子热继电器。

总之，与普通热继电器相比，电子热保护功能在保护电动机过载方面，具有既准确，又灵活的优点。所以在"1控1"（一台变频器控制一台电动机）的情况下，变频调速系统中是不必接入普通热继电器的。

三菱变频器的电子热继电器参数是 Pr.9，通过设定电子过电流保护的电流值可防止电动机过载。一般将动作电流设定为电动机的额定电流。

6.6.2 瞬时停电再启动功能

瞬时停电是指电源电压由于某种原因突然下降为 0V，但很快又恢复，停电的时间很短。当出现瞬时停电时，直流中间电路的电压也将下降，并可能出现欠电压的现象。为了使系统在出现这种情况时，仍能继续工作而不停车，现代的变频器大部分都提供了瞬时停电再启动功能。

瞬时停电再启动功能是指在电源瞬间停电又很快恢复供电（在 2s 以内）的情况下，使变频器仍然能够自动重新启动，从而避免进行复位、再启动等烦琐操作，保证整个系统连续运行。可根据具体使用情况选择"瞬时停电后不启动"或"瞬时停电后再启动"。

（1）瞬时停电后不启动。瞬时停电后继续停止输出，并发出报警信号。只有电源正常输入，复位信号才会重新启动。

（2）瞬时停电后再启动。瞬间停电又很快恢复供电后，变频器自动重启。自动启动时的输出频率可根据不同的负载进行预置，大惯性负载，以原速重新启动；小惯性负载，以较低频率重新启动。

6.6.3 显示功能

变频器在运行过程中，可以自行测量各种运行数据。变频器的外接测量输出端子通常有2个，用于测量频率和电流。但除此以外，还可以通过功能预置测量其他运行数据，如电压、转矩、负荷率、功率以及 PID 控制时的目标值和反馈值等，并在显示屏上显示其测量结果。

LED 显示屏每次只能显示一种数据，LCD 显示屏则一次可以显示若干个数据。显示内容可以比较方便地切换，以便用户了解运行情况。

不同变频器能够显示的内容不尽相同，显示内容的切换方法也很不相同。

1. 发光二极管

各种变频器配置的发光二极管显示功能差异很大，但归纳起来，其主要的显示功能不外乎以下两类。

（1）状态显示。显示变频器当前的工作状态，如 RUN（运行指示）、EXT（外部运行模式）、PU（面板运行模式）等。

（2）单位显示。说明显示屏上数据单位的显示，如 Hz、A、V 等。

2. 数据显示屏

（1）运行数据显示。当变频器处于运行状态时，显示各种运行数据，如频率、电流、电压等。变频器可以通过设定"监示显示"参数来实现用户不同的显示要求。

（2）功能代码显示。当变频器处于编程状态时，显示屏将显示功能码或数据码。

（3）故障原因显示。当变频器出现故障而跳闸时，显示屏将显示故障代码。

3. 外接仪表显示

在外接的测量信号端接上测量仪表，即可显示工作频率与电流或电压等。

本 章 小 结

（1）变频器常见的运行模式有 4 种：面板运行模式、外部运行模式、面板（PU）/外部组合模式、计算机通信模式。三菱变频器由参数 Pr.79 对运行模式进行选择。

（2）变频器的频率给定方式及频率给定线。

① 变频器的频率给定方式有 4 种：面板给定、外部数字量给定、外部模拟量给定和通信给定。数字量给定时频率精度较高，模拟量给定分为电压给定和电流给定，由于电流信号在传输过程中不受线路电压降、接触电阻等的影响，抗干扰能力强，所以优先选择电流给定。

外部给定通常都是模拟量给定，变频器的输出频率与外部给定信号之间的对应关系称为频率给定线。

② 频率给定线的起点坐标主要由偏置频率决定，终点坐标主要由频率增益来决定。

最大频率 f_{max} 是基本频率给定线上与最大给定信号对应的频率；最大给定频率是用户预置的频率给定线上与最大给定信号对应的频率；上限频率是用户规定的频率上限，它并不和某个确定的给定信号相对应。

（3）频率的限制功能。生产机械根据工艺过程的实际需要，常常要求对转速范围进行限制，与最高转速与最低转速相对应的频率分别称为上限频率 f_H 和下限频率 f_L。上限频率 f_H 只能小于最高频率 f_{max}。对于一个变频器控制系统，必须设置上限频率 f_H 和下限频率 f_L。变频器的运行频率必须在上、下限频率之间。

设置频率跳变的目的就是使拖动系统"回避"掉可能引起谐振的转速。三菱变频器最多可设定 3 个区域，跳跃频率可以由 Pr.31～Pr.36 参数设定为各区域的上点或下点。

（4）变频器的加减速功能。

在变频器的加减速过程中，容易出现加速时过电流和减速时直流电压过高的现象。因此设定加减速时间的基本原则是，在变频器允许的前提下，尽可能地缩短加减速时间。影响加减速过程的最主要因素是拖动系统的惯性。系统的惯性大，难以加速或减速，则加速时间和减速时间应长一些。

变频器根据各类生产机械对加减速过程的不同要求，为用户提供了多种加减速方式，供用户自行设定。加减速方式有线性方式、S 形方式、半 S 形方式 3 种。

直流制动就是向电动机定子绕组内通入直流电流，使电动机处于能耗制动状态。采用直流制动可以实现快速停机，并消除爬行现象。

（5）变频器的外接端子及控制功能。

通过变频器的输入端子可以控制变频器的启动、停止、正转、反转、点动、复位等。由于变频器输入端子和输出端子的数量有限，所以变频器的端子可以通过参数设定定义为不同功能的端子，称为多功能端子。

三菱变频器在基本功能下的多段速设定参数为 Pr.4（高速）、Pr.5（中速）、Pr.6（低速），在标准运行功能下的多段速参数 Pr.24～Pr.27（速度 4～速度 7）。Pr.232～Pr.239 同样为多段速设定参数，提供 8～15 段速度设定。操作方法上，用参数预先设定多种运行速度，用输入端子 RH、RM、RL、REX 进行转换选择。

变频器的外接开关量输入端子中，通过功能预置，可以使其中 2 个输入端具有升速和降速功能，称之为"升降速（UP/DOWN）控制端"。通过 Pr.59 的设定可以使变频器的 RH、RM 端子实现频率的升、降速控制。

（6）变频器的保护和显示功能。

变频器具有过电流、过电压、电子热保护、瞬时停电再启动等保护功能。通过设置相关参数，可以对变频器或电动机起到保护作用。

变频器在运行过程中，通过显示屏可以显示频率、电流、电压、功率等运行数据，这些数据可以根据用户的需要，通过设置相关参数实现不同的显示功能。

检 测 题

1. 填空题

（1）变频器的主电路中，R、S、T 端子接_____，U、V、W 端子接_____。

（2）三菱变频器输入控制端子中，STF 代表_____，STR 代表_____，JOG 代表_____，STOP 代表_____。

（3）三菱变频器的运行操作模式有_____、_____、_____、_____ 4 种。

（4）频率控制功能是变频器的基本控制功能。常用频率给定方式有以下几种：_____、_____、

_____和_____。

（5）三菱系列变频器设置加速时间的参数是_____；设置上限频率的参数是_____；设置运行模式选择的参数是_____。

（6）三菱 FR-D740 变频器的多功能输入控制端子有_____个；多功能输出控制端子有_____个。

（7）为了避免机械系统发生谐振，变频器采用设置_____的方法。

（8）变频器的外接输入开关与开关量输入端子的接口方式有_____、_____、_____3 种。

（9）变频器的加减速曲线有 3 种：_____、_____、_____。

（10）变频器都有段速控制功能，三菱变频器可以设置_____段不同运行频率。

（11）若需要将变频器的所有参数都显示出来，需要将_____设置为_____。

（12）若需要对参数进行清零，需要将_____设置为_____。

（13）若需要在变频器运行过程中显示电流值，需要按_____键。

（14）变频器输入控制回路的信号分为_____逻辑和_____逻辑。

（15）FR-D740 变频器的操作面板上，RUN 指示灯点亮表示_____，PU 指示灯点亮表示_____，EXT 指示灯点亮表示_____。

（16）当变频器的故障排除后，必须先_____，变频器才可重新运行。

2. 简答题

（1）为什么要设置偏置频率和频率增益？频率给定线如何调整？

（2）变频器为什么要设置上限频率和下限频率？

（3）变频器为什么具有加速时间和减速时间设置功能？如果变频器的加、减速时间设为 0，启动时会出现什么问题？加、减速时间根据什么来设置？

（4）什么叫作跳变频率？为什么设置跳变频率？

（5）说明最大频率、最大给定频率与上限频率的区别。

（6）简述变频器给定频率、上下限频率、跳变频率的设置方法。

（7）变频器的外接控制端子中除了独立功能端子之外，还有多功能控制端子。多功能控制端子有什么优点？如何设置参数改变其功能？

（8）变频器停止时大惯性负载刹不住车怎么办？变频调速时，由于频率降低使电动机处于回馈制动状态，试说明其制动原理。回馈制动对变频器有何影响？常见的处理回馈制动再生能量的方法有哪些？

（9）什么是直流制动？在变频器中起什么作用？

（10）变频器可以由外接电位器用模拟电压信号控制输出频率，也可以由升（UP）、降（DOWN）速端子来控制输出频率。哪种控制方法容易引入干扰信号？

（11）过电流的原因是什么？应怎样设置参数避免过电流？

（12）变频器为什么要有瞬时停电再启动功能？

3. 分析题

（1）试分析在下列参数设置的情况下，变频器的实际运行频率。

① Pr.1 = 60Hz，Pr.2 = 0Hz，在面板（PU）运行模式下，通过面板设定给定频率为 70Hz。

② Pr.31 = 20Hz，Pr.32 = 30Hz，在外部运行模式下，通过电位器给定频率为 25Hz。

（2）有一台鼓风机，每当运行在 20Hz 时，振动特别严重，怎么解决？

（3）某变频器频率给定采用外部模拟给定，信号为 4～20mA 的电流信号，对应输出频率为 0～60Hz，已知系统最大频率 f_{max} = 50Hz，受生产工艺的限值，已设置上限频率 f_H=40Hz，试解决下列问题。

① 根据已知条件作出频率给定线。

② 写出预置该频率给定线的操作步骤。

③ 若给定信号为 10，系统输出频率为多少？若给定信号为 18 呢？

④ 若传动机构固有的机械谐振频率 25Hz 落在频率给定线上，该如何处理？

（4）变频器的运行频率为 30Hz，上限频率为 49Hz，下限频率为 20Hz，升速时间和降速时间均为 10s，请采用面板运行模式，写出变频器功能预置的步骤。

（5）某变频器采用外端子控制一台电动机的正、反转运行，电动机的额定电流是 10A，上限频率为 60Hz，下限频率为 20Hz，升速时间和降速时间均为 5s，由电位器 RP 设定变频器的运行频率。试选择变频器的运行操作模式，画出变频器的接线图，设定相关参数，并写出变频器参数设置的步骤。

（6）变频器多段速运行，每个频率段由端子控制。已知各段速频率分别为 5Hz、20Hz、10Hz、30Hz、40Hz、50Hz、60Hz，加速时间和减速时间均为 2s，请选择变频器运行模式并设置相关功能参数，写出变频器参数清零的步骤，画出变频器的接线图。

（7）某用户要求在控制室和工作现场都能够进行升速和降速控制，有人设计了如图 6-51 所示的给定电路，试问该电路在工作时可能出现什么现象？与图 6-47 相比，哪种两地控制电路更实用？

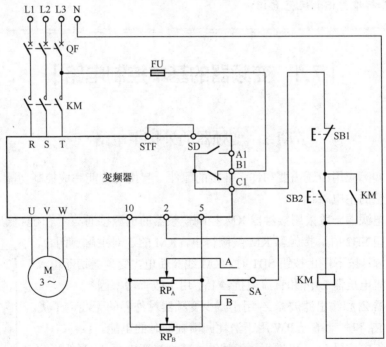

图 6-51　电位器实现的两地控制电路

第七章
变频器常用控制电路

学习目标

- 熟练掌握变频器外接主电路和启、停控制电路的接线方法及工作原理。
- 熟悉 PLC 与变频器的接口电路。
- 掌握变频器的工频切换功能和 PID 控制功能。
- 能完成 PLC 与变频器综合应用的基本接线、参数设置和程序编制。
- 掌握不同类型负载选择变频器的方法。
- 培养标准意识和规范意识。

| 7.1 变频器的基本控制电路 |

7.1.1 变频器的外接主电路

　　变频器在实际应用中还需要和许多外接的配件一起使用才能完成控制功能。图 7-1 所示是一个比较完整的主电路。

　　变频器的电源端一般采用接触器 KM 控制变频器的电源接通与否。闭合低压断路器 QF，当按下启动按钮 SB2 时，接触器 KM 线圈得电，KM 的 3 对主触点闭合，变频器接通电源；按下停止按钮 SB1 时，KM 线圈断电，变频器切断电源。

　　电源侧交流电抗器 L_{AC1} 和直流电抗器 L_{DC} 用于改善功率因数。

　　输入滤波器 Z_1 和输出滤波器 Z_2 用于减少变频器对外界的无线电干扰。

　　制动电阻 R_B 和制动单元 PW 用于消耗回馈制动时的电能。

学海领航

抑制高次谐波，
实现绿色发展

　　输出侧交流电抗器 L_{AC2} 可进行平滑滤波，减少瞬变电压 dv/dt 的影响，降低电动机的噪声，延长电动机的绝缘寿命。

 注　意

　　变频器的输出侧不允许接电容器或浪涌吸收器，以免造成开关管过流损坏或变频器不能正常工作。

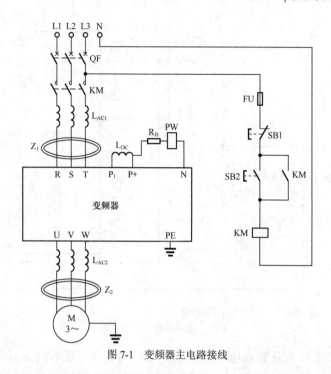

图 7-1 变频器主电路接线

由于变频器有比较完善的过电流和过载保护功能，且低压断路器也具有过电流保护功能，故进线侧可不必接熔断器。又因为变频器内部具有电子热保护功能，故在只接一台电动机的情况下，可不必接热继电器。

7.1.2　变频器的启/停控制电路

变频器常用启/停控制电路如图 7-2 所示。

如图 7-2 所示，接触器 KM 控制变频器接通或断开电源，中间继电器 KA 控制变频器启动或停止。其工作原理如下。

合上 QF→按 SB1→KM 线圈得电→
- KM 主触点闭合→接通变频器电源 ┐
- KM 辅助触点闭合→KM 自锁 ├ 接通控制电路电源
- KM 辅助触点闭合→为 KA 得电做准备 ┘

按 SB3→KA 线圈得电→KA 的 3 个动合触点闭合→

- KA 继电器自锁，以保持变频器的连续正转 ┐
- 接通 STF 端子，变频器正转运行 ├
- 锁定 SB2，在正转过程中 SB2 操作无效，保证变频器只有在停止运行后才能断电 ┘

按 SB4→KA 线圈断电→KA 的 3 个动合触点断开→

- STF 端子 OFF，变频器停止正转运行 ┐ →按 SB2→KM 线圈断电→
- 解除对 SB2 的锁定，SB2 操作可生效 ┘

- KM 辅助触点断开→解除 KM 接触器的自锁 ┐ →断开 QF→切断控制电路电源
- KM 主触点断开→切断变频器电源 ┘

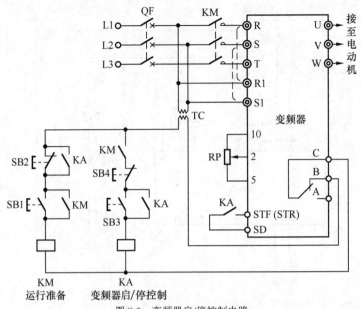

图 7-2　变频器启/停控制电路

通过接触器 KM 的常开触点也可以控制变频器的 STF（或 STR）端子接通，从而控制变频器运行或停止，但是电源接通时所流过的瞬间电流会缩短变频器的使用寿命（开关寿命为 100 万次左右），因此要尽量减少频繁地启动和停止。如图 7-2 所示，通过中间继电器的常开触点 KA 控制端子（STF，STR）来使变频器运行或停止，此时应设定 Pr.79＝2（外部运行模式）。

在 KA 线圈电路中串联 KM 的动合触点，是保证 KM 未闭合前，继电器 KA 线圈不得电，从而防止先导通 KA 的误动作。而当 KA 导通时，其动合触点闭合使停止按钮 SB2 失去作用，从而保证了只有在电动机先停机的情况下，才能使变频器切断电源。在图 7-2 所示的控制电路中，串入了报警输出端子 B、C 的动断触点，其作用是当变频器发生故障而报警时，B、C 触点断开，使 KM 和 KA 线圈断电，将变频器的电源切断。

1．将控制回路的电源端子 R1、S1 接到变频器主触点之前

在变频器的保护回路动作后，需要保持异常信号的输出时，请将控制回路的电源端子 R1、S1 连接到 KM 的前面。

2．改变电动机的旋转方向

如果电动机的旋转方向反了，可以不必更换电动机的接线，而通过以下方法来更正。

（1）继电器的动合触点 KA 由正转端子 STF 接到反转端子 STR 上。

（2）接至 STF 端子上的接线不变，而通过功能预置来改变旋转方向。例如，三菱 FR-D700 变频器就可以通过将 Pr.40 的设定值变为 1 来实现。

3．变频器电源侧接接触器的原因

当变频器通过外接信号进行控制时，一般不推荐由接触器 KM 来直接控制电动机的启动和停止，原因如下。

（1）变频器的保护功能动作时可以通过接触器迅速切断电源。

（2）变频器在刚接通电源的瞬间，充电电流是很大的，会造成对电网的干扰。因此应将变频器接通电源的次数减少到最小。

（3）通过接触器 KM 切断电源时，变频器已经不工作了，变频器立即停止输出，电动机将处于自由制动状态，不能按预置的减速时间来停机。因此不允许运行中的变频器突然断电。

| 7.2　变频器的工频切换电路 |

部分生产机械在运行过程中是不允许停机的，如中央空调的冷却水泵、锅炉的鼓风机和引风机等。针对这些机械的要求，在变频运行过程中，一旦变频器因故障而跳闸时，必须能够自动切换为工频运行，同时进行声光报警。变频器和工频电源的切换有两种：变频器内置工频运行功能和继电器控制的工频切换电路。

7.2.1　变频器内置工频运行切换功能

近年来，有些变频器内部设置了变频运行和工频运行的切换功能，只用简单的接线和设定相关参数即可实现。三菱 FR-A740 变频器具有内置工频运行-变频器运行切换的控制功能。

1. 切换电路图及输入输出端子设定

变频器已内置复杂的工频运行—变频器运行切换的控制功能，因此只需要输入启动、停止或自动切换选择信号，进行切换时很容易实现电磁接触器的互锁动作。工频运行切换的电路图如图 7-3 所示。

电路图说明如下。

（1）控制电源输入端。R1、S1 端子必须按图 7-3 进行连接。因为在变频器因故障脱离电源后，要求切换过程和报警信号继续工作，故 R1、S1 应接在接触器 KM1 的主触点之前。

（2）控制信号输入输出端子设定及功能。如图 7-3 所示，*1 所标的 3 个输出端子必须由 Pr.192～Pr.194（输出端子功能选择）设定其功能。

*2 输出端子 IPF、OL、FU 属于集电极输出，它们驱动接触器 KM1、KM2 和 KM3 的线圈时必须采用直流电源驱动，并且需要在每个线圈上并联反向保护二极管。若采用交流电源驱动接触器线圈，就必须选用继电器输出选件 FR-A7AR。

*3 所标的输入端子 JOG 必须由 Pr185 设定其功能。设定值如下。

Pr.185=7（将 JOG 端子变更为 OH 端子，用于接受外部热继电器的控制信号）。

Pr.186=6（将 CS 端子用于瞬时停电自动再启动控制）。

Pr.192=17（将 IPF 端子改变为工频切换时控制 KM1 线圈得电）。

Pr.193=18（将 OL 端子改变为工频切换时控制 KM2 线圈得电）。

Pr.194=19（将 FU 端子改变为工频切换时控制 KM3 线圈得电）。

如图 7-3 所示，MRS——切换控制的允许信号。该信号为 ON 时，允许切换；为 OFF 时，不能切换。

CS——切换控制的执行信号。该信号为 ON 时，由工频运行切换为变频运行；为 OFF 时，由变频运行切换为工频运行。

STF——变频器正转运行指令输入端。该信号为 ON 时，运行；为 OFF 时，减速停止。

JOG——接受外部故障信号的 OH 输入端子。

RES——复位信号输入端。

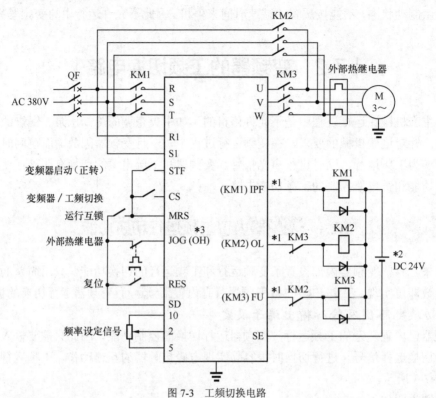

图 7-3　工频切换电路

（3）电磁接触器（KM1、KM2、KM3）的作用。具体作用如表 7-1 所示。由于在变频器的输出端是不允许与电源相连接的，因此接触器 KM2 和 KM3 除了采用 Pr.136 设定切换时间外，还必须在图 7-3 所示电路采用机械互锁。

表 7-1　　　　　　　　　　　　　　　　电磁接触器的作用

电磁接触器	安 装 位 置	动作（ON，闭合；OFF，断开）		
		工频运行时	变频运行时	变频器异常时
KM1	电源与变频器之间	ON	ON	OFF
KM2	电源与电动机之间	ON	OFF	OFF
KM3	变频器输出与电动机之间	OFF	ON	OFF

2．参数预置

使用前，必须对以下参数进行预置。

（1）运行模式预置。由于变频器的切换功能只能在外部运行操作模式或组合运行操作模式下有效，因此必须首先对运行模式进行预置：Pr.79 = 2 或 Pr.79 = 3。

（2）切换功能预置。

Pr.135 = 1，使切换功能有效。

Pr.136 = 2，使切换 KM2、KM3 互锁时间为 2s。

Pr.137 = 1，使启动等待时间为 1.0s。

Pr.138 = 1，使报警时切换功能有效。

Pr.139 = 9 999，使到达某一频率的自动切换功能失效。

（3）调整部分输入端的功能。

Pr.185 = 7。

Pr.186 = 6。

（4）调整部分输出端的功能。

Pr.192 = 17。

Pr.193 = 18。

Pr.194 = 19。

3．各输入信号对输出的影响

当使用切换功能（Pr.135 = 1）时，各输入点的信号对输出的影响如表 7-2 所示。

表 7-2　　　　　　　　　　　　　　　　　　　　输入信号的功能

信　号	使用端子	功　能	开—关状态
MRS	MRS	切换是否有效	ON：允许工频-变频运行
			OFF：不允许工频-变频运行
CS	CS	变频运行与工频运行切换	ON：变频运行
			OFF：工频运行
STF（STR）	STF（STR）	变频运行指令（工频无效）	ON：正转（反转）
			OFF：停止
OH	将 Pr.180～Pr.189 中的某一个设定为 7	外部热继电器输入	ON：电动机正常
			OFF：电动机过载
RES	RES	运行状态初始化	ON：初始化
			OFF：通常运行

4．变频器的工作过程

变频器的工作过程如图 7-4 所示。

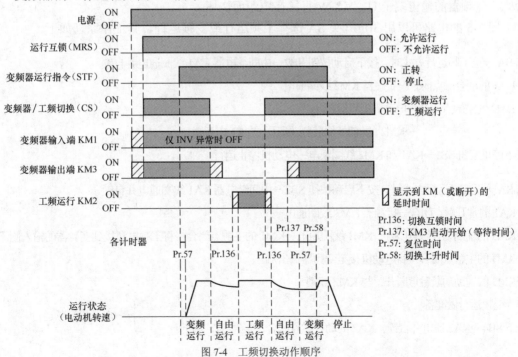

图 7-4　工频切换动作顺序

（1）首先接通 MRS 端子，允许进行切换。由于 Pr.135=1，切换功能有效。再接通 CS 端子，这时，KM1 和 KM3 闭合，变频器接通电源和电动机，为变频运行做准备。

（2）接通 STF 端子，变频器即开始启动，进入变频运行状态。其转速由 10、2、5 端子上的电位器调节。

（3）当变频器发生故障时，CS 端子断开，允许进行变频与工频之间的切换。此时 KM3 断开，KM2 闭合，系统将按 Pr.136 和 Pr.137 预置的时间自动由变频运行切换为工频运行。2s 后开始工频运行。

（4）当 CS 端子再闭合时，系统又自动切换为变频运行。

7.2.2　继电器控制的工频切换电路

1．控制要求

有些变频器内部不具备工频与变频的自动切换功能，欲实现该功能，可以利用继电器来实现。

（1）用户可根据工作需要选择工频运行或变频运行。

（2）在变频运行时，一旦变频器因故障而跳闸，可自动切换为工频运行方式，同时进行声光报警。

2．继电器控制电路

如图 7-5 所示，接触器 KM1 用于将电源接至变频器的输入端，KM3 用于将变频器的输出端接至电动机，KM2 用于将工频电源直接接至电动机，热继电器 FR 用于工频运行时的过载保护。

如图 7-5 所示，接触器 KM2 和 KM3 绝对不允许同时接通，互相间必须有可靠的互锁。否则，变频器的输出端子 U、V、W 直接接电源而烧坏。

图 7-5 的电路可以用 3 位开关 SA 选择工频运行或变频运行。其工作原理如下。

当 SA 合至工频运行方式时，按下启动按钮 SB2→中间继电器 KA1 线圈通电并自锁
→KA1 的动合触点闭合→接触器 KM2 线圈通电
→KM2 的主触点闭合→电动机工频运行
　　　　　　　　　└→KM2 的辅助动断触点断开，与 KM3 互锁
按下停止按钮 SB1→KA1 和 KM2 线圈断电→电动机停止运行

当 SA 合至变频运行方式时，按下启动按钮 SB2→中间继电器 KA1 线圈通电并自锁
→KA1 的常开触点闭合→接触器 KM3 线圈通电→
├→KM3 的辅助动合触点闭合→KM1 线圈通电→KM1 的主触点闭合→将工频电源接到变频器的输入侧
├→KM3 的主触点闭合→将电动机接至变频器输出端
└→KM3 的辅助动断触点断开，与 KM2 互锁
→为变频运行做准备
按下 SB4→KA2 通电并自锁，KA2 的动合触点闭合，接通 STF 端子　　　　}→电动机变频运行

按下变频器停止按钮 SB3→KA2 线圈断电→电动机停止运行。总停止按钮 SB1 两端并联 KA2 的动合触点，以防止直接通过切断变频器电源使电动机停机。

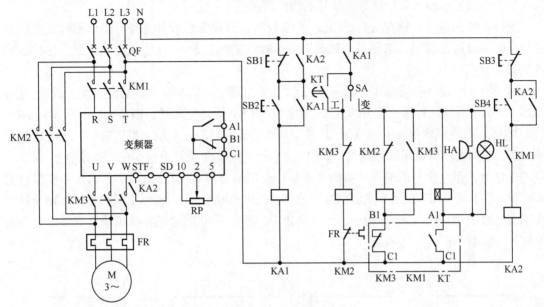

图 7-5　继电器控制的工频切换电路

当变频器正在变频运行时，KA1、KM1、KM3 线圈都得电。若此时变频器因故障而跳闸，则 B1、C1 间断开，接触器 KM1 和 KM3 均断电，变频器和电源之间，以及电动机和变频器之间，都被切断；与此同时，A1、C1 间接通，由蜂鸣器 HA 和指示灯 HL 进行声光报警。同时，时间继电器 KT 延时后闭合，使 KM2 线圈通电，电动机进入工频运行状态。

操作人员发现后，应将选择开关 SA 旋至工频运行位，声光报警解除，并使时间继电器断电。

7.3　PLC 控制的变频器电路

在工业自动化控制系统中，最为常见的是变频器和 PLC 的组合应用，并且产生了多种多样的 PLC 控制变频器的方法，构成了不同类型的变频 PLC 控制系统。

可编程控制器（PLC）是一种数字运算与操作的控制装置。它作为传统继电器的替代品，广泛应用于工业控制的各个领域。由于 PLC 可以用软件来改变控制过程，并具有体积小、组装灵活、编程简单、抗干扰能力强及可靠性高等特点，因此特别适合在恶劣环境下运行。由此可见，变频 PLC 控制系统在变频器相关的控制中属于最通用的一种控制系统。

7.3.1　PLC 控制的变频器启/停电路

1．PLC 与变频器接口电路

一个变频 PLC 控制系统通常由 3 部分组成，即变频器本体、PLC、变频器与 PLC 的接口电路。

变频 PLC 控制系统硬件结构中最重要的就是接口电路。根据不同的信号连接，其接口分为开关指令信号的输入和模拟数值信号的输入两部分。

变频器输入信号包括对运行/停止、正转/反转、点动等运行状态进行操作的开关型指令信号。变频器通常利用继电器触点或具有开关特性的晶体管与 PLC 相连，得到运行状态或者获取运行指令。

对于继电器输出型或晶体管输出型 PLC,其输出端子可以和变频器的输入端子直接相连，如图 7-6 所示。晶体管输出型分为 NPN 输出型和 PNP 输出型两种，图 7-6（b）所示是 NPN 输出型 PLC 与变频器连接的示意图，此时变频器的输入端应该选用漏型逻辑；若 PLC 是 PNP 输出型，变频器应该选用源型逻辑，如图 7-6（c）所示。变频器中也存在一些数值型（频率、电压、电流）指令信号的输入（如给定频率、反馈信号等），可分为数字量输入和模拟量输入两种。数字量输入多采用变频器面板上的键盘操作和串行接口来给定；模拟量输入则通过接线端子（如 2、5 端子，4、5 端子）由外部给定，通常采用 PLC 的特殊模块给变频器提供输入信号，如图 7-6（d）所示。

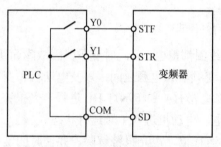

（a）继电器输出型 PLC 与变频器的连接

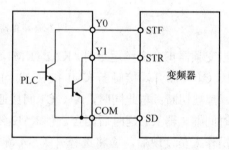

（b）NPN 输出型 PLC 与变频器的连接

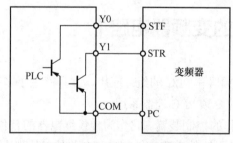

（c）PNP 输出型 PLC 与变频器的连接

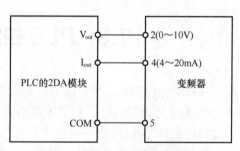

（d）PLC 的 2DA 模块与变频器的连接

图 7-6　PLC 与变频器的连接

2．设计思路

采用 PLC 控制变频器启、停运行时，首先根据控制要求，确定 PLC 的输入、输出，并给这些输入、输出分配地址。这里的 PLC 采用三菱 FX2N-32MR 继电器输出型 PLC，变频器采用三菱 FR-A740 变频器，其启/停控制的 I/O 分配如表 7-3 所示。

表 7-3　　　　　　　　　　　　　　变频器启/停控制的 I/O 分配

输　入			输　出		
输入继电器	输入元件	作　用	输出继电器	输出元件	作　用
X0	SB1	接通电源按钮	Y10	KM	接通 KM
X1	SB2	切断电源按钮	Y1	STF、SD	变频器启动
X2	SB3	变频器启动	Y4	HL1	电源指示
X3	SB4	变频器停止	Y5	HL2	运行指示
X4	A1、C1	报警信号	Y6	HL3	报警指示

根据 I/O 分配表，画出变频器启/停控制电路如图 7-7 所示。变频器的速度由外接电位器 RP 调节，由于 PLC 是继电器输出型，所以变频器的启动信号由 PLC 的 Y1 直接连接到正转启动端子 STF 上，然后将 PLC 输出的公共端子 COM1 和变频器的公共端子 SD 相连。变频器的故障报警信号从 A、C（动合触点）间直接连接到 PLC 的输入端子 X4 上，然后将 PLC 输入的公共端子 COM 和变频器的 C 端相连。一旦变频器发生故障，PLC 的报警指示灯 Y6 亮，并使系统停止工作，按钮 SB 用于在处理完故障后使变频器复位。为了节约 PLC 的输入输出点数，该信号不接入 PLC 输入端子。由于接触器线圈需要 AC220V 电源驱动，而指示灯需要 DC24V 电源驱动，它们采用的电压等级不同，因此将 PLC 的输出分为三组，一组是 Y0～Y3，其公共端是 COM1；另一组是 Y4～Y7，其公共端是 COM2；还有一组是 Y10～Y13。注意，由于三组使用的电压不同，所以不能将 COM1、COM2 和 COM3 连接在一起。

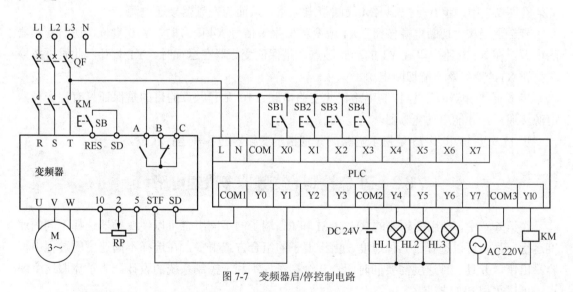

图 7-7　变频器启/停控制电路

3．参数设置

由于变频器采用外部操作模式，所以设定 Pr.79 = 2，Pr.1 = 50Hz，Pr.2 = 0Hz，Pr.3 = 50Hz，Pr.7 = 5s，Pr.8 = 5s，Pr.9 = 10A。

4．程序设计

变频器启/停控制的程序如图 7-8 所示。

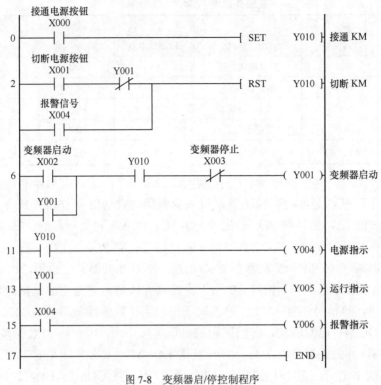

图 7-8 变频器启/停控制程序

在图 7-8 中，步 0 是控制 KM 线圈得电电路，从而为变频器接通电源。

步 2 是当按"切断电源按钮" X1 或变频器报警信号 X4 闭合时，Y10 复位，切断变频器的电源。在 X1 支路中串联 Y1 的动断触点，是保证变频器在运行时，Y1 断开，此时再按停止按钮 X1，变频器不能切断电源。

步 6 是变频器的启/停控制电路，此支路串联 Y10 常开触点的目的是保证只有在变频器电源接通后，才能启动变频器。

步 11、步 13 和步 15 是指示电路，分别指示变频器的各种运行状态。

7.3.2 PLC 控制的变频器多段速电路

在第 6 章中，利用变频器的 RH、RM 和 RL 端子的不同组合可以使变频器选择不同的速度运行，最多可以选择 15 种速度。由于端子的组合方式很多，在选择不同速度的过程中很容易出错，并且一种速度需要同时闭合几个端子，不利于控制系统的设计。为了克服这个缺点，可以采用 PLC 控制。

1. 设计思想

如图 7-9 所示，用按钮 X0（SB）控制变频器的电源接通或断开（即 KM 吸合或断开），用 X10（SB1）控制变频器的启动和停止（即 STF 端子闭合与否），这里每组的启动和停止都只用一个按钮，利用 PLC 中 ALT（交替）指令实现单按钮启、停控制。SA1～SA7 是速度选择开关，此种开关保证这 7 个输入中不可能 2 个同时为 ON。将变频器的报警输出端子 A1 接到 PLC 的 X11 输入端子上，复位按钮 SB2 接变频器的 RES 端子，用来给变频器复位。PLC

的输出 Y0 接变频器的正转端子 STF，控制变频器的启动和停止。PLC 的输出 Y1、Y2、Y3 分别接转速选择端子 RH、RM、RL，通过 PLC 的程序实现 3 个端子的不同组合，从而使变频器选择不同的速度运行。PLC 的输出 Y4 接接触器 KM 线圈，用来给变频器通电，Y5、Y6 分别用于变频器的声光报警控制。

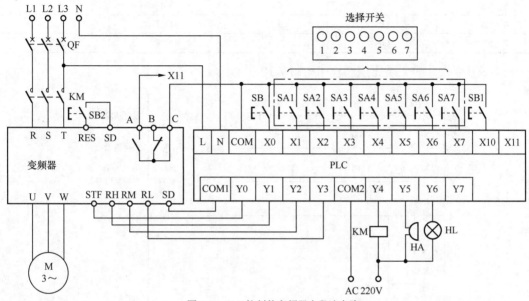

图 7-9　PLC 控制的变频器多段速电路

2．参数设置

变频器选择 FR-D740 变频器。

Pr.79 = 3（组合操作模式）。

Pr.1 = 50Hz（上限频率）。

Pr.2 = 0Hz（下限频率）。

Pr.7 = 2s（加速时间）。

Pr.8 = 2s（减速时间）。

Pr.179=62（将 STR 端子的功能变更为变频器复位 RES 功能）。

各段速度：Pr.4 = 16Hz, Pr.5 = 20Hz, Pr.6 = 25Hz, Pr.24 = 30Hz, Pr.25 = 35Hz, Pr.26 = 40Hz, Pr.27 = 45Hz。

3．程序设计

如图 7-9 所示，每当合上相应的速度选择开关时，都必须有一个速度与之对应。PLC 的 3 个输出 Y1、Y2、Y3 控制变频器 RH、RM、RL 的接通，其输入输出关系如表 7-4 所示。从表 7-4 可知，当 X1、X5、X6、X7 中有任一个被按下时，Y1 都会为 ON，这说明这 4 个输入信号相"或"，可以让输出 Y1 通电。Y2 和 Y3 的闭合规律与 Y1 相似。其控制程序如图 7-10 所示。

表 7-4 多段速输入与输出之间的关系

速　度	Y1(RH)	Y2(RM)	Y3(RL)	参　数
1（X1）	ON	OFF	OFF	Pr.4
2（X2）	OFF	ON	OFF	Pr.5
3（X3）	OFF	OFF	ON	Pr.6
4（X4）	OFF	ON	ON	Pr.24
5（X5）	ON	OFF	ON	Pr.25
6（X6）	ON	ON	OFF	Pr.26
7（X7）	ON	ON	ON	Pr.27

根据表 7-4 设计的 7 段速控制程序如图 7-10 所示。

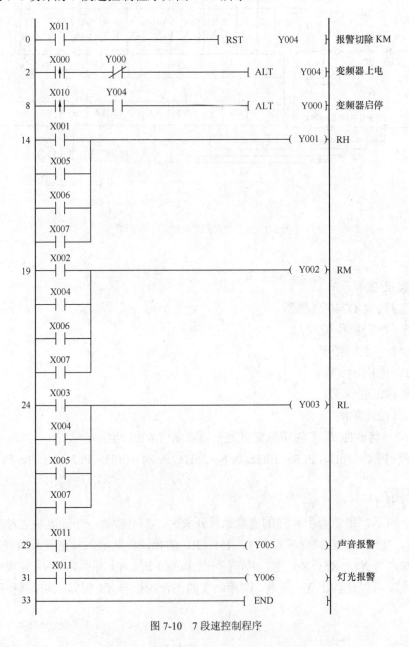

图 7-10　7 段速控制程序

步 2 利用交替指令 ALT 控制变频器通电。当第 1 次按下 X0 时，Y4 通电，接触器 KM 闭合，变频器通电；当第 2 次按下 X0 时，Y4 断电，接触器 KM 断开，变频器断电。该支路中串联变频器启动信号 Y0 的动断触点，主要是为了保证在变频器运行时，不能切断变频器的电源。第 3 次按下，再次接通变频器的电源，以此类推。

步 8 是控制变频器启/停的程序。步 2 和步 8 中都只用一个按钮实现启、停控制，可以节约 PLC 的输入输出点数。

步 14～步 24 是多段速控制程序，通过 X1～X7 的不同组合分别控制 PLC 的输出 Y1、Y2、Y3 闭合，从而实现 7 段不同的速度控制。

当变频器故障报警时，变频器的输出 A、C 端子间闭合，X11 导通，它对步 0 中的 Y4 进行复位，接触器 KM 线圈断电，从而切断变频器的电源；另一方面，X11 接通 Y5、Y6，蜂鸣器 HA 发声，指示灯 HL 点亮，进行声光报警。当变频器的故障已经排除，按图 7-9 所示的 SB2，变频器的 RES 端子导通，变频器复位。

7.3.3　FX$_{2N}$-2DA 模块在变频器中的应用

1．控制要求

运用 PLC 和 FX$_{2N}$-2DA 模块控制变频器实现多段速调速。其控制要求如下。

（1）按 X1～X5 可分别控制变频器在 10Hz、20Hz、30Hz、40Hz、50Hz 的情况下运行。

（2）按 X6、X7 可以实现输出补偿，补偿的范围为−1～1Hz。

视频：FX$_{2N}$-2DA 模块在变频器中的应用

2．分配 I/O 地址

采用 PLC 控制变频器多段速运行时，首先根据控制要求，确定 PLC 的输入、输出，并给这些输入、输出分配地址。这里的 PLC 采用三菱 FX$_{2N}$-32MR 继电器输出型 PLC，变频器采用三菱 FR-D740 变频器，其控制的 I/O 分配如表 7-5 所示。

表 7-5　　　　　　　　　　　　变频器多段速控制的 I/O 分配

输　　　入			输　　　出		
输入继电器	输入元件	作　　用	输出继电器	输出元件	作　　用
X0	SB	变频器上电按钮	Y0	STF、SD	变频器启动
X1～X5	SA1～SA5	速度选择开关	Y4	KM	接通 KM
X6	SB6	加速按钮	Y5	HA	警铃
X7	SB7	减速按钮	Y6	HL	报警指示
X10	SB1	变频器启停按钮			
X11	A、C	报警信号			

用按钮 SB（X0）控制变频器的电源接通或断开（即 KM 吸合或断开），用 SB1（X10）控制变频器的启动和停止（即 STF 端子闭合与否），这里每组的启动和停止控制都只用一个按钮，利用 PLC 中的 ALT（交替）指令实现单按钮启、停控制。SA1～SA5 是速度选择开关，分别控制 FX$_{2N}$-2DA 模块输出 1V、2V、3V、4V、5V 的模拟电压，将 FX$_{2N}$-2DA 模块输出的电压信号接到变频器的 2、5 端子上，就可以实现变频器的多段速运行。SB6 是加速按钮，

每按一次，变频器的速度增加 1Hz。SB7 是减速按钮，每按一次，变频器的速度减少 1Hz。将变频器的报警输出端子 A 接到 PLC 的 X11 输入端子上。PLC 的输出继电器 Y0 接变频器的正转端子 STF，控制变频器的启动和停止。PLC 的输出继电器 Y4 接接触器 KM 线圈，用来给变频器上电，Y5、Y6 分别用于变频器的声光报警控制。

根据表 7-5，画出系统的 I/O 接线图如图 7-11 所示。

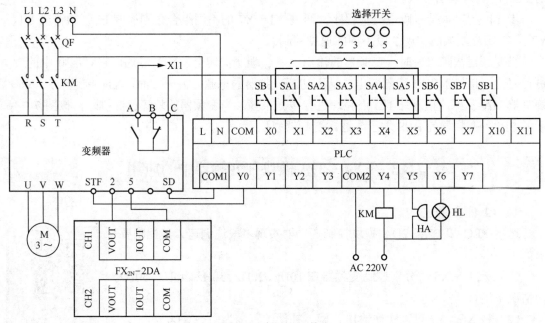

图 7-11　系统的 I/O 接线

3. 程序设计

通过 X1～X5 分别将 400、800、1 200、1 600、2 000 送到 PLC 的数据寄存器 D0 中，通过 FX$_{2N}$-2DA 模块，将这些数字量转变为电压信号，再送到变频器的 2、5 端子上，从而控制变频器的多段速运行。输入继电器 X 与频率的对应关系如表 7-6 所示。

表 7-6		输入继电器 X 与频率的对应关系			
输　　入	X1	X2	X3	X4	X5
D0 数字量	400	800	1 200	1 600	2 000
模　拟　量	1V	2V	3V	4V	5V
对应的频率	10Hz	20 Hz	30 Hz	40 Hz	50 Hz

设计的程序如图 7-12 所示。

4. 调试运行

（1）将如图 7-12 所示的程序写入 PLC 中。

（2）按图 7-11 连接好 PLC 的 I/O 电路和 FX$_{2N}$-2DA 的模拟输出电路，注意 PLC 与 FX$_{2N}$-2DA 模块需要用扁平电缆连接，同时把变频器的运行操作模式参数 Pr79 设定为 2（外部操作）。

（3）按下 SB（X0），Y4 得电，接触器 KM 吸合，给变频器上电；按下 SB1（X10），Y0

得电，接通变频器的 STF 正转端子，变频器开始运行，变频器上的 RUN 灯点亮。此时将选择开关 SA 分别置于 5 个不同的位置，观察变频器的运行频率与设定频率是否一致。分别接通 X1～X5，输出频率分别为 10～50Hz。若不正确，监视 D0 的值，如与表 7-6 不符，则检查程序和输入电路是否正确；若 D0 的值为 0 或不变，则首先检查模块编号是否正确，然后检查与 PLC 的连接及模拟输出电路。

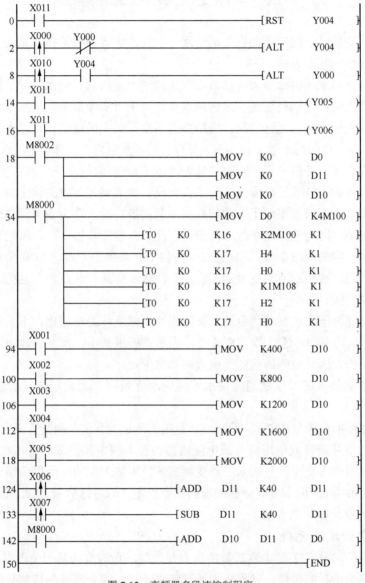

图 7-12 变频器多段速控制程序

（4）首先按下 SB1（X10），变频器停止运行，再按下 SB（X0），KM 线圈失电，变频器切断电源。

（5）按下 SB6、SB7，每按一次，D0 的值加 40 或减 40，使输出模拟量发生微小变化，观察变频器频率的变化。如调整无效，首先观察 D11 的值是否变化，再检查 D0 的变化情况，直到数字量变化正确。

| 7.4 变频器的恒压变频供水系统 |

7.4.1 恒压变频供水系统的构成

目前，恒压变频供水控制系统在生活给水、工业给水等各类给排水系统中的应用越来越广，主要表现在以下几个方面。

（1）变频调速供水的供水压力可调，可以实现全流量供水。供水系统最终用户端的用水流量变化是非常大的，特别是居民小区的供水系统。采用变频器恒压供水系统可以根据用水流量的变化灵活控制水泵的运行情况，当用户的用水量集中出现时，可以多台大容量水泵共母管同时供水；而当夜间用水量非常少时，所有大容量水泵停止工作（在供水系统中称为"休眠"），利用管内余压或开启一台小水泵（称为"休眠泵"）维持水压，真正实现全流量供水。

（2）目前，变频器技术已很成熟，为了适应风机和水泵等负载的调速要求，在市场上有很多国内外品牌的变频器都集成了工频切换和多泵切换功能，这为变频调速供水提供了充分的技术和物质基础。因为恒压变频供水的应用广泛，有些变频器生产厂家把变频供水控制器直接集成到供水专用的变频器中，如三菱公司的 F700 系列变频器、ABB 公司的 ACS510 系列变频器都是风机、水泵专用的变频器，这些变频器本身具有 PID 调节功能、工频运行切换功能和多泵切换功能。

（3）变频调速恒压供水具有优良的节能效果。根据流体力学原理，水泵的转矩与转速的2 次方成正比，轴功率与转速 3 次方成正比。当所需流量减小、水泵转速下降时，其功率按转速的 3 次方下降。因此精确调速的节电效果非常可观。

（4）恒压变频供水可以彻底消除供水管网的水锤效应，大大延长了水泵和管道的使用寿命。

恒压供水系统的框图如图 7-13 所示。SP 是压力变送器，它在测量管道内压力 P 的同时，还将测得的压力信号转换成电压信号或电流信号（在本例中转换成的是电流信号），因为该信号在控制系统中作为反馈信号输入三菱变频器的模拟输入端 4，所以反馈信号也就是实测的压力信号。图中的 RP 用来实现调速功能的频率给定（即目标信号）。此系统中还包括带有内置 PID 功能的变频器和供水泵。

1. 系统中的感压元件

本系统中采用的是 CJT 型电容式智能压力变送器，它的核心是一个电容式压力传感器。传感器是一个完全密封的组件，过程压力通过隔离膜片和灌充液硅油传到传感膜片，引起传感膜片的位移。传感膜片两电容极板之间的电容差由电子部件转换成 4～20mA 两线制或三线制输出的电流信号反馈给变频器。

2. 系统运行中的 3 个状态

（1）稳态运行。水泵装置的供水能力与用户用水需求处于平衡状态，供水压力 P 稳定而无变化，反馈信号与目标信号近乎相等，PID 的调节量为 0。此时变频器控制的电动机处在 f_x 下匀速运行。

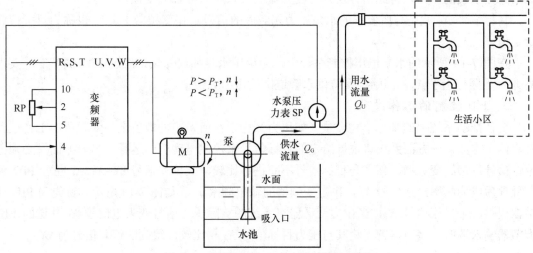

图 7-13 变频器内置 PID 控制的恒压供水系统

（2）用水流量增大。当用户的用水流量增大，超过了供水能力时，供水压力 P 有所下降，反馈信号减小，偏差信号（目标值–反馈值）增大，PID 产生正的调节量，变频器的输出频率和电动机的转速上升，使供水能力增大，压力恢复。

（3）用水流量减小。当用户的用水流量减小时，供水能力小于用水需求，供水压力 P 上升，反馈信号增大，偏差信号减小，PID 产生负的调节量，结果是变频器的输出频率和电动机的转速下降，使供水能力下降，压力又开始恢复。当压力大小重新恢复到目标值时，供水能力与用水需求又达到新的平衡，系统又恢复到稳态运行。

7.4.2 PID 控制功能

1. PID 控制系统构成

PID 控制是闭环控制中的一种常见形式，是使控制系统的被控量在各种情况下都能够迅速而准确地无限接近控制目标的一种手段。具体地说，随时将被控量的检测信号（即由传感器测得的实际值）反馈到变频器，与被控量的目标信号相比较，以判断是否已经达到预定的控制目标。如尚未达到，则根据两者的差值进行调整，直至达到预定的控制目标为止。现在，大多数变频器都已经配置了 PID 控制功能。变频器内置 PID 调节功能的框图如图 7-14 所示。

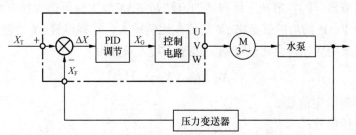

图 7-14 变频器内置 PID 调节功能框图

2. 反馈信号 X_F 和目标信号 X_T

反馈信号 X_F 就是压力传感器实际测得的压力信号。如图 7-14 所示，变频调速系统的控制对象是水泵的压力，将此信号反馈给变频器的输入端，故称为反馈信号。

目标信号 X_T 就是与所要求的水泵压力相对应的信号。在变频器中，X_T 也称为目标值或给定值。

在图 7-14 所示的水泵恒压控制系统中，无论用水量如何变化，经过 PID 调节后，要求 X_F 永远无限接近于 X_T，即始终保持供水管道中的压力为恒值。

3．PID 控制的工作过程

要使拖动系统中的某一个物理量（如压力）稳定在所希望的数值上，变频器的工作过程具有两个方面，一方面系统将根据给定的目标信号来控制电动机的运行；另一方面又必须把反馈信号反馈给变频器，使之与目标信号不断进行比较，其偏差信号 $\Delta X = X_T - X_F$ 经过 PID 调节处理后成为频率给定信号 X_G，决定变频器的输出频率 f_X。如图 7-14 所示，首先为 PID 调节器提供一个目标信号 X_T，当压力变送器将系统的实际压力信号变为电信号 X_F 并送回 PID 调节器输入端时，调节器首先将其与压力目标信号 X_T 相比较，得到的偏差信号为 ΔX。

$$\Delta X = X_T - X_F \tag{7-1}$$

当用水流量减小，供水流量 Q_G ＞用水流量 Q_U 时，供水压力上升 $P \uparrow \rightarrow X_F \uparrow \rightarrow$ 偏差信号 $\Delta X = (X_T - X_F) < 0 \rightarrow$ 变频器输出频率 f_X 减小 $\downarrow \rightarrow$ 电动机转速 n 降低 $\downarrow \rightarrow$ 供水能力 $Q_G \downarrow \rightarrow$ 直至压力大小回复到目标值，供水能力与用水流量重又平衡（$Q_G = Q_U$）时为止；反之，当用水流量增加、$Q_G < Q_U$ 时，则 $P \downarrow \rightarrow X_F \downarrow \rightarrow \Delta X = (X_T - X_F) > 0 \rightarrow$ 变频器输出频率增大 $f_X \uparrow \rightarrow$ 电动机转速 $n \uparrow \rightarrow$ 水泵压力 $P \uparrow \rightarrow Q_G \uparrow \rightarrow Q_G = Q_U$，又达到新的平衡。因此供水系统总是根据用户的用水情况不断处于自动调整状态中。

4．问题的提出

恒压供水过程存在一个矛盾：一方面要求水管的实际压力（其大小与 X_F 成正比）应无限接近于目标压力（其大小与 X_T 成正比），即要求 $\Delta X = (X_T - X_F) \approx 0$；另一方面，变频器的输出频率 f_X 又是由 $X_T - X_F$ 的结果决定的。所以如果把 $X_T - X_F$ 直接作为频率给定信号 X_G，变频器的输出频率必下降为 $f_X \approx 0$，水泵将停止运转。显然，这将不可能使水泵的压力保持稳定，系统将达不到预想的目的。

为了保证供水质量，要求水泵的压力稳定在某一个数值上，这样变频器必须维持一定的输出频率 f_X，这就要求有一个与此相对应的频率给定信号，用 X_G 表示。这个给定信号既需要有一定的值，又要和 $X_T - X_F$ 相联系，这就是矛盾所在。

5．PID 的调节作用

（1）比例调节器（P）。解决上述问题的方法是将 ΔX 放大后再作为频率给定信号 X_G，即引入比例调节器 P，P 的功能就是将 ΔX 的值按比例放大，这样尽管 ΔX 的值很小，但是经放大后再来调整水泵的转速也会比较准确、迅速。其关系式为

$$X_G = K_P (X_T - X_F) \tag{7-2}$$

式中，X_G——频率给定信号；

$\quad\quad X_T$——目标信号；

$\quad\quad X_F$——反馈信号；

$\quad\quad K_P$——放大倍数，也叫作比例增益。

对于变频器来说，比例控制实际上就是将偏差信号 $X_T - X_F$ 放大了 K_P 倍后再作为频率给定

信号。由式（7-2）知

$$X_T - X_F = \frac{X_G}{K_P} \tag{7-3}$$

由于 X_G 是 X_T-X_F 成正比放大的结果，故称为比例增益环节。另一方面，X_G 又是使变频器输出某一频率 f_X 所必需的信号。显然，K_P 越大，X_T-X_F 越小，X_F 越接近于 X_T。这里，X_F 只能是无限接近于 X_T，却不能等于 X_T，即 X_F 和 X_T 之间总会有一个差值，称为静差（又称为稳态误差），用 ε 表示。显然，比例增益 K_P 越大，ε 越小。

比例增益 K_P 的大小，一方面决定了实际压力接近目标压力的快慢和偏差的大小，如图 7-15（a）所示，K_P 越大，虽然可使静差 ε 迅速减小，但 ε 不能消除。就是说，实际压力将不可能达到目标压力；另一方面由于系统有惯性，因此 K_P 太大了，当反馈值随着目标值的变化而变化时，有可能一下子增大（或减小）了许多，使变频器的输出频率很容易超调（调过了头），于是又反过来调整，引起被控量忽大忽小，形成振荡，如图 7-15（b）所示。

（2）积分调节器（I）。为了防止超调，可以适当减小比例增益 K_P，而增加积分环节。积分环节就是使给定信号 X_G 的变化与乘积 K_P(X_T-X_F) 对时间的积分成正比。意思是说，尽管 K_P(X_T-X_F) 一下子增大（或减小）了许多，但 X_G 只能在"积分时间"内逐渐增加（或减小），从而延缓了 X_G 的变化速度，防止振荡。积分时间 T_i 越长，X_G 的变化速度越慢。只要偏差不消除（X_T-X_F≠0），积分就不停止，从而有效消除静差。

积分调节器的作用是延长加速时间和减速时间，以缓解因 P（比例）功能设置过大而引起的超调。P 功能和 I 功能结合就是 PI 功能，图 7-15（c）所示就是经 PI 调节后系统实际压力的变化波形。

从图 7-15（c）中看，尽管增加积分功能后使得超调减少，避免了系统的压力振荡，但积分时间太长，又会发生当用水量急剧变化时，被控量（压力）难以迅速恢复的情况。为了克服上述缺陷，可以增加微分环节。

（3）微分调节器（D）。微分环节就是对偏差信号 X_T-X_F 取微分后再输出。其作用是，可根据偏差的变化趋势，提前给出较大的调节动作，从而缩短调节时间，克服了因积分时间过长而使恢复滞后的缺点。将 P 功能、I 功能和 D 功能结合起来，就是 PID 调节，如图 7-15（d）所示。

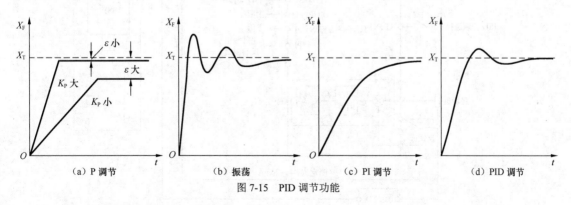

图 7-15　PID 调节功能

6．PID 的控制逻辑

（1）负反馈。在图 7-14 所示的恒压变频供水控制中，压力越高（反馈信号越大），要求变频器的输出频率下降，以降低电动机的转速。这种反馈量的变化趋势与变频器输出频率的变化趋势相反的控制方式，称为负反馈。

由于闭环控制中，负反馈控制较多，故有的变频器把这种控制逻辑称为正逻辑。

一般来说，在供水、流量控制、加温时应为负反馈，通俗地讲，测量值（水压、液体流量、温度）升高时，应减小执行量，反之则应增大执行量。

（2）正反馈。以空调恒温控制为例，当室内温度高于目标温度时，反馈信号上升，要求变频器的输出频率也上升，以提高电动机的转速，加大冷空气吹入室内的风量，使室内温度保持恒定。这种反馈量的变化趋势与变频器输出频率的变化趋势相同的控制方式，称为正反馈。有的变频器把这种控制逻辑称为负逻辑。

在排水、降温时为正反馈，测量值（水压、温度）升高时，应增大执行量，反之则应减小执行量。

7.4.3　单泵 PID 变频恒压供水系统

现在的大多数变频器，无论是水泵、风机专用型还是通用型，都内置了 PID 控制功能，这对节省系统的成本很有利。

1．变频器的接线

三菱 FR-A700 系列和 FR-D700 系列变频器都有内置 PID 功能，其 PID 闭环控制系统如图 7-16 所示。压力传感器 SP 将管网水压信号转变成 4～20mA 电流信号作为反馈值输入变频器的 4、5 端子间，压力传感器工作时需要 DC24V 的电源。外部压力设定器将指定的压力（0～1.0MPa）转变为 0～5V 电压信号输入变频器 2、5 端子间。变频器根据给定值与反馈值的偏差量进行 PID 控制，输出频率控制电动机的转速，从而使系统处于稳定的工作状态，保持管网水压恒定。

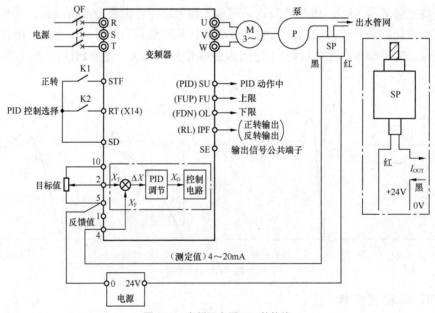

图 7-16　变频器内置 PID 的接线

PID 控制时，输入输出信号端子的功能如表 7-7 所示。

表 7-7　　　　　　　　　　　　变频器 I/O 信号端子的功能

信　号		使用端子	功　能	说　明	备　注
输入	X14	通过 Pr.178～Pr.189 设定	PID 控制选择	X14 闭合时选择 PID 控制	设定 Pr.178～Pr.189 中的任意一个为 14
	2	2	目标值输入	输入 PID 的目标值	
	1	1	偏差信号输入	输入外部计算的偏差信号	
	4	4	反馈值输入	从传感器来的 4～20mA 反馈量	
输出	FUP	按照 Pr.190～Pr.196 设定	上限输出	反馈值超过上限值（Pr.131）时输出	Pr.128=20、21、60、61 Pr.190～Pr.196 中的任意一个设定为 15
	FDN		下限输出	反馈值超过下限值（Pr.132）时输出	Pr.190～Pr.196 中的任意一个设定为 14
	RL		正（反）方向输出	参数单元的输出显示为正转（FWD）时输出 Hi，反转（REV）或停止（STOP）时输出 Low	Pr.190～Pr.196 中的任意一个设定为 16
	PID		PID 控制动作中	PID 控制动作中置于 ON	Pr.190～Pr.196 中的任意一个设定为 47
	SE	SE	输出公共端子	FUP、FDN、RL、PID 的公共端子	

（1）如图 7-16 所示，为了进行 PID 控制，请将 X14 信号置于 ON，选择 PID 内置功能有效。该信号置于 OFF 时，不进行 PID 动作，而为通常的变频器运行。

（2）目标值通过变频器端子 2、5 或从 Pr.133 中设定，反馈值信号通过变频器端子 4、5 输入。

PID 调节的依据是反馈值和目标值之间进行比较的结果。因此准确预置目标值是十分重要的，主要有以下两种方法。

① 面板给定。即直接通过面板上的键盘来给定。目标值的确定方法通常是取目标压力与传感器量程之比的百分数。例如，在供水系统中所选用压力传感器的量程是 0～1MPa，而需保持 0.7MPa 的压力，则 70% 就是目标值（即给定值），在三菱变频器中，通过参数 Pr.133=70%（仅限于 PU 和 PU/EXT 模式下有效）预置。

② 外接给定。由外接电位器进行预置。目标值和所选传感器的量程有关。目标值的大小由传感器量程的百分数表示。例如，当目标压力为 0.7MPa 时，如所选压力传感器的量程为 0～1.0MPa，则对应于 0.7MPa 的目标值为 70%；如所选压力传感器的量程为 0～5.0MPa，则对应于 0.6MPa 的目标值为 12%。在三菱变频器中，在外部运行模式时，由变频器 10、2、5 端子进行预置，假设传感器量程为 0～1.0MPa，则对应于 0.7MPa 的目标值应该在 2、5 端子间施加对应的 3.5V（5 × 70% = 3.5V）电压预置。

（3）当输入外部计算偏差信号时，通过端子 1、5 输入，同时在 Pr128 中设定 10 或 11。

2．参数设定

进行 PID 控制时，必须设定表 7-8 的参数。比例（Pr.129）范围常数为比例增益，对执行量的瞬间变化有很大的影响。有些变频器是以比例范围给出该参数的。比例增益 K_P= 1/比例常数。积分时间常数（Pr.130）：该时间越小，到达目标值就越快，但也越容易引起振荡，积分作用一般使输出响应滞后。微分时间常数（Pr.134）：该时间越大，反馈的微小变化就越会引起较大的响应，微分作用一般使输出响应超前。

表 7-8 参数设定表

参数号	设定值	名称	说 明		
Pr.128	10	PID 动作选择	对于加热、压力等控制	偏差量信号输入（端子 1）	PID 负反馈
	11		对于冷却等控制		PID 正反馈
	20		对于加热、压力等控制	反馈值（端子 4）目标值（端子 2 或 Pr133）	PID 负反馈
	21		对于冷却等控制		PID 正反馈
Pr.129	0.1～1 000%	PID 比例带	如果比例范围较窄（参数设定值较小），反馈量的微小变化会引起执行量的很大改变。因此随着比例范围变窄，响应的灵敏性（增益）得到改善，但稳定性变差，如发生振荡。增益 K_P=1/比例常数		
	9 999		无比例控制		
Pr.130	0.1～3 600s	PID 积分时间常数	这个时间是指由积分（I）作用时达到与比例（P）作用时相同的执行量所需的时间。随着积分时间的减少，到达目标值就越快，但也容易发生振荡		
	9 999		无积分控制		
Pr.131	0～100%	上限	设定上限。如果反馈值超过此设定，就输出 FUP 信号。测量值（端子 4）的最大输入 20mA 等于 100%		
	9999		功能无效		
Pr.132	0～100%	下限	设定下限。如果反馈值超过此设定，则输出 FDN 信号。测量值（端子 4）的最大输入 20mA 等于 100%		
	9 999		功能无效		
Pr.133	0～100%	PID 目标值设定	设定 PID 控制时的目标值		
	9 999		端子 2 输入为目标值		
Pr.134	0.01～10.00s	PID 微分时间常数	时间值仅要求向微分作用提供一个与比例作用相同的检测值。随着时间的增加，偏差改变会有较大的响应		
	9 999		无微分控制		

（1）基本参数预置

① 上限频率。因为水泵是二次方律负载，所以上限频率 f_H 不应该超过额定频率 f_N。

② 下限频率。在决定下限频率时，水泵的扬程必须满足供水所需的基本扬程；故下限频率一般应大于 30Hz。

③ 加减速时间。水泵由于水管中有一定压力的缘故，因此在转速上升和下降的过程中，惯性作用极小。但过快地升速和降速，会在管道中引起水锤效应，所以也应将加减速时间预置得长一些。

④ 加减速方式。通常预置为线性方式即可。

⑤ Pr.79 = 2（外部操作模式）。

（2）PID 参数预置

Pr.160 = 0（扩展参数）

Pr.183 = 14（将 RT 端子设定为 X14，当 K2 闭合时，PID 控制有效）。

Pr.191 = 47（将 SU 端子设定为 PID 控制动作中）。

Pr.192 = 16（将 IPF 端子设定为 RL，PID 正反转输出）。

Pr.193 = 14（将 OL 端子设定为 FDN，达到 PID 下限时输出）。

Pr.194 = 15（将 FU 端子设定为 FDP，达到 PID 上限时输出）。

Pr.128 = 20（选择 PID 负作用，给定值由 2、5 端输入，反馈值由 4、5 端输入）。

Pr.129 = 100（PID 比例常数范围）。

Pr.130 = 2s（PID 积分时间）。

Pr.131 = 100（PID 上限）。

Pr.132 = 0（PID 下限）。

Pr.134 = 9 999（PID 微分时间，设定为 9 999，使微分控制无效，整个控制只采用 PI 控制）。

3．P、I、D 参数调试

接通变频器的 STF、RT（X14）端子，启动变频器，将变频器的上述设定参数写入变频器中，开始对变频器进行 PID 参数调试。

由于 PID 的取值与系统的惯性大小有很大的关系，因此很难一次调定。

首先将微分功能 D 调为 0。在许多要求不高的控制系统中，D 可以不用。在初次调试时，P 可按中间偏大值来预置。保持变频器的出厂设定值不变，使系统运行起来，观察其工作情况。如果在压力下降或上升后难以恢复，说明反应太慢，应加大比例增益 K_P，直至比较满意为止；在增大 K_P 后，虽然反应快了，但容易在目标值附近波动，说明系统有振荡。适当减小 K_P 而加大积分时间 T_i，直至基本不振荡为止。

总之，在反应太慢时，应调大 K_P，或减小积分时间；在发生振荡时，应调小 K_P，或加大积分时间。

在某些对动态响应要求较高的系统中，应考虑增加微分环节 D。

7.4.4 多泵 PLC 变频供水系统

大型给排水系统在工矿企业循环冷却水、工业锅炉供水系统；农业排灌、喷灌系统；高层建筑、暖通、消防给水系统；自来水厂给水加压泵站；污水、废水处理系统；音乐喷泉等工农业生产、日常生活中得到了广泛的应用。这些大型给排水系统往往不是由一台水泵组成，而是由多台水泵组成的，泵的组合方式一般采用最为常见的多泵并联方式，用水量小时开一台或几台，用水量大时多台泵全开。多泵恒压供水系统的控制方案有两种。一种是 1 控 1 方案，即每台水泵都由一台变频器来控制。此方案的一次性投入费用较高，但节能效果十分显著，控制较简单。另一种是 1 控多方案，即采用一台变频器控制所有水泵，由于水泵在工频运行时，变频器不可能对电动机进行过载保护，所以每台电动机必须接入热继电器 FR，用于工频运行时的过载保护。此方案成本低，控制程序较复杂，节能效果虽然没有前一种好，但由于变频器的价格偏高，故许多用户常采用 1 控多方案。

1．多泵恒压变频供水控制的实现方法

图 7-17 所示为多泵恒压变频控制原理图。该系统为一台变频器依次控制每台水泵实现软启动及转速的调节，它由 3 台泵（电动机泵组）、压力传感器、PLC 控制器、变频调速器等组成，其中 1 号和 2 号泵是主泵，3 号泵是附属小泵。压力传感器将随时检测管道中实际压力的变化，并将该压力值转变成电信号送到 PLC 或 PID 调节器的输入端，控制器与设定压力比较判断后，控制变频器自动调节变频泵的转速和多台水泵的投入和退出，使管网保持在恒定的设定压力值，满足用户的要求，使整个系统始终保持在高效节能的最佳状态。若用水量

很小时，经控制器分析确认后自动停止主泵运行，启动夜间值班 3 号附属小泵，以维持管网压力和少量用水，当用水量达到值班 3 号小泵不能维持设定的压力时，主泵自动启动，3 号小泵停止运行，从而提高了系统运行的安全性，并获得明显的节电效果。

如图 7-17 所示，接触器 KM1、KM3、KM5 分别控制 1 号泵、2 号泵、3 号泵变频工作，接触器 KM2、KM4 控制 1 号泵、2 号泵工频工作。由于 3 号泵为附属小泵，所以它只有变频工作状态。

（1）加泵过程。当系统上电工作时，先接通 KM1，启动 1 号泵变频工作。当用水量增加，1 号泵的变频器输出频率达到 50Hz 时，延时一定的时间（可根据实际情况任意设定），如果实测压力仍然达不到设定值，将 KM1 断开，接通 KM2，把 1 号泵由变频状态转换为工频工作状态，延时 3s，接通 KM3，启动 2 号泵进行变频工作。

（2）减泵过程。当用水量减少，2 号泵的变频器输出频率已经达到下限设定频率，而管网压力仍超过设定值时，延时一定的时间，压力值仍超过设定值时，将 KM2 断开，将 1 号泵退出工频运行，由 2 号泵进行变频调节，保持系统的压力稳定。

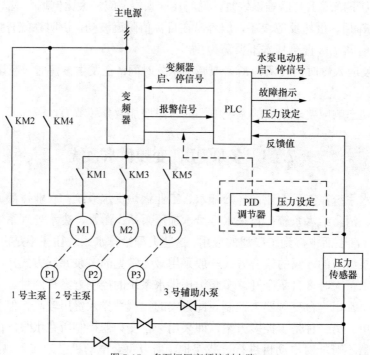

图 7-17　多泵恒压变频控制电路

当系统只有一台变频主泵工作，且当变频器的工作频率低于所设定的频率下限 5min 后，认为系统不缺水或用水量很小，关闭变频主泵，接通 3 号小泵变频接触器 KM5，启动 3 号小泵变频工作。当 3 号小泵工作频率达到 50 Hz 后经过一定的延时（可任意设定），压力还达不到设定值，则关闭 3 号小泵，重新启动主泵。

在加泵投入时，变频泵的转速自动下降，然后慢慢上升以满足恒压供水的要求。在减泵退出时，变频泵的转速应自动上升，然后慢慢下降以满足恒压供水的要求。

多泵恒压供水循环软启动方式减少了泵切换时对管网压力的扰动和对泵的机械磨损，各泵的使用寿命均匀，但使用交流接触器数量较多，且对交流接触器质量要求较高，同时为避

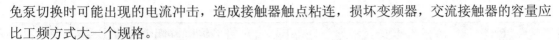

免泵切换时可能出现的电流冲击，造成接触器触点粘连，损坏变频器，交流接触器的容量应比工频方式大一个规格。

实现上述的控制过程，可以用以下 4 种方法。

（1）PLC（配 PID 控制程序）+模拟量输入/输出模块+变频器。该控制方法是将压力设定信号和压力反馈信号均送入 PLC，经 PLC 内部 PID 控制程序的运算，输出给变频器一个转速控制信号。这种方法 PID 运算和水泵的切换都由 PLC 完成，需要给 PLC 配置模拟量输入/输出模块，并且需要编写 PID 控制程序，初期投资大，编程复杂。

（2）PLC+PID 调节器+变频器。该控制方法是将压力设定信号和压力反馈信号送入 PID 回路调节器，由 PID 回路调节器在调节器内部进行运算后，输出给变频器一个转速控制信号，如图 7-17 中虚线所示。这种方法 PLC 只需要配置为开关量输入输出的 PLC 即可，目前，我国有一部分恒压供水系统就是采用的这种方法。

（3）PLC+变频器（具有内置 PID 功能）。该控制方法是利用变频器的内置 PID 功能完成水泵的 PID 调节，PLC 只是根据压力信号的变化控制水泵的投放台数。这种方法是目前恒压变频供水中最为常用的方法。

（4）水泵专用变频器。该控制方法是将 PID 调节器以及简易 PLC 的功能都集成到变频器内，可以控制多个水泵的接触器，实现了单台变频器的多泵控制恒压供水功能。近年来，国内外不少生产厂家纷纷推出了一系列水泵专用变频器，如西门子的 MM430 系列、三菱公司的 F700 系列、丹麦丹佛斯公司的 VLT7000 系列变频器等。采用这些供水专用的变频器，不需另外配置供水系统的控制器，就可完成由 2～6 台水泵组成的供水系统的控制，使用相当方便。

2．基于 PLC 的 1 控 3 恒压变频控制系统设计

（1）控制要求。用 PLC、变频器设计一个有 5 段速的恒压供水系统。其控制要求如下。

① 共有 3 台水泵，按设计要求 2 台运行，1 台备用，运行与备用 3 天轮换一次；切换的方法如图 7-18 所示。

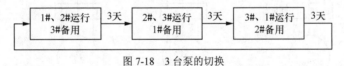

图 7-18　3 台泵的切换

② 变频器用水高峰时，1 台工频全速运行，1 台变频运行，另一台处于待机状态，并每 3 天循环一次，既便于维护和检修作业，又不至于停止供水。用水低谷时，只需 1 台变频运行。

③ 3 台水泵分别由电动机 M1、M2、M3 拖动，而 3 台电动机又分别由变频接触器 KM1、KM3、KM5 和工频接触器 KM2、KM4、KM6 控制。

④ 电动机的转速由变频器的 5 段调速来控制，5 段速与变频器的控制端子的对应关系如表 7-9 所示。

表 7-9　　　　　　　　　　　5 段速与变频器控制端子的对应关系

RH	RM	RL	输出频率值(Hz)	参　　数
ON	OFF	OFF	20	Pr.4
OFF	ON	OFF	25	Pr.5

RH	RM	RL	输出频率值(Hz)	参　数
OFF	OFF	ON	30	Pr.6
OFF	ON	ON	40	Pr.24
ON	OFF	ON	50	Pr.25

⑤ 变频器的 5 段速及变频与工频的切换由管网压力继电器的压力上限接点与下限接点控制。

⑥ 水泵投入工频运行时，电动机的过载由热继电器保护，并有报警信号指示。

（2）主电路。采用 1 拖 3 的方式，每台电机水泵既可工频运行，又可变频运行。主电路如图 7-19 所示。图 7-19 中，接触器 KM1、KM3、KM5 分别用于将各台水泵电动机接至变频器；接触器 KM2、KM4、KM6 分别用于将各台水泵电动机直接接至工频电源。

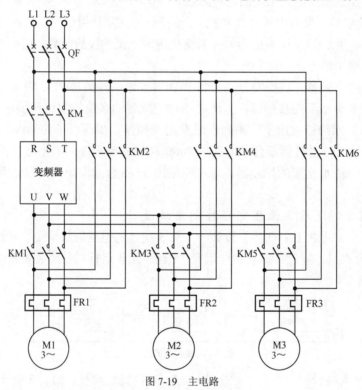

图 7-19　主电路

（3）设计思路。电动机水泵的 5 段速由变频器的多段速控制功能来实现，系统根据用水量的大小，通过 PLC 检测水压的下限和上限信号控制变频器的 RH、RM、RL 端子的不同组合，从而调节水泵运行在不同的频率上。

系统启动时，1#泵以 20Hz 变频方式运行。当用水量增加时，管道压力减小，当 PLC 检测到压力传感器的下限信号后，PLC 驱动变频器的多段速端子，使变频器运行在 25Hz 的频率上，当压力继续减小，PLC 使变频器依次运行在 30Hz、40Hz、50Hz 的频率上。当 5 段速均启动工作但 PLC 仍检测到压力传感器的下限信号时，PLC 就驱动相应的接触器动作，将启动 2#泵工频运行，同时启动 1#泵以 20Hz 的频率进入变频运行。若此时压力继续降低，依次使 1#泵运行在 25Hz、30Hz、40Hz、50Hz 的频率上；当用水量减小时，管道压力增加，当 PLC 检测到压力传感器的上限信号时，控制变频器运行在低一级的频率上。若变频器已经运

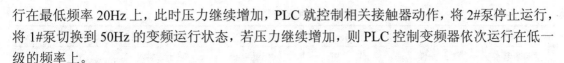

行在最低频率 20Hz 上，此时压力继续增加，PLC 就控制相关接触器动作，将 2#泵停止运行，将 1#泵切换到 50Hz 的变频运行状态，若压力继续增加，则 PLC 控制变频器依次运行在低一级的频率上。

（4）参数设定。根据控制要求，变频器的具体设定参数如下。

上限频率 Pr.l=50Hz；

下限频率 Pr.2=30Hz；

基本频率 Pr.3=50Hz；

加速时间 Pr.7=2s；

减速时间 Pr.8=2s；

电子过电流保护 Pr.9=电动机的额定电流；

操作模式选择（组合）Pr.79=3；

多段速设定 Pr.4=20Hz；

多段速设定 Pr.5=25Hz；

多段速设定 Pr.6=30Hz；

多段速设定 Pr.24=40Hz；

多段速设定 Pr.25=50Hz。

（5）控制电路设计。根据系统的控制要求、设计思路和变频器的设定参数，确定 PLC 的输入输出如表 7-10 所示。变频器与 PLC 的硬件电路如图 7-20 所示。PLC 的输出 Y0～Y3 直接连接到变频器的 STF、RH、RM、RL 上，以控制变频器在 5 个速度段的运行。Y6～Y13 分别控制变频和工频接触器，注意对每一台电动机而言，变频和工频接触器必须在硬件电路中彼此互锁。将 3 台电动机的热继电器 FR1、FR2、FR3 并联后接在 PLC 的输入端子 X4 上，一旦任意一台电动机过载，就可以切断所有变频器的线圈电路，让电动机和变频器停止运行。PLC 输出 Y4 接变频器的输出禁止 MRS 端子，是为了电动机在进行工频和变频切换时使变频器的所有动作停止，保证正确切换。

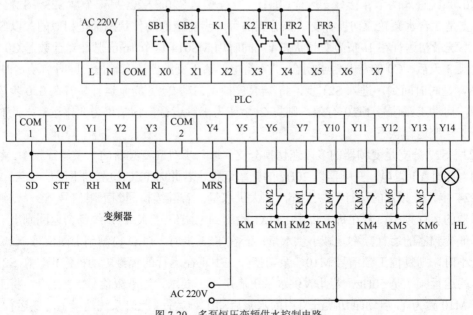

图 7-20 多泵恒压变频供水控制电路

表 7-10 表 7-10 　　　　　　　　　　　　　　恒压变频供水的 I/O 分配

输　　　入			输　　　出		
输入继电器	输入元件	作　用	输出继电器	输出元件	作　用
X0	SB1	启动按钮	Y0	STF	变频器启动
X1	SB2	停止按钮	Y1	RH	多段速选择
X2	K1	水压上限	Y2	RM	多段速选择
X3	K2	水压下限	Y3	RL	多段速选择
X4	FR1~FR3	过载保护	Y4	MRS	变频器输出禁止
			Y5	KM	接通变频器电源
			Y6	KM1	1#变频运行
			Y7	KM2	1#工频运行
			Y10	KM3	2#变频运行
			Y11	KM4	2#工频运行
			Y12	KM5	3#变频运行
			Y13	KM6	3#工频运行
			Y14	HL	FR 报警指示

（6）程序设计。因为根据系统的控制要求，该控制是顺序控制，其中的一个顺序是 3 台泵的切换，另一个顺序是 5 段速度的切换，并且这两个顺序是同时进行的，所以可以用顺序功能图的并行流程来设计系统的程序，其顺序功能图如图 7-21 所示。

在图 7-21 中，S0 步对应的是系统的初始化程序及报警程序。当 PLC 上电时，初始化脉冲 M8002 对所有状态以及计时器、变频器的启动信号、变频器的电源进行复位，按停止按钮 X1 时也可以做相同的操作。X4 是 3 台电动机的过载信号，系统正常运行时，输入继电器 X4 失电，其常开触点断开，一旦 3 台电动机中有任意一台过载，X4 就会闭合，Y14 得电，启动报警装置进行报警。

M8000 给 S0 步置 1，使 S0 变为活动步，此时若变频器没有运行（即 $\overline{Y0}=1$），按下启动按钮 X0，系统进入两个并行分支运行。其中一个分支是 S20~S22，另一个是 S23~S27。S20~S22 分支是 3 台水泵轮流切换分支。该分支的每一步对应的动作状态都是相似的，以 S20 步为例，系统最初运行在 1#泵为变频状态下，同时用 M8014 这个 1min 脉冲对计数器 C0 计数，当计时满 3 天后，C0 的常开触点闭合，Y4 得电，禁止变频器所有输出，同时启动定时器 T0 延时 1s，延时时间到，进入 S21 步，将 1#泵停掉，启动 2#或 3#泵运行。若在 S20 步为活动步期间，启动工频信号 M10 有效，则将 2#泵变为工频运行，1#泵仍为变频运行，此时系统处于一工一变运行状态。

S23~S27 分支是变频器的多段速切换分支。每一步对应变频器的一个运行频率，以 S23 步为例，此时 Y1 得电，变频器以 20Hz 的频率运行，若此时 PLC 检测到下限信号 X3，则转移到 S24 步，变频器的运行频率上升，加大供水量；若继续检测到下限信号 X3，则继续升高变频器的运行频率；若在每一步中，PLC 检测到上限信号 X2，系统都会返回到上一步运行，降低变频器的运行频率，减小供水量；若在 S23 步时，PLC 检测到上限信号 X2，即用水量较小时，则复位工频信号 M10，泵切换分支中正在运行的工频电动机停止。在 S27 步，变频器的运行频率是 50Hz，若此时供水量仍满足不了要求，则下限信号 X3 闭合，将工频运行信号 M10 置为 1，启动泵切换分支中的水泵启动工频运行，此时系统是一工一变运行状态。

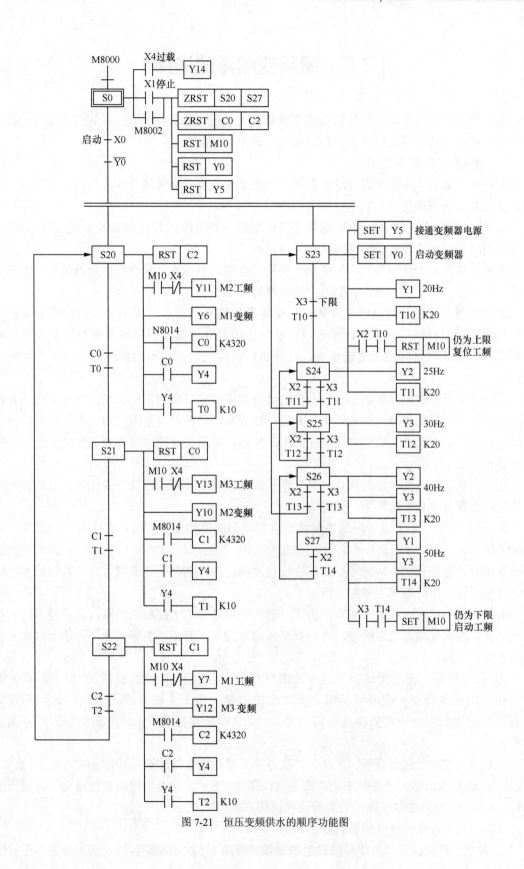

图 7-21 恒压变频供水的顺序功能图

7.5 通用变频器的选择

变频器的选用与电动机的结构形式及容量有关，还与电动机所带负载的类型有关。通用变频器的选择主要包括变频器类型和容量的选择两个方面。

1. 变频器类型的选择

变频器的类型要根据负载要求来选择。一般来说，生产机械的特性分为恒转矩负载、恒功率负载和二次方律负载。

（1）恒转矩负载变频器的选择。恒转矩负载是指负载的转矩 T_L 不随转速 n 的变化而变化，是一个恒定值，但负载功率随转速成比例变化。

多数负载具有恒转矩特性，如位能性负载：电梯、卷扬机、起重机、抽油机等。摩擦类负载：传送带、搅拌机、挤压成型机、造纸机等。

这类负载如采用普通功能型变频器，要实现恒转矩调速，常采用加大电动机和变频器容量的办法，以提高低速转矩；如采用具有转矩控制功能的变频器来实现恒转矩调速，则更理想，因为这种变频器低速转矩大，静态机械特性硬度大，不怕负载冲击，具有挖土机特性。

轧钢、造纸、塑料薄膜加工线这一类对动态性能要求较高的生产机械，原来多采用直流传动。目前，矢量变频器已经通用化，并且三相异步电动机具有坚固耐用、维护容易、价格低廉等优点，对于要求高精度、快响应的生产机械，采用矢量控制高性能的变频器是一种很好的选择。

（2）恒功率负载变频器的选择。恒功率负载是指当负载的转速发生变化时，其转矩也随着变化，而负载的功率始终为一恒定值。

① 典型系统。车床以相同的切削线速度和吃刀深度加工工件时，若工件的直径大，则主轴的转速低；若工件的直径小，则主轴的转速高，保持切削功率为一恒定值。又如卷绕机，开始卷绕时，卷绕直径小，转矩小，则卷绕速度高；当卷绕直径逐渐增大时，转矩增大，则卷绕速度降低，保持卷绕功率为一恒定值。

由于没有恒功率特性的变频器，所以一般可选用普通 U/f 控制变频器，为了提高控制精度选用矢量控制变频器效果更好。考虑到车床的急加速或偏心切削等问题，可适当加大变频器的容量。

② 立式车床。在断续切削时是一冲击性负载，但由于有主轴惯性，相当于配有很大的飞轮，因此选择变频器时可不增大变频器的容量。由于主轴有很大惯性，选用变频器时要特别注意到制动装置和制动电阻的容量。立式车床选择通用 U/f 控制变频器即可满足要求。

（3）二次方律负载变频器的选择。二次方律负载是指负载转矩与转速的平方成正比，即 $T_L = kn^2$。而负载功率与转速的 3 次方成正比，即 $P = k_1 n^3$。这类负载用变频器调速可以节能 30%~40%，典型系统如风机、泵类等流体机械。

风机、泵类负载选择变频器的要点如下。

① 种类。风机、泵类负载是最普通的负载，普通 U/f 控制变频器即可满足要求，也可选

用专用变频器。

② 变频器的容量选择。等于电动机的容量即可。但空气压缩机、深水泵、泥沙泵、快速变化的音乐喷泉等负载，由于电动机工作时冲击电流很大，所以选择时应留有一定的裕量。

③ 工频—变频切换。

目的：不满载时节能运行，满载时工频运行；当变频器跳闸或出现故障停止输出时，将电动机由变频运行切换到工频运行，以保证电动机继续运转。

 注 意

变频器的输出为电子开关电路，过载能力差，在切换时要考虑变频器的承受能力。

由工频运行切换到变频运行时，先将电动机断电，让电动机自由降速运行。同时检测电动机的残留电压，以推算出电动机的运行频率，使接入变频器的输出频率与电动机的运行频率一致，以减小冲击电流。

当变频运行切换到工频运行时，采用同步切换的方法，即变频器将频率升高到工频，确认频率及相位与工频一致时再切换。

④ 设置瞬时停电再启动功能。

⑤ 设置合适的运行曲线：选择平方律补偿曲线或将变频器设置为节能运行状态。

（4）大惯性负载变频器的选择。大惯性负载如离心泵、冲床、水泥厂的旋转窑等，此类负载的惯性很大，启动速度慢，启动时可能会产生振荡，电动机减速时有能量回馈。此类负载可选择通用 U/f 控制变频器，为提高启动速度，可加大变频器的容量，以避免振荡；使用时要配备制动单元，并要选择足够容量的制动电阻。

（5）不均匀负载变频器的选择。

① 不均匀负载：是指系统工作时负载时轻时重，如轧钢机、粉碎机、搅拌机等。

② 变频器容量选择：以负载最大时进行测算；如没有特殊要求，可选择通用 U/f 控制变频器。

轧钢机除了工作时负载不均匀之外，对速度精度要求很高，因此采用高性能矢量控制变频器。

（6）流水线用变频器的选择。

① 特点：多台电动机按同一速度（或按一定速度比）运行，且每台电动机均为恒转矩负载。

② 选择要求：一般选用 U/f 控制变频器，但频率分辨率要高，比例运行的速度精度要高，必要时可加速度反馈。

2．变频器容量的选择

变频器容量的选择由很多因素决定，如电动机容量、电动机额定电流、电动机加减速时间等，其中最主要的是以电动机额定电流和额定功率作为参考。变频器的容量应按运行过程中可能出现的最大工作电流来选择。下面介绍在几种不同情况下，变频器的容量计算与选择方法。

（1）一台变频器只供一台电动机使用（即 1 拖 1）。

① 恒定负载连续运行时变频器容量的计算。由于变频器的输出电压、电流中含有高次

谐波，电动机的功率因数、效率有所下降，电流约增加 10%，因此由低频、低压启动，变频器用来完成变频调速时，要求变频器的额定电流稍大于电动机的额定电流即可。

$$I_{CN} \geqslant 1.1 I_{MN} \tag{7-4}$$

式中，I_{CN}——变频器输出的额定电流，单位为 A；

    I_{MN}——电动机的额定电流，单位为 A。

额定电压、额定频率直接启动时，对三相电动机而言，由电动机的额定数据可知，启动电流是额定电流的 5～7 倍。因而必须用下式来计算变频器的频定电流 I_{CN}。

$$I_{CN} \geqslant I_{Mst}/K_{Cg} \tag{7-5}$$

式中，I_{Mst}——电动机在额定电压、额定频率时的启动电流；

    K_{Cg}——变频器的允许过载倍数，$K_{Cg} = 1.3～1.5$。

② 周期性变化负载连续运行时变频器容量的计算。在很多情况下，电动机的负载具有周期性变化的特点。显然，在此情况下，按最小负载选择变频器的容量，将出现过载，而按最大负载选择，将是不经济的。由此推知，变频器的容量可在最大负载与最小负载之间适当选择，以便变频器得到充分利用，又不致过载。

首先做出电动机负载电流图 $n = g(t)$ 及 $I = f(t)$，然后求出平均负载电流 I_{av}，再预选变频器的容量，关于 I_{CN} 的计算采用如下公式。

$$I_{CN} = K_0 I_{av} = K_0 \frac{I_1 t_1 + I_2 t_2 + I_3 t_3 + \cdots}{t_1 + t_2 + t_3 + \cdots} \tag{7-6}$$

式中，I_1、I_2、I_3 —— 各运行状态下平均电流，单位为 A；

    t_1、t_2、t_3 —— 各运行状态下的运行时间，单位为 s；

    K_0——安全系数（加减速频繁时取 1.2，一般取 1.1）。

③ 非周期性变化负载连续运行时变频器容量的计算。主要是指不均匀负载或冲击负载，这种情形一般难以作出负载电流图，可按电动机在输出最大转矩时的电流计算变频器的额定电流，可用下式确定。

$$I_{CN} \geqslant I_{max}/K_{Cg} \tag{7-7}$$

式中，I_{max}——电动机在输出最大转矩时的电流。

（2）一台变频器同时供多台电动机使用（即 1 拖多）。多台电动机共用一台变频器进行驱动，除了以上①～③点需要考虑之外，还可以根据以下情况区别对待。

① 各台电动机均由低频、低压启动，在正常运行后，不要求其中某台因故障停机的电动机重新直接启动，这时变频器容量为

$$I_{CN} \geqslant I_{M(max)} + \Sigma I_{MN} \tag{7-8}$$

式中，$I_{M(max)}$——为最大电动机的启动电流；

    ΣI_{MN}——其余各台电动机的额定电流之和。

② 一部分电动机直接启动，另一部分电动机由低频、低压启动。除了使电动机运行的总电流不超过变频器的额定输出电流之外，还要考虑所有直接启动电动机的启动电流，即还要考虑多台电动机是否同时软启动（即同时从 0Hz 开始启动），是否有个别电动机需要直接启动等。综合以上因素，变频器的容量可按下式计算。

$$I_{CN} \geqslant (\Sigma I_{Mst} + \Sigma I_{MN})/K_{Cg} \qquad (7\text{-}9)$$

式中，ΣI_{Mst}——所有直接启动电动机在额定电压、额定频率下的启动电流之和；

　　　　ΣI_{MN}——全部电动机额定电流之和。

3．变频器选型注意事项

在实际应用中，变频器的选用不仅包含前述内容，还应注意以下事项。

（1）具体选择变频器容量时，既要充分利用变频器的过载能力，又要不至于在负载运行时使装置超温。

（2）选择变频器的容量要考虑负载性质。即使相同功率的电动机，负载性质不同，所需变频器的容量也不相同。其中，二次方律负载所需的变频器容量较恒转矩负载的低。

（3）在传动惯量、启动转矩大，或电动机带负载且要正、反转运行的情况下，变频器的功率应加大一级。

（4）要根据使用环境条件、电网电压等仔细考虑变频器的选型。如高海拔地区因空气密度降低，散热器不能达到额定散热器效果，一般在 1 000m 以上，每增加 100m，容量下降 10%，必要时可加大容量等级，以免变频器过热。

（5）使用场所不同，须选择变频器的防护等级，为防止鼠害、异物等进入，应做防护选择，常见 IP10、IP20、IP30、IP40 等级分别能防止ϕ50、ϕ12、ϕ2.5、ϕ1 固体物进入。

（6）矢量控制方式只能对应一台变频器驱动一台电动机。

7.6　变频器外围电器的选择

图 7-1 所示外接主电路的主要电器的功能和选择如下。

1．低压断路器 QF

（1）主要作用。低压断路器 QF 主要有两个作用：一是隔离作用，当变频器需要检修时，或者因某种原因长时间不用时，将 QF 切断，使变频器与电源隔离；二是保护作用，当变频器的输入侧发生短路或电源电压过低等故障时，进行过电流及欠电压保护。

（2）选用原则。由于以下原因：

① 变频器在刚接通电源的瞬间，对电容器的充电电流可高达额定电流的 2～3 倍；

② 变频器的进线电流是脉冲电流，其峰值常可能超过额定电流；

③ 变频器允许的过载能力为 150%，1min。

所以为了避免误动作，低压断路器的额定电流

$$I_{QN} \geqslant (1.3\sim1.4)\,I_{CN} \qquad (7\text{-}10)$$

式中，I_{CN} 为变频器的额定电流。

在电动机要求实现工频和变频的切换控制电路中，断路器应按电动机在工频下的启动电流来选择。

$$I_{QN} \geqslant 2.5 I_{MN} \qquad (7\text{-}11)$$

式中，I_{MN} 为电动机的额定电流。

2．接触器 KM

（1）主要作用。

① 可通过按钮方便地控制变频器的通电与断电。

② 变频器发生故障时，可自动切断电源，并防止掉电及故障后的再启动。

注意，请不要用接触器启动和停止变频器，这样会降低变频器的寿命。

（2）选择原则。由于接触器自身并无保护功能，不存在误动作的问题，故选择原则是主触点的额定电流 $I_{KN} \geqslant I_{CN}$。

3．输出接触器

变频器的输出端一般不接接触器。如由于某种需要而接入时，如图 7-5 中的 KM3，则因为电流中含有较强的谐波成分，故变频器主触点的额定电流 $I_{KN} \geqslant 1.5 I_{MN}$，其中 I_{MN} 是电动机的额定电流。

4．制动电阻 R_B 和制动单元 PW

（1）主要作用。电动机在工作频率下降过程中，将处于再生制动状态，拖动系统的动能要反馈到直流电路中，使直流电压 U_D 不断上升（该电压通常称为泵升电压），甚至可能达到危险的地步。因此必须将再生到直流电路的能量消耗掉，使 U_D 保持在允许范围内。制动电阻 R_B 就是用来消耗这部分能量的。

制动单元 PW 由 GTR 或 IGBT 及其驱动电路构成。其功能是当直流回路的电压 U_D 超过规定的限值时，接通耗能电路，使直流回路通过制动电阻 R_B 释放能量。

（2）制动电阻的选择。制动电阻是用于将电动机的再生能量以热能方式消耗的载体，它包括电阻阻值和功率容量两个重要的参数。通常在工程上选用较多的是波纹电阻和铝合金电阻两种。前者采用表面立体波纹，有利于散热减小寄生电感量，并选用高阻燃无机涂层，可有效保护电阻丝不被老化，延长使用寿命；后者耐气候性、耐震动性，优于传统瓷骨架电阻器，可广泛应用于高要求恶劣工控环境，易紧密安装，易附加散热器，外形美观。

制动电阻 R_B 的粗略算法如下。

$$\frac{U_{DH}}{2I_{MN}} \leqslant R_B \leqslant \frac{U_{DH}}{I_{MN}} \tag{7-12}$$

式中，I_{MN}——电动机的额定电流；

U_{DH}——直流回路电压的允许上限值（V），$U_{DH} \approx 600V$。

制动电阻的功率 P_B 为

$$P_B = \frac{U_{DH}^2}{\gamma R_B} \tag{7-13}$$

式中，γ——修正系数。

① 不反复制动的场合是指制动的次数较少，一次制动以后，在较长时间内不再制动的场合。

对于这种负载，修正系数的大小取决于每次制动所需的时间。

如每次制动时间小于 10s，可取 $\gamma = 7$。

如每次制动时间超过 100s，则 $\gamma = 1$。

如每次制动时间在两者之间，则 γ 大体上可按比例算出。

② 反复制动的场合。设 t_B 为每次制动所需时间，t_C 为每个制动周期所需时间。

如 $t_B/t_C \leqslant 0.01$，取 $\gamma = 5$；$t_B/t_C \geqslant 0.15$，取 $\gamma = 1$；$0.01 < t_B/t_C < 0.15$，则 γ 大体上可按比例算出。

由于制动电阻的容量不易准确掌握，如果容量偏小，则极易烧坏。所以制动电阻箱内附加热继电器。

| 7.7　变频器的布线 |

合理选择安装位置及布线是变频器安装的重要环节。电磁选件的安装位置、各连接导线是否屏蔽、接地点是否正确等，都直接影响到变频器对外干扰的大小及自身工作情况。

变频器的布线原则如下。

（1）当外围设备与变频器共用一个供电系统时，要在输入端安装噪声滤波器，或将其他设备用隔离变压器或电源滤波器进行噪声隔离。

（2）当外围设备与变频器装入同一控制柜中且布线又很接近变频器时，可采取以下方法抑制变频器干扰。

将易受变频器干扰的外围设备及信号线远离变频器安装；信号线使用屏蔽电缆线，屏蔽层接地。亦可将信号电缆线套入金属管中；信号线穿越主电源线时确保正交。

在变频器的输入输出侧安装无线电噪声滤波器或线性噪声滤波器（铁氧体共模扼流圈）。滤波器的安装位置要尽可能靠近电源线的入口处，并且滤波器的电源输入线在控制柜内要尽量短。

变频器到电动机的电缆要采用4芯电缆并将电缆套入金属管，其中一根的两端分别接到电动机外壳和变频器的接地侧。

（3）避免信号线与动力线平行布线或捆扎成束布线；易受影响的外围设备应尽量远离变频器安装；易受影响的信号线尽量远离变频器的输入输出电缆。

（4）当操作台与控制柜不在一处或具有远方控制信号线时，要对导线进行屏蔽，并特别注意各连接环节，以避免干扰信号串入。

7.7.1　主电路布线

1．基本接线

主电路的基本接线如图7-22所示。图中，QF是低压断路器，KM是接触器主触点。

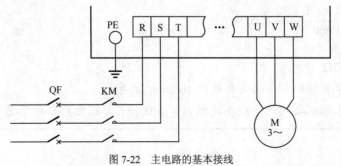

图7-22　主电路的基本接线

R、S、T 是变频器的输入端，接电源线。

U、V、W 是变频器的输出端，与电动机相接。

在这里，变频器的输入端和输出端是绝对不允许接错的。万一将电源线错误地接到了 U、V、W 端，则不管哪个逆变管接通，都将引起两相间的短路而将逆变管迅速烧坏。

2．电源控制开关及导线线径选择

电源控制开关及导线线径的选择与同容量的普通电动机选择方法相同，按变频器的容量选择即可。因输入侧功率因数较低，应本着宜大不宜小的原则选择线径。

3．变频器输出线径选择

变频器工作时频率下降，输出电压也下降。在输出电流相等的条件下，若输出导线较长（$l > 20\text{m}$），低压输出时线路的电压降 ΔU 在输出电压中所占比例将上升，加到电动机上的电压将减小，因此低速时可能引起电动机发热。所以决定输出导线线径时主要是 ΔU 影响，一般要求为

$$\Delta U \leqslant (2 \sim 3)\% U_{\text{X}} \tag{7-14}$$

ΔU 的计算为

$$\Delta U = \frac{\sqrt{3} I_{\text{MN}} R_0 l}{1\,000} \tag{7-15}$$

上两式中，U_{X}——电动机的最高工作电压，单位为 V；

I_{MN}——电动机的额定电流，单位为 A；

R_0——单位长度导线电阻，单位为 Ω/m；

l——导线长度，单位为 m。

常用导线（铜）单位长度电阻可以查找相关数据表格。

【例 7-1】 已知电动机参数为 $P_{\text{N}} = 30\text{kW}$，$U_{\text{N}} = 380\text{V}$，$I_{\text{N}} = 57.6\text{A}$，$f_{\text{N}} = 50\text{Hz}$，$n_{\text{N}} = 1\,460\text{r/min}$。变频器与电动机之间的距离为 30m，最高工作频率为 40Hz。要求变频器在工作频段范围内，线路电压降不超过 2%，请选择导线线径。

解： 已知 $U_{\text{N}} = 380\text{V}$，则 $U_{\text{X}} = U_{\text{N}} \dfrac{f_{\text{max}}}{f_{\text{N}}} = 380 \times (40/50) = 340(\text{V})$

$\Delta U \leqslant 304 \times 2\% = 6.08(\text{V})$

又

$$\Delta U = \frac{\sqrt{3} \times 57.6 \times R_0 \times 30}{1\,000} \leqslant 6.08$$

解得 $R_0 \leqslant 2.03\Omega$。

查相关电阻率表格知，应选截面积为 10.0mm^2 的导线。

若变频器与电动机之间的导线不是很长，其线径可根据电动机的容量来选取。

7.7.2　控制电路布线

1．控制电路导线线径选择

小信号控制电路通过的电流很小，一般不计算线径。考虑到导线的强度和连接要求，一般选用 $0.75mm^2$ 及以下的屏蔽线或绞合在一起的聚乙烯线。

接触器、按钮开关等控制电路导线线径可取 $1mm^2$ 的独股或多股聚乙烯铜导线。

2．控制电路输入端的连接

（1）触点或集电极开路输入端（与变频器内部线路隔离）接线。例如，启动、点动、多段转速控制等的控制线，都是开关量控制线。一般说来，开关量的抗干扰能力较强，故在距离不太远时，允许不使用屏蔽线，但同一信号的 2 根线必须互相绞在一起。每个功能端同公共端 SD 相连，如图 7-23 所示。由于其流过的电流为低电流（DC 4～6mA），低电流的开关或继电器（双触点等）的使用可防止触点故障。

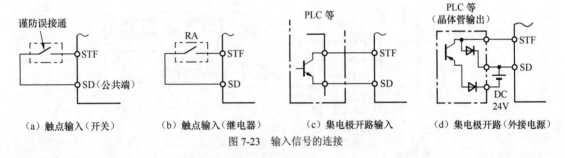

（a）触点输入（开关）　　　（b）触点输入（继电器）　　　（c）集电极开路输入　　　（d）集电极开路（外接电源）

图 7-23　输入信号的连接

（2）模拟信号输入端（与变频器内部线路隔离）接线。模拟量信号的抗干扰能力较低，因此必须使用屏蔽线。屏蔽层靠近变频器的一端，应接控制电路的公共端，但不要接到变频器的地端（E）或大地。屏蔽层的另一端应该悬空。布线时，尽量远离主电路100mm以上，尽量不和主电路交叉。必须交叉时，应采取垂直交叉的方式。该端电缆必须充分和 200V（400V）功率电路电缆分离，不要把它们捆扎在一起，如图 7-24 所示。连接屏蔽电缆，以防止从外部来的噪声。

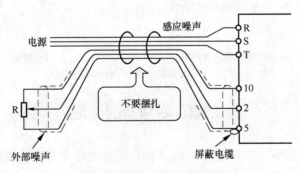

图 7-24　频率设定输入端连接示例

（3）正确连接频率设定电位器。频率设定电位器必须根据其端子号，正确连接，如图 7-25 所示，否则变频器将不能正确工作。电阻值也是很重要的选择项目。

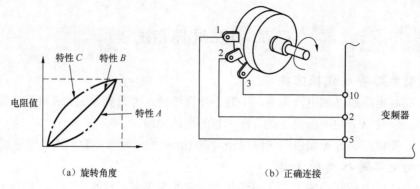

（a）旋转角度 （b）正确连接

图 7-25　频率设定电位器的连接

3．控制电路输出端的连接

（1）集电极开路输出端的接线如图 7-26 所示。

（2）脉冲串输出端接法如图 7-27（a）所示。

（3）模拟信号输出（DC0～10V）端的接法如图 7-27（b）所示。

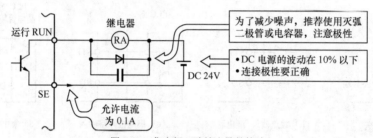

图 7-26　集电极开路输出端的接法

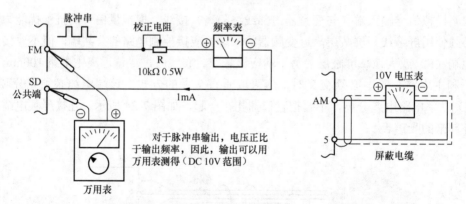

（a）脉冲串输出端的接法 （b）模拟信号输出端的接法

图 7-27　脉冲串和模拟信号输出端的接法

7.7.3　变频器的接地

所有变频器都专门有一个接地端子 PE，用户应将此端子与大地相接。

当变频器和其他设备，或有多台变频器一起接地时，每台设备都必须分别和地线相接，如图 7-28（a）所示，不允许将一台设备的接地端和另一台的接地端相接后再接地，如图 7-28（b）所示。

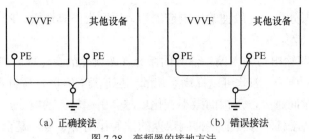

（a）正确接法　　　　　　（b）错误接法

图 7-28　变频器的接地方法

本 章 小 结

（1）变频器的外接主电路。变频器本身具有十分完善的保护功能。因此在单独控制的主电路中，电源进线侧可以不接熔断器，电动机侧也不必接入热继电器。但在有可能切换成工频运行的情况下，熔断器和热继电器仍是必需的。

变频器的输入电流和输出电流中都含有大量的高次谐波成分，必须在变频器的输入和输出侧装滤波器。

（2）继电器控制的变频器电路。变频器的通、断电控制一般均采用电磁接触器，因为采用接触器可以方便地进行自动或手动控制，一旦变频器出现问题，可立即自动切断电源。变频器启/停控制电路是最基本的控制电路，如图 7-2 所示。接触器 KM 控制变频器接通或断开电源，中间继电器 KA 控制变频器启动或停止。通过接触器 KM 的按钮 SB1 可以使变频器运行或停止，但是电源接通时所流过的瞬间电流会缩短变频器的使用寿命，因此要尽量减少频繁地启动和停止。可以通过变频器启动控制用端子（STF，STR）来使变频器运行或停止，此时应设定 Pr.79＝2（外部操作模式）。

（3）PLC 控制的变频器电路。变频 PLC 控制系统硬件结构中最重要的就是接口部分。根据不同的信号连接，其接口部分分为开关指令信号的输入和模拟信号的输入两种。

设计一个 PLC 控制变频器电路的步骤如下。

① 根据控制要求，确定 PLC 的输入、输出并分配地址，画出 PLC 与变频器的接线图。一般常用 PLC 的输出信号直接控制变频器的 STF、STR、RH、RM、RL 端子的闭合或断开。

② 确定变频器的运行模式，并设定变频器运行的相关参数。

③ 根据接线图，设计 PLC 程序，以实现变频器的控制要求。

（4）变频器的内置 PID 功能。内置 PID 功能可以实现变频器的闭环运行，此时必须首先选择 PID 闭环功能有效，然后变频器才能按照给定值和反馈值进行 PID 调节。首先将给定值通过变频器的 2、5 端子输入变频器，反馈值连接到变频器的 4、5 端子上。一般在供排水、流量控制中只需用 P、I 控制即可，D 参数较难确定，它容易和干扰因素混淆，在此类场合也没有必要，通常用在温度控制场合。

① 比例（P）调节器。其输出与输入偏差信号成比例关系，其调节速度快，线性好，但存在静差。P 参数为比例增益，由于 $P=1/K_p$，所以 P 越小，系统的反应越快，静差越小，但过小的话会引起振荡而影响系统的稳定，它起到稳定测量值的作用。

② 积分（I）调节器。其输出与输入偏差信号的积分成正比关系。I 的作用是消除静差，即使测量值接近设定值，I 参数为积分时间常数，该时间越小，到达给定值就越快，但响应

增快，也越容易引起振荡，积分作用一般使输出响应滞后，原则上不宜过大。PI 控制器可以使系统在进入稳态后无稳态误差。

③ 微分（D）调节器。其输出与输入偏差信号的微分（即误差的变化率）成正比关系，使反馈较小的变化引起很大的响应，因此可以提高系统的响应速度，但也容易引入高频干扰。D 参数为微分时间常数，该时间越大，反馈的微小变化就越会引起较大的响应，微分作用一般使输出响应超前。PD 控制器就能够提前使抑制误差的控制作用等于零，甚至为负值，从而避免被控量严重超调。所以对有较大惯性或滞后的被控对象，比例+微分（PD）控制器能改善系统在调节过程中的动态特性。

（5）恒压变频供水系统。水泵是二次方律负载，实现变频调速的主要目的也是节能。

供水系统的变频调速系统的控制目标是保持供水和用水的平衡，实现恒压供水，是一种以压力为参变量的闭环控制系统。利用变频器本身的功能，可进行 PID 调节，并可实现单泵控制和多泵控制。

检 测 题

1. 填空题

（1）变频器外接主电路中输入侧和输出侧都接有滤波器，其作用是_____。

（2）制动电阻 R_B 和制动单元 PW 的作用是_____。

（3）变频器的输出侧不允许接_____或浪涌吸收器，以免造成开关管过流损坏或变频器不能正常工作。

（4）变频 PLC 控制系统通常由_____、_____、_____ 3 部分组成。

（5）恒压供水的目的是_____。

（6）在变频器恒压供水系统中，目标值应该送到变频器的_____端子，反馈值应该送到变频器的_____端子。

（7）在变频器恒压供水系统中，压力传感器的作用是_____。

（8）在变频器 PID 控制功能中，P 是_____调节，I 是_____调节，D 是_____调节。

（9）在 PID 调节中，K_P 过大会引起_____，I 的作用是_____，D 的作用是提高系统的_____。

（10）实践表明，风机或泵类负载恒速运转改为变频调速后，节能可达_____。

（11）生产机械的负载一般分为_____、_____、_____。

（12）风机、泵类负载运行时，负载转矩与_____的平方成正比。

（13）变频器类型的选择，要根据_____的要求来进行。

（14）将易受变频器干扰的外围设备及信号线远离_____安装；信号线使用_____线，屏蔽层_____。

（15）变频器集电极开路输出端如果接继电器线圈，必须并联_____或_____。

2. 简答题

（1）为什么在变频器的电源侧接接触器？为什么不能采用接触器直接控制变频器的启、停？

（2）变频器的通、断电是在停止输出状态下进行的，在运行状态下一般不允许切断电源，为什么？

（3）如图 7-2 所示，为什么在 KA 线圈电路中串联 KM 的辅助动合触点？而在停止按钮 SB2 的两端要并联 KA 的动合触点？将变频器的输出端子 B、C 串联到电路中起什么作用？

（4）简述变频器内置工频运行切换的工作过程。

（5）NPN 输出型和 PNP 输出型的 PLC 如何与变频器输入端子相连接？连接时应注意哪些问题？试画出其连接图。

（6）如图 7-9 所示，当变频器有故障报警信号输出时，能够控制接触器 KM 使变频器主电路断电吗？为什么？

（7）在多段速控制电路中，如果用 3 只开关控制 RH、RM、RL 的通、断来得到 7 段速，这样电路虽然变简单了，但在使用中会有哪些问题？采用 PLC 控制 7 段速有哪些好处？

（8）什么是目标信号？什么是反馈信号？

（9）什么是负反馈？什么是正反馈？

（10）"1 控 1" 和 "1 控多" 各有哪些优缺点？

（11）在多泵恒压供水系统中，PLC 是根据什么信号加泵和减泵的？叙述加泵和减泵的控制过程。

（12）变频器输入电路中的空气断路器和输入接触器分别起什么作用？变频器和电动机之间，在哪些情况下不需要接热继电器，在哪些情况下必须接热继电器？

（13）如何选择变频器？

（14）变频器布线应注意哪些问题？

3. 分析题

（1）图 7-29 所示为变频器正反转控制电路，试分析其工作原理。

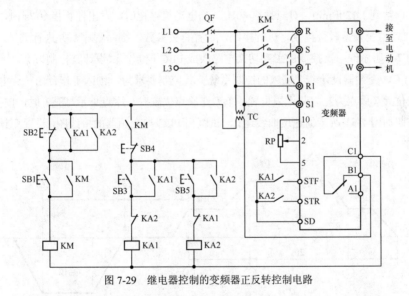

图 7-29　继电器控制的变频器正反转控制电路

① 变频器在正转或反转运行时，能够通过按钮 SB2 控制接触器 KM 使变频器主电路断电吗？为什么？

② 变频器在正转运行时，能够通过按钮 SB5 控制 KA2 使变频器得到反转运行指令吗？为什么？

③ 当变频器有故障报警信号输出时，能够控制接触器 KM 使变频器主电路断电吗？为什么？

（2）图 7-30 所示为由压力传感器组成的空气压缩机恒压控制系统。储气罐的压力由压力传感器测得，送到变频器的模拟电流控制端 4、5 端子上，试分析该系统的恒压控制原理。

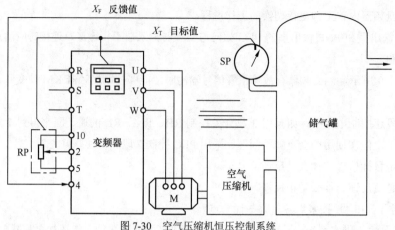

图 7-30　空气压缩机恒压控制系统

（3）某空气压缩机在实行变频调速时，所购压力传感器的量程为 0～1.6MPa，实际需要压力为 0.4MPa，试决定在进行 PID 控制时的目标值。

（4）恒压变频供水控制系统在运行时，压力时高时低，是什么原因引起的？如何解决？在运行过程中，压力发生变化后，恢复过程较慢，如何解决？

（5）当按下正向启动按钮时，电动机延时 10s 开始正向启动，并且在 7s 内电动机的转速达到 1 120r/min，对应频率 40Hz。当按下反向启动按钮时，电动机延时 10s 开始反向启动，并且在 7s 内电动机的转速反向达到 1 120r/min，对应频率 40Hz。当电动机停止时，发出停止指令 7s 内，电动机停止运行。试用 PLC 与变频器联合控制，进行接线，设置有关参数，编写程序，并进行调试。

（6）将图 7-5 所示继电器控制的工频切换电路改成 PLC 控制，试设计其控制方案。

（7）用 PLC、变频器设计一个刨床的控制系统。其控制要求为，刨床工作台由一台电动机拖动，当刨床在原点位置（原点为左限与上限位置，车刀在原点位置时，原点指示灯亮）时，按下启动按钮，刨床工作台按照如图 7-31 所示的速度曲线运行。试画出 PLC 与变频器的接线图，设置变频器的参数并编写 PLC 程序。

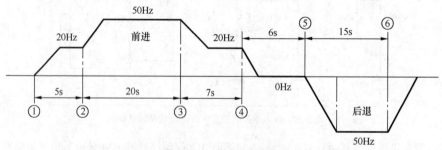

图 7-31　工作台速度曲线

第八章
西门子 MM440 变频器的操作与运行

学习目标

- 熟悉西门子 MM440 变频器的基本结构、端子接线图和运行方式。
- 能完成西门子 MM440 变频器的硬件接线、能进行面板操作和功能参数设置。

| 8.1　西门子 MM440 变频器的接线图及操作面板 |

8.1.1　西门子 MM440 变频器的接线图

视频：西门子 MM4 系列变频器

西门子公司 A&D 标准驱动部（SD）在 2002 年相继推出了 MM410、MM420、MM430、MM440 通用变频器，其中 MM440 系列变频器采用矢量控制方式，其余系列均采用 *U/f* 控制方式。

MICROMASTER 440 变频器简称 MM440 变频器，是用于三相电动机速度控制和转矩控制的变频器系列。此系列有多种型号供用户选择，额定功率范围从 120W 至 200kW（恒转矩即 CT 方式）或 250kW（变转矩即 VT 方式）。

MM440 变频器既可用于单机驱动系统，也可集成到"自动化系统"中，其接线图如图 8-1 所示。

图 8-1 所示的端子分为主电路端子和控制电路端子两部分。主电路端子 L1、L2、L3 通过断路器或者漏电保护的断路器连接至三相交流 380V 电源，也可以接交流 220V 电源。端子 U、V、W 连接至电动机。端子 B+、B−连接制动单元，PE 是电动机电缆屏蔽层的接地端子。

控制电路端子 1、2 是为用户提供的 1 个高精度的 10V 直流稳压电源。模拟输入端子 3、4 和 10、11 为用户提供了 2 对模拟给定（电压或电流）输入端作为频率给定信号。开关量输入端子 5、6、7、8、16、17 为用户提供了 6 个完全可编程的输入端，开关量信号经光电隔离输入 CPU，对电动机进行正、反转、正、反向点动、固定频率设定值控制等。输入端子 9、28 是 24V 直流电源端，为变频器的控制电路提供 24V 直流电源。6 个数字量输入端子可以通过其对应的参数 P0701～P0706 设置不同的值变更其功能，6 个数字量输入端子可切换为 NPN/PNP 接线，其接线方式如图 8-1 所示。输入端子 14、15 为电动机的过热保护输入端；输入端子 29、30 为 RS485（USS 协议）端。

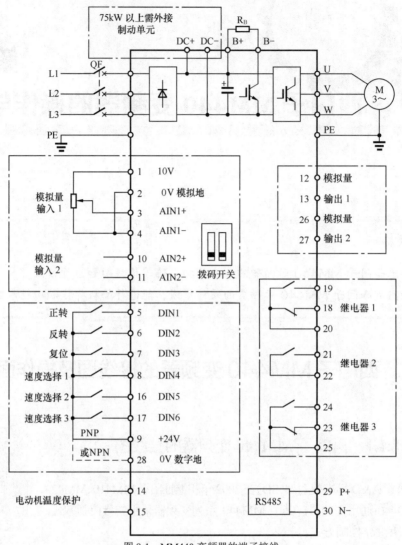

图 8-1　MM440 变频器的端子接线

输出端子 12、13 和 26、27 为 2 对模拟输出端；输出端子 18、19、20、21、22、23、24、25 为输出继电器的触点。继电器 1 为变频器故障触点，继电器 2 为变频器报警触点，变频器 3 为变频器准备就绪触点。

图 8-1 中的 DIP 拨码开关是供用户设置电动机频率的开关，共有 2 个，DIP 开关 1 不供用户使用。DIP 开关 2 置于 OFF 位置，用于欧洲地区（工厂默认频率为 50Hz，功率单位为 kW）；DIP 开关 2 置于 ON 位置，用于北美地区（工厂默认频率值为 60Hz，功率单位为 hp）。

8.1.2　西门子 MM440 变频器的操作面板

MM440 变频器在标准供货方式时装有状态显示板（SDP），如图 8-2（a）所示，对于很多用户来说，利用 SDP 和制造厂的默认设置值，就可以使变频器成功投入运行。如果工厂的默认设置值不适合用户的设备情况，用户可以利用基本操作板（BOP）（如图 8-2（b）所示），或高级操作板（AOP）（如图 8-2（c）所示）修改参数，使之匹配起来。BOP 和 AOP 是作为可选件供货的。

（a）SDP 状态显示板

（b）BOP 基本操作板

（c）AOP 高级操作板

图 8-2 适应于 MM440 变频器的操作面板

1. 用状态显示屏 SDP 进行操作

SDP 上有 2 个 LED 指示灯，用于指示变频器的运行状态。当黄灯和绿灯均亮时，变频器处于准备运行状态；当只有绿灯亮时，变频器正在运行。

采用 SDP 进行操作时，变频器的预设定必须与以下的电动机数据兼容：电动机的额定功率、电动机电压、电动机的额定电流、电动机的额定频率。

此外，必须满足以下条件。

（1）按照线性 *U/f* 控制特性，由模拟电位器控制电动机速度。

（2）频率为 50 Hz 时最大速度为 3 000r/min（60 Hz 时为 3 600r/min），可通过变频器的模拟输入端用电位器控制。

（3）斜坡上升时间/斜坡下降时间=10s。

使用变频器上装设的 SDP 可进行以下操作。

（1）启动和停止电动机（数字输入 DIN1 由外接开关控制）。

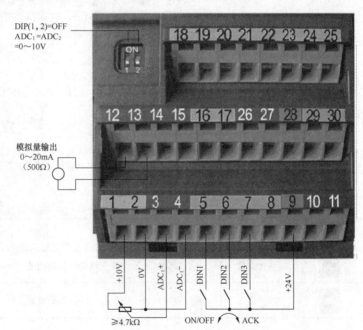

图 8-3 用 SDP 进行的基本操作

（2）电动机反向（数字输入 DIN2 由外接开关控制）。

（3）故障复位（数字输入 DIN3 由外接开关控制）。

按图 8-3 连接模拟输入信号，即可实现对电动机速度的控制。

2. 用基本操作面板（BOP）进行操作

用 BOP 可以修改和设定系统参数，使变频器具有期望的特性，如斜坡时间、最小和最大频率等。为了用 BOP 设置参数，首先必须将 SDP 从变频器上拆卸下来，然后装上 BOP。BOP 具有 5 位数字的七段显示，用于显示参数序号 r×××

视频：西门子
变频器的操作面板

×、P××××、参数值、参数单位（如 A、V、Hz、s）、报警信息 A×××× 和故障信息 F
×××× 以及该参数的设定值和实际值。基本操作面板上的按键及其功能说明如表 8-1 所示。

表 8-1　　　　　　　　　　　　操作面板（BOP/AOP）上的按键及其功能

显示/按钮	功　能	功　能　说　明
r0000	状态显示	LCD 显示变频器当前的设定值
I	启动变频器	按此键启动变频器。默认值运行时此键是被封锁的。为了使此键的操作有效，应设定 P0700=1
O	停止变频器	OFF1：按此键，变频器将按选定的斜坡下降速率减速停车。默认值运行时，此键被封锁；为了允许此键操作，应设定 P0700=1 OFF2：按此键 2 次（或 1 次，但时间较长），电动机将在惯性作用下自由停车。此功能总是"使能"的
方向键	改变电动机的转动方向	按此键可以改变电动机的转动方向。电动机的反向用负号（—）表示或用闪烁的小数点表示。默认值运行时，此键是被封锁的，为了使此键的操作有效，应设定 P0700=1
jog	电动机点动	在变频器无输出的情况下按此键，将使电动机启动，并按预设定的点动频率运行。释放此键时，变频器停车。如果电动机正在运行，按此键将不起作用
Fn	功能	此键用于浏览辅助信息。 变频器运行过程中，在显示任何一个参数时按下此键并保持不动 2s，将显示以下参数值（在变频器运行中，从任何一个参数开始）。 ① 直流回路电压（用 U_d 表示，单位：V）。 ② 输出电流（单位：A）。 ③ 输出频率（单位：Hz）。 ④ 输出电压（用 U_o 表示，单位：V）。 ⑤ 由 P0005 选定的数值（如果 P0005 选择显示上述参数中的任何一个（3、4 或 5），这里将不再显示）。 连续多次按下此键，将轮流显示以上参数。 跳转功能。 在显示任何一个参数（r×××× 或 P××××）时短时间按下此键，将立即跳转到 r0000，如果需要的话，用户可以接着修改其他的参数。跳转到 r0000 后，按此键将返回原来的显示点。 故障确认。 在出现故障或报警的情况下，按下此键可以对故障或报警进行确认
P	访问参数	按此键即可访问参数
▲	增加数值	按此键即可增加面板上显示的参数数值
▼	减少数值	按此键即可减少面板上显示的参数数值

　　MM440 变频器有两种参数类型：以字母 P 开头的参数为用户可改动的参数；以字母 r
开头的参数表示本参数为只读参数。

 注　意

　　在默认设置时，用 BOP 控制电动机的功能是被禁止的。如果要用 BOP 进行控制，参
数 P0700（使能 BOP 的启动/停止按钮）应设置为 1，参数 P1000（使能电位器的设定值）
也应设置为 1。

3．用高级操作面板（AOP）进行操作

高级操作面板（AOP）是可选件。AOP 的特点是采用明文显示，可以简化操作控制、诊断和调试（启动）。

8.2 变频器的功能参数设置与面板运行操作

通过变频器的基本操作面板来设置变频器的参数，是最直接的设置变频器参数的方法。通过面板上的键盘还可以实现控制电动机的启动、停止、正转、反转、点动、复位等操作。同时，变频器的运行涉及多项频率参数，只有合理设置这些参数，才能使电动机变频调速后的特性满足生产机械的要求。

视频：西门子
变频器的参数修改

1．用基本操作面板更改参数的数值

① 修改"参数过滤器"P0004，其操作步骤如表 8-2 所示。

表 8-2　　　　　　　　　　　　修改参数过滤器 P0004 的操作步骤

	操 作 步 骤	显示的结果
1	按 P 键访问参数	r0000
2	按 ▲ 键直到显示 P0004	P0004
3	按 P 键进入参数值	0
4	按 ▲ 键或 ▼ 键达到所需的值	7
5	按 P 键确认并存储参数值	P0004
6	用户只能看到命令的参数	

② 修改"选择命令/设定值源"P0719，其操作步骤如表 8-3 所示。

表 8-3　　　　　　　　　　　　修改参数 P0719 的操作步骤

	操 作 步 骤	显示的结果
1	按 P 键访问参数	r0000
2	按 ▲ 键直到显示 P0719	P0719
3	按 P 键进入参数值	in000
4	按 P 键显示当前设定值	0
5	按 ▲ 键或 ▼ 键达到所需的数值	12
6	按 P 键确认并存储参数值	P0719
7	按 ▼ 键直到显示 r0000	r0000
8	按 P 键返回运行显示（由用户定义）	

 说　明

说明：忙碌信息。修改参数的数值时，BOP 有时会显示 busy ，表明变频器正忙于处理优先级更高的任务。

2．变频器快速调试

P0010 的参数过滤功能和 P0003 选择用户访问级别的功能在调试时是十分重要的。快速调试包括电动机的参数设定和斜坡函数的参数设定。快速调试的进行与参数 P3900 的设定有关，在它被设定为 1 时，快速调试结束后，将执行必要的电动机计算，并使其他所有的参数（P0010＝1 不包括在内）恢复为默认设置值。在 P3900＝1，并完成快速调试以后，变频器即已做好了运行准备；只有在快速调试方式下才进行这一操作。其快速调试的流程如图 8-4 所示。

图 8-4　MM440 变频器快速调速流程

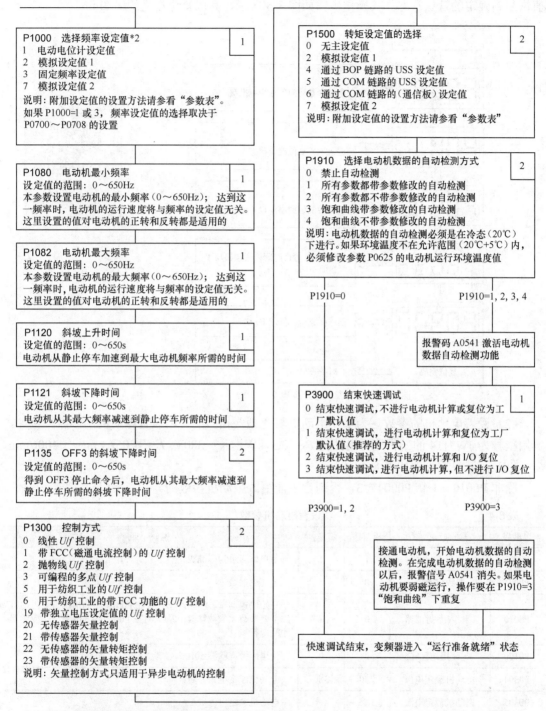

P1000 选择频率设定值*2
1 电动电位计设定值
2 模拟设定值1
3 固定频率设定值
7 模拟设定值2
说明：附加设定值的设置方法请参看"参数表"。
如果P1000=1或3，频率设定值的选择取决于P0700～P0708的设置

P1080 电动机最小频率
设定值的范围：0～650Hz
本参数设置电动机的最小频率（0～650Hz）；达到这一频率时，电动机的运行速度将与频率的设定值无关。这里设置的值对电动机的正转和反转都是适用的

P1082 电动机最大频率
设定值的范围：0～650Hz
本参数设置电动机的最大频率（0～650Hz）；达到这一频率时，电动机的运行速度将与频率的设定值无关。这里设置的值对电动机的正转和反转都是适用的

P1120 斜坡上升时间
设定值的范围：0～650s
电动机从静止停车加速到最大电动机频率所需的时间

P1121 斜坡下降时间
设定值的范围：0～650s
电动机从其最大频率减速到静止停车所需的时间

P1135 OFF3的斜坡下降时间
设定值的范围：0～650s
得到OFF3停止命令后，电动机从其最大频率减速到静止停车所需的斜坡下降时间

P1300 控制方式
0 线性U/f控制
1 带FCC（磁通电流控制）的U/f控制
2 抛物线U/f控制
3 可编程的多点U/f控制
5 用于纺织工业的U/f控制
6 用于纺织工业的带FCC功能的U/f控制
19 带独立电压设定值的U/f控制
20 无传感器矢量控制
21 带传感器矢量控制
22 无传感器的矢量转矩控制
23 带传感器的矢量转矩控制
说明：矢量控制方式只适用于异步电动机的控制

P1500 转矩设定值的选择
0 无主设定值
2 模拟设定值1
4 通过BOP链路的USS设定值
5 通过COM链路的USS设定值
6 通过COM链路的（通信板）设定值
7 模拟设定值2
说明：附加设定值的设置方法请参看"参数表"

P1910 选择电动机数据的自动检测方式
0 禁止自动检测
1 所有参数都带参数修改的自动检测
2 所有参数都不带参数修改的自动检测
3 饱和曲线带参数修改的自动检测
4 饱和曲线不带参数修改的自动检测
说明：电动机数据的自动检测必须是在冷态（20℃）下进行。如果环境温度不在允许范围（20℃+5℃）内，必须修改参数P0625的电动机运行环境温度值

P1910=0   P1910=1, 2, 3, 4

报警码A0541 激活电动机数据自动检测功能

P3900 结束快速调试
0 结束快速调试，不进行电动机计算或复位为工厂默认值
1 结束快速调试，进行电动机计算和复位为工厂默认值（推荐的方式）
2 结束快速调试，进行电动机计算和I/O复位
3 结束快速调试，进行电动机计算，但不进行I/O复位

P3900=1, 2   P3900=3

接通电动机，开始电动机数据的自动检测。在完成电动机数据的自动检测以后，报警信号A0541消失。如果电动机要弱磁运行，操作要在P1910=3"饱和曲线"下重复

快速调试结束，变频器进入"运行准备就绪"状态

注：*1电动机的额定性能参数请参看电动机的铭牌。
　　*2表示该参数包含更详细的设定值表，可用于特定的应用场合。请参看"参考手册"和"操作说明书"。

图8-4　MM440变频器快速调速流程（续）

3.基本面板操作控制电动机的运行

（1）变频器复位为工厂的默认设定值。参数复位是将变频器的参数恢复到出厂时的参数默认值。在变频器初次调试或者参数设置混乱时，需要执行该操作，以便于将变频器的参数

值恢复到确定的默认状态。其操作步骤如图 8-5 所示，完成复位过程约需 3min。

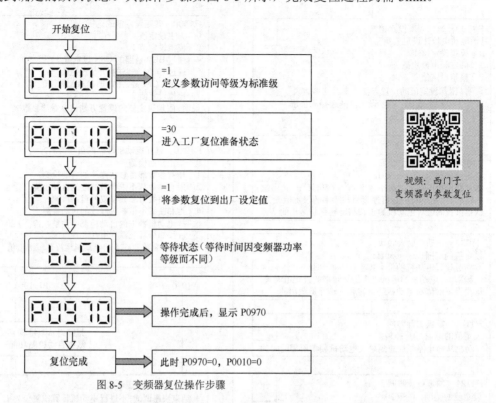

图 8-5　变频器复位操作步骤

（2）设置电动机的参数。为了使电动机与变频器相匹配，需设置电动机的参数。例如，选用型号为 JW7114 的三相笼型电动机 $P_N = 0.37kW$，$U_N = 380V$，$I_N = 1.05A$，$n_N = 1\ 400r/min$，$f_N = 50Hz$，其参数设置如表 8-4 所示。

除非 P0010 = 1 和 P0004 = 3，否则是不能更改电动机参数的。

表 8-4　　　　　　　　　　　　　　　设置电动机参数

参数号	参数名称	出厂值	设定值	说　明
P0003	用户访问级	1	1	用户访问级为标准级
P0004	参数过滤器	0	3	电动机参数
P0010	调试参数过滤器	0	1	开始快速调试。注意，①只有在 P0010=1 的情况下，电动机的主要参数才能被修改；② 只有在 P0010=0 的情况下，变频器才能运行
P0100	使用地区	0	0	使用地区：欧洲 50Hz
P0304	电动机额定电压	230	380	电动机额定电压（V）
P0305	电动机额定电流	3.25	1.1	电动机额定电流（A）
P0307	电动机额定功率	0.75	0.37	电动机额定功率（kW）
P0310	电动机额定频率	50	50	电动机额定频率（Hz）
P0311	电动机额定转速	0	1 400	电动机额定转速（r/min）
电动机参数设置完成后，设 P0010=0，变频器可正常运行				

（3）设置电动机正转、反转和正向点动、反向点动具体参数如表 8-5 所示。

表 8-5　　　　　　　　　　　　面板基本操作控制参数

参 数 号	参 数 名 称	出厂值	设定值	说　明
P0003=1，设用户访问级为标准级				
P0004=7，命令和数字 I/O				
P0700	选择命令给定源（启动/停止）	2	1	由 BOP（键盘）输入设定值
P0003=1，设用户访问级为标准级				
P0004=10，设定值通道和斜坡函数发生器				
P1000	设置频率给定源	2	1	由键盘给定频率
*P1080	下限频率	0	0	电动机的最小运行频率（0Hz）
*P1082	上限频率	50	60	电动机的最大运行频率（60Hz）
*P1120	加速时间	10	8	斜坡上升时间（8s）
*P1121	减速时间	10	8	斜坡下降时间（8s）
P0003=2，设用户访问级为扩展级				
P0004=10，设定值通道和斜坡函数发生器				
*P1040	设定给定频率	5	40	设定键盘控制的频率值（Hz）
*P1058	正向点动频率	5	10	设定正向点动频率（Hz）
*P1059	反向点动频率	5	10	设定反向点动频率（Hz）
*P1060	点动斜坡上升时间	10	5	设定点动斜坡上升时间
*P1061	点动斜坡下降时间	10	5	设定点动斜坡下降时间

注：标"*"的参数可根据用户实际要求进行设置。

P1032=0，允许反向，可以用键入的设定值改变电动机的旋转反向（既可以用数字输入，也可以用键盘上的升/降键增加/降低运行频率）。

P3900=3，结束快速调试。

P0010=0，运行准备。

（4）面板控制电动机运行。

① 按变频器操作面板上的⬛键，这时变频器按由 P1120 设定的上升时间驱动电动机升速，并运行在由 P1040 设定的频率值上。

② 如果需要，则电动机的转速（运行频率）及旋转方向可直接通过按操作面板上的⬛键或⬛键来改变（当设置 P1031=1 时，由⬛键或⬛键改变了的频率设定值被保存在内存中）。

③ 所设置的最大运行频率 P1082 的设定值可以根据需要修改。

④ 按变频器操作面板上的⬛键，变频器将由 P1121 设置的斜坡下降时间驱动电动机降速至零。

⑤ 点动运行。按变频器操作面板上的⬛键，变频器将驱动电动机按由 P1058 设置的正向点动频率运行；当松开该键时，点动结束。如果按变频器操作面板上的⬛换向键，再重复上述的点动运行操作，电动机可在变频器的驱动下反向点动运行。

8.3 变频器的外端子控制运行

8.3.1 西门子变频器的端子功能

1. 西门子变频器输入端子功能

（1）数字量输入端子功能的设定

西门子 MM440 变频器的输入信号中有 5、6、7、8、16、17 等 6 个数字输入端子，两个模拟量输入也可以用作数字输入，如图 8-6（a）所示，这样一共有 8 个数字量可供使用，这 8 个端子都是多功能端子，这些端子功能可以通过参数 P0701～P0708 的设定值来选择，以节省变频器控制端子的数量。5、6、7、8、16、17 等 6 个数字量输入端子可切换为 NPN/PNP 接线，其接线方式如图 8-6（a）所示。注意，选择不同信号的接线方式时，必须设定 P0725 的值，当 P0725=0 时，选择 NPN 方式，如图 8-6（a）所示，端子 5、6、7、8、16、17 必须通过端子 28（0V）连接，当 P0725=1 时，选择 PNP 方式，如图 8-6（a）所示，端子 5、6、7、8、16、17 必须通过端子 9（24V）连接。

数字开关量输入端子的参数设置如表 8-6 所示。

表 8-6　　　　　　　　数字开关量输入端子的参数设置

数 字 输 入	端 子 号	参 数 号	出 厂 值	功 能 说 明
DIN1	5	P0701	1	
DIN2	6	P0702	12	=0，禁止数字输入
DIN3	7	P0703	9	=1，ON/OFF1，接通正转/断开停车
DIN4	8	P0704	15	=2，ON+反向/OFF1，接通反转/断开停车
DIN5	16	P0705	15	=3，OFF2，断开按惯性自由停车
DIN6	17	P0706	15	=4，OFF3，断开按第二降速时间快速停车
DIN7	1、3	P0707	0	=9，故障复位
DIN8	1、10	P0708	0	=10，正向点动
	9	公共端		=11，反向点动

注意：

1. 数字量的输入逻辑可以通过 P0725 改变；

2. 数字量输入状态由参数 r0722 监控，开关闭合时相应笔画点亮，通过此参数来判断变频器是否已经接收到相应的数字输入信号；

=12，反转（与正转命令配合使用）

=13，电动电位计升速

=14，电动电位计降速

=15，固定频率直接选择

=16，固定频率选择＋ON 命令

=17，固定频率编码选择+ON 命令

=25，使能直流制动

=29，外部故障信号触发跳闸

=33，禁止附加频率设定值

=99，使能 BICO 参数化

3. DIN7 和 DIN8 端子没有 15、16、17 等设定值，因此不能用作多段速端子

（2）模拟量输入（ADC）功能的设定

MM440 变频器可以通过外部给定电压信号或电流信号调节变频器的输出频率，这些电

压信号和电流信号在变频器内部通过模数转换器转换成数字信号作为频率给定信号，控制变频器的速度。

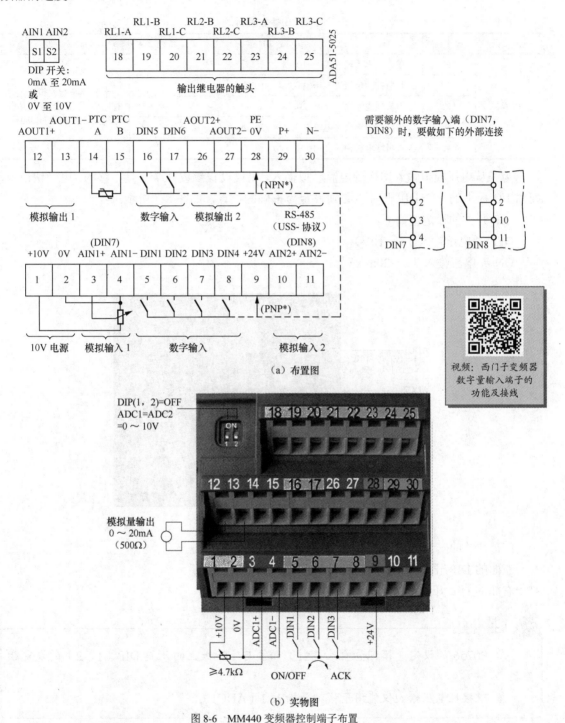

（a）布置图

视频：西门子变频器数字量输入端子的功能及接线

（b）实物图

图 8-6　MM440 变频器控制端子布置

（3）模拟量通道属性的设定

MM440 变频器有两路模拟量输入，即 AIN1（端子 3、端子 4）和 AIN2（端子 10、端子 11），如图 8-6（a）所示，这两个模拟量通道既可以接收电压信号，还可以接收电流信号，并允许模拟输入的监控功能投入。两路模拟量以 in000 和 in001 区分，可以分别通过 P0756[0]（ADC1）和 P0756[1]（ADC2）设置两路模拟通道的信号属性，如表 8-7 所示。

表 8-7   P0756 参数解析

参数号	设定值	参 数 功 能	说　明
P0756	0	单极性电压输入（0～10V）	带监控是指模拟通道带有监控功能，当断线或信号超限，报故障 F0080
	1	带监控的单极性电压输入（0～10V）	
	2	单极性电流输入（0～20mA）	
	3	带监控的单极性电流输入（0～20mA）	
	4	双极性电压输入（−10～10V）	

为了从电压模拟输入切换到电流模拟输入，仅仅设置参数 P0756 是不够的。更确切地说，要求 I/O 板上的 2 个 DIP 开关也必须设定为正确的位置，如图 8-7 所示。

DIP 开关的设定值如下。

OFF = 电压输入（0～10V）

ON = 电流输入（0～20mA）

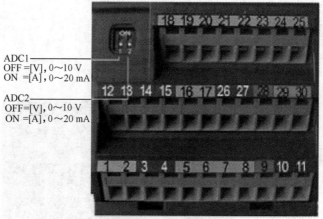

图 8-7   用于 ADC 电压/电流输入的 DIP 开关

DIP 开关的安装位置与模拟输入的对应关系如下。

左面的 DIP 开关（DIP 1）= 模拟输入 1

右面的 DIP 开关（DIP 2）= 模拟输入 2

 注　意

① P0756 的设定（模拟量输入类型）必须与 I/O 板上的开关 DIP（1、2）的设定相匹配。

② 双极性电压输入仅能用于模拟量输入 1（ADC1）。

2．西门子变频器输出端子功能

变频器除了用输入控制端接收各种输入控制信号外，还可以用输出控制端输出与自己的工作状态相关的信号。外接输出信号的电路结构有两种：一种是数字量输出端子，如图 8-6

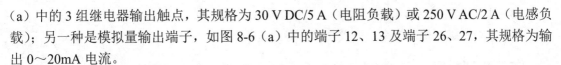

（a）中的 3 组继电器输出触点，其规格为 30 V DC/5 A（电阻负载）或 250 V AC/2 A（电感负载）；另一种是模拟量输出端子，如图 8-6（a）中的端子 12、13 及端子 26、27，其规格为输出 0～20mA 电流。

（1）数字量输出端子的功能

可以将变频器当前的状态以数字量的形式用继电器输出，方便用户通过输出继电器的状态来监控变频器的内部状态量，而且每个输出逻辑可以进行取反操作，即通过操作 P0748 的每一位，更改变频器输出继电器的逻辑。三组继电器输出端子对应参数的含义及部分设定值如表 8-8 所示。

表 8-8　　　　　　　　　　　继电器输出端子参数的含义及部分设定值

继电器编号	参数号	默认值	参 数 功 能	输出状态
继电器 1	P0731	52.3	变频器故障（上电后继电器会动作）	继电器失电
继电器 2	P0732	52.7	变频器报警	继电器得电
继电器 3	P0733	52.2	变频器运行	继电器得电

P0731～P0733 还可以设置以下值。
52.0，变频器准备；52.1，变频器准备运行就绪；52.4，OFF2 停车命令有效；52.5，OFF3 停车命令有效；52.A，已达到最大频率；52.D，电动机过载；52.E，电动机正向运行；52.F，变频器过载

（2）模拟量输出端子的功能

MM440 变频器有两路模拟量输出，图 8-6（a）中的端子 12、13 和端子 26、27，相关参数以 in000 和 in001 区分，出厂值为 0～20mA 输出，可以标定为 4～20mA 输出（P0778=4），如果需要电压信号，可以在相应端子并联一支 500Ω 电阻得到 0～10V 的电压。

需要输出的物理量可以通过 P0771 设置，P0771 参数的功能如表 8-9 所示。

表 8-9　　　　　　　　　　　P0771 参数的功能

参数号	设定值	参数功能	说明
P0771	21.0	实际频率	模拟输出信号与设置的物理量呈线性关系
	25.0	实际输出电压	
	26.0	实际直流回路电压	
	27.0	实际输出电流	

8.3.2　西门子变频器外部运行操作实训

一、实训目的

（1）掌握变频器的外部运行模式。

（2）掌握变频器外部运行模式的接线。

（3）理解选择命令给定源参数 P0700 和设置频率给定源参数 P1000 的意义。

视频：西门子变频器的外部操作

二、实训设备

（1）西门子 MM440 变频器 1 台。

（2）电动机 1 台。

（3）电工常用工具1套。

（4）5kΩ三脚电位器1个、开关2个、导线若干。

三、实训内容

1. 实训要求

现有一台变频器，需要用外部端子控制变频器启停，通过外部电位器给定0～10V的电压，让变频器在0～50Hz进行正、反转调速运行，加减速时间为5s。

2. 接线图

按图8-8连接变频器的电路，注意，三脚电位器（阻值≥4.7kΩ）要把中间接线柱接到变频器的端子3上，其他两个管脚分别接变频器的端子1、端子4，变频器的端子2、端子4短接。

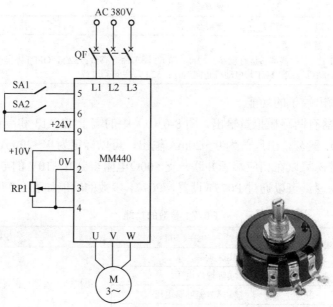

图8-8　变频器外部操作电路

3. 设置变频器参数

电动机参数设置请参考表8-10。变频器通过3、4端子给定0～10V的电压信号，其对应的变频器的运行频率为0～50Hz，因此需选择变频器的模拟输入1作为电压给定信号，必须设置P0756[0]=1（选择电压输入）。具体的参数设置如表8-10所示。

表8-10　　　　变频器外部操作的参数设置

参数号	参数名称	出厂值	设定值	说　明
P0003=1，设用户访问级为标准级				
P0004=7，命令和数字I/O				
P0700[0]	选择命令给定源（启动/停止）	2	2	命令源选择由端子排输入
P0003=2，设用户访问级为扩展级				
P0004=7，命令和数字I/O				
P0701[0]	设置端子5	1	1	ON接通正转，OFF停止

续表

参数号	参数名称	出厂值	设定值	说　明
P0702[0]	设置端子 6	12	2	ON 接通反转，OFF 停止
P0003=1，用户访问级为标准级 P0004=10，设定值通道和斜坡函数发生器				
P1000[0]	设置频率给定源	2	2	选择 AIN1 给定频率
*P1080[0]	下限频率	0.00	0.00	电动机的最小运行频率（0Hz）
*P1082[0]	上限频率	50.00	50.00	电动机的最大运行频率（50Hz）
*P1120[0]	加速时间	10.00	5.00	斜坡上升时间（5s）
*P1121[0]	减速时间	10.00	5.00	斜坡下降时间（5s）
P0003=2，用户访问级为标准级 P0004=8，模拟 I/O				
P0756[0]	设置 ADC1 的类型	0	0	AIN1 通道选择 0～10V 电压输入，同时将 I/O 板上的 DIP1 开关置于 OFF 位置

4．操作运行

（1）开始。按图 8-8 所示的电路接好线。将启动开关 SA1 或 SA2（端子 5 或端子 6）处于 ON。变频器开始按照 P1120 设定的时间加速，最后稳定在某个频率上。

（2）加速。顺时针缓慢旋转电位器（频率设定电位器）到满刻度。显示的频率数值逐渐增大，电动机加速，当显示 40Hz 时，停止旋转电位器。此时变频器运行在 40Hz 上。根据变频器的模拟量给定电压与给定频率之间的线性关系，40Hz 对应的给定电压应该为 8V，此时，找到监控参数 r0752（显示模拟输入电压值），观察其值是否等于 8，再找到监控参数 r0020（显示实际的频率设定值），观察其值是否为 40Hz。

（3）减速。逆时针缓慢旋转电位器（频率设定电位器）。此时找到监控参数 r0752，旋转电位器，让其输入电压为 2V，再找到 r0020，看其实际的频率设定值是否为 10Hz。最后将电位器旋转到底，观察电动机是否停止运行。

（4）停止。断开启动开关 SA1 或 SA2（端子 5 或端子 6），电动机将停止运行。

四、实训总结

写出实训报告。

8.3.3　西门子变频器组合运行操作实训

一、实训目的

（1）掌握变频器的组合运行模式。
（2）掌握变频器组合运行模式的接线。
（3）理解组合运行操作参数的含义。

二、实训设备

（1）西门子 MM440 变频器 1 台。
（2）电动机 1 台。

（3）电工常用工具1套。

（4）开关2个、按钮2个、导线若干。

三、实训内容

1．实训要求

现有一台变频器，需要用外部端子控制变频器以 10Hz 正反向点动运行及连续正反转运行，通过变频器面板给定 40Hz 频率，加减速时间为 5s。

2．接线图

MM440 变频器外端子控制变频器正反转的接线如图 8-9 所示。在图 8-9 中，端子 5 设为正转控制，端子 6 设为反转控制，端子 7 设为正向点动控制，端子 8 设为反向点动控制。

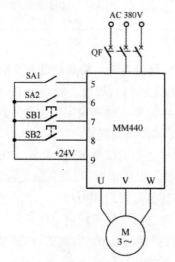

图 8-9　变频器组合运行操作接线图

3．设置变频器参数

按表 8-11 设置参数。

表 8-11　　　　　　　　　　　　变频器外端子控制设置参数表

参　数　号	参　数　名　称	出厂值	设定值	说　　明
P0003=1，设用户访问级为标准级				
P0004=7，命令和数字 I/O				
P0700	选择命令给定源（启动/停止）	2	2	命令源选择由端子排输入，这时变频器只能从端子控制
P0003=2，设用户访问级为扩展级				
P0004=7，命令和数字 I/O				
P0701	设置端子 5	1	1	ON 接通正转，OFF 停止
P0702	设置端子 6	12	2	ON 接通反转，OFF 停止
P0703	设置端子 7	9	10	正向点动
P0704	设置端子 8	15	11	反向点动

参 数 号	参 数 名 称	出厂值	设定值	说 明
P0003=1，用户访问级为标准级				
P0004=10，设定值通道和斜坡函数发生器				
P1000	设置频率给定源	2	1	由键盘给定频率
*P1080	下限频率	0	0	电动机的最小运行频率（0Hz）
*P1082	上限频率	50	60	电动机的最大运行频率（60Hz）
*P1120	加速时间	10	5	斜坡上升时间（8s）
*P1121	减速时间	10	5	斜坡下降时间（8s）
P0003=2，设用户访问级为扩展级				
P0004=10，设定值通道和斜坡函数发生器				
*P1040	设定给定频率	5	40	设定键盘控制的频率值（Hz）
*P1058	正向点动频率	5	10	设定正向点动频率（Hz）
*P1059	反向点动频率	5	10	设定反向点动频率（Hz）
*P1060	点动斜坡上升时间	10	5	设定点动斜坡上升时间
*P1061	点动斜坡下降时间	10	5	设定点动斜坡下降时间

4．操作运行

（1）按图 8-9 连接电路，合上断路器 QF。先将变频器参数恢复至工厂默认值。

（2）将表 8-11 的参数设置到变频器中。

（3）外端子控制电动机运行。闭合 SA1，这时变频器将按由 P1120 设定的上升时间驱动电动机升速，并运行在由 P1040 设定的频率值上。断开 SA1，变频器停止运行。反转时，闭合 SA2，变频器反转运行，断开 SA2，变频器停止。

（4）点动运行。按下按钮 SB1，变频器将驱动电动机按由 P1058 设置的正向点动频率运行；当松开该按钮时，点动结束。如果按下 SB2，则变频器反向点动运行，松开该按钮，则点动结束。

四、实训总结

写出实训报告。

| 8.4 变频器的多段速控制运行 |

8.4.1 西门子变频器多段速功能

多段速功能也称作固定频率，就是设置在参数 P1000=3 的条件下，用数字量端子选择固定频率的组合，实现电动机多段速运行。MM440 变频器的 6 个数字输入端子 5、6、7、8、16、17 可通过 P0701～P0706 设置实现多段速控制。每一段的频率可分别由 P1001～P1015

参数设置，最多可实现 15 段速控制，电动机的方向可以由 P1001～P1015 参数设置的频率正负决定。6 个数字输入端子，哪一个作为电动机运行、停止控制，哪些作为多段速频率控制，可以由用户任意确定。一旦确定了某一数字输入端子的控制功能，其内部参数设置值必须与端子的控制功能相对应。

西门子 MM440 变频器的多段速控制可通过以下 3 种方法实现。

1．直接选择（P0701～P0706=15）

在这种操作方式下，一个数字输入选择一个固定频率，端子与参数设置对应如表 8-12 所示，变频器的启动信号由面板给定或通过设置数字量输入端的正反转功能给定。

表 8-12　　　　　　　　　　直接选择方式端子与参数设置对应表

端子编号	对应参数	对应频率设置值	说　　　明
5	P0701	P1001	
6	P0702	P1002	
7	P0703	P1003	（1）频率给定源 P1000 必须设置为 3。
8	P0704	P1004	（2）当多个选择同时激活时，选择的频率是它们的总和
16	P0705	P1005	
17	P0706	P1006	

2．直接选择+ON 命令（P0701～P0706=16）

在这种操作方式下，数字量输入既选择固定频率（见表 8-11），又具备启动功能。

3．二进制编码选择+ON 命令（P0701～P0704=17）

二进制编码选择+ON 命令只能使用数字量输入端子 5、6、7、8 控制，这 4 个端子的二进制组合最多可以选择 15 个固定频率，由 P1001～P1015 指定多段速中的某个固定频率运行，这种控制方法必须把变频器的参数 P0701～P0704 同时设置为 17，其对应的全部 4 个固定频率方式位参数 P1016～P1019 才能自动设定为 3，ON/OFF1 命令选择开关才能为 1，这时闭合相应的端子变频器才可能运行。

视频：西门子
变频器直接选择运行

 注　意

5、6、7、8 这 4 个端子的参数 P0701～P0704 只要有一个参数不设置为 17，P1016～P1019 就自动恢复到出厂值 1，变频器就不会启动，必须重新手动设置以保证 P1016～P1019=3。

要实现 15 段速频率控制，需要 4 个数字输入端子，图 8-10 所示为 15 段速控制接线图。其中，数字输入端子 5、6、7、8 为固定频率选择控制端子，其对应的参数 P0701～P0704=17，P1000=3，由开关 SA1～SA4 按不同通断状态组合，实现 15 段固定频率控制，其

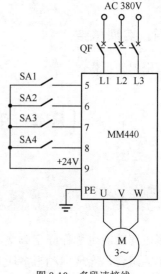

图 8-10　多段速接线

15 段速固定频率控制状态如表 8-13 所示。

表 8-13　　　　　　　　　　　　15 段速固定频率控制状态

固定频率	开关状态				对应频率参数	参数功能
	端子 8	端子 7	端子 6	端子 5		
1	0	0	0	1	P1001	设置段速 1 频率
2	0	0	1	0	P1002	设置段速 2 频率
3	0	0	1	1	P1003	设置段速 3 频率
4	0	1	0	0	P1004	设置段速 4 频率
5	0	1	0	1	P1005	设置段速 5 频率
6	0	1	1	0	P1006	设置段速 6 频率
7	0	1	1	1	P1007	设置段速 7 频率
8	1	0	0	0	P1008	设置段速 8 频率
9	1	0	0	1	P1009	设置段速 9 频率
10	1	0	1	0	P1010	设置段速 10 频率
11	1	0	1	1	P1011	设置段速 11 频率
12	1	1	0	0	P1012	设置段速 12 频率
13	1	1	0	1	P1013	设置段速 13 频率
14	1	1	1	0	P1014	设置段速 14 频率
15	1	1	1	1	P1015	设置段速 15 频率

8.4.2　西门子变频器 7 段速实训

一、实训目的

（1）进一步了解西门子变频器外部端子的控制功能，掌握控制多段速运行的方法。
（2）学会设置多段速运行的参数。

二、实训设备

（1）西门子 MM440 变频器 1 台。
（2）电动机 1 台。
（3）电工常用工具 1 套。
（4）开关及导线若干。

三、实训内容及步骤

1．控制要求

某变频器控制系统要求用 3 个外端子实现 7 段速控制，运行频率分别为 10Hz、20Hz、50Hz、30Hz、−10Hz、−20Hz、−50Hz。变频器的上下限频率分别为 60Hz、0Hz，加减速时间为 5s。

2．实训步骤

（1）接线图

根据任务要求，变频器需要 7 段速运行，因此，用 5、6、7 三个端子

视频：西门子
变频器 7 段速运行

就可以实现 7 段速组合运行，按照图 8-10 接线，注意不接端子 8。

（2）参数设置

变频器首先清零，然后设置功能参数，如表 8-14 所示。

表 8-14　　　　　　　　　　　　7 段速控制参数表

参数号	参数名称	出厂值	设定值	说明
P0003=1，设用户访问级为标准级				
P0004=7，命令和数字 I/O				
P0700	选择命令给定源（启动/停止）	2	2	命令源选择由端子排输入，这时变频器只能从端子控制
P0003=2，设用户访问级为扩展级				
P0004=7，命令和数字 I/O				
P0701	设置端子 5	1	17	二进制编码+ON 命令
P0702	设置端子 6	12	17	二进制编码+ON 命令
P0703	设置端子 7	9	17	二进制编码+ON 命令
P0704	设置端子 8	15	17	二进制面板+ON 命令
P0003=1，用户访问级为标准级				
P0004=10，设定值通道和斜坡函数发生器				
P1000	设置频率给定源	2	3	选择固定频率设定值
*P1080	下限频率	0.00	0.00	电动机的最小运行频率（0Hz）
*P1082	上限频率	50.00	60.00	电动机的最大运行频率（60Hz）
*P1120	加速时间	10.00	5.00	斜坡上升时间（5s）
*P1121	减速时间	10.00	5.00	斜坡下降时间（5s）
P0003=2，设用户访问级为扩展级				
P0004=10，设定值通道和斜坡函数发生器				
设置 P1001～P1007 分别等于 10Hz、20Hz、50Hz、30Hz、−10Hz、−20Hz、−50Hz				
P0003=3，用户访问级为专家级				
P0004=10，设定值通道和斜坡函数发生器				
P1016	固定频率方式—位 0	1	3	P1016～P1019=1，直接选择
P1017	固定频率方式—位 1	1	3	P1016～P1019=2，直接选择+ON 命令
P1018	固定频率方式—位 2	1	3	P1016～P1019=3，二进制编码+ON 命令
P1019	固定频率方式—位 3	1	3	P1016～P1019 在 P0701～P0704 均设置为 17 时，自动变为 3

（3）运行操作

闭合 SA1 时，变频器运行在 P1001 设定的频率上；闭合 SA2 时，变频器运行在 P1002 设定的频率上；同时闭合 SA1 和 SA2，变频器运行在 P1003 的设定频率上；闭合 SA3 时，变频器运行在 P1004 设定的频率上。

请把实训操作结果填入表 8-15 中。

表 8-15　　　　　　　　　　　7 段速固定频率控制状态表

固定频率	端子 7(SA3)	端子 6(SA2)	端子 5(SA1)	对应频率所设置的参数	频率/Hz
1	OFF	OFF	ON		

续表

固定频率	端子7(SA3)	端子6(SA2)	端子5(SA1)	对应频率所设置的参数	频率/Hz
2	OFF	ON	OFF		
3	OFF	ON	ON		
4	ON	OFF	OFF		
5	ON	OFF	ON		
6	ON	ON	OFF		
7	ON	ON	ON		

本 章 小 结

（1）西门子 MM440 变频器有 6 个带光电隔离的可编程开关量输入端子，并可切换为 NPN/PNP 接线。这 6 个端子可分别接收来自开关、按钮、传感器及 PLC 等的信号，它们的端子功能可通过设置相应的参数加以改变；2 个模拟量输入端子：AIN1（0～10V，0～20mA，−10～+10V）和 AIN2（0～10V，0～20mA）；2 个模拟输入也可以作为第 7 和第 8 个数字输入；具有 3 组继电器输出端子，用来显示变频器故障、报警及准备就绪等运行情况。有两组模拟量输出端子，用来显示变频器中的给定值、实际值和控制信号。

（2）MM440 变频器在标准供货方式时装有状态显示板（SDP），对于很多用户来说，利用 SDP 和制造厂的默认值，就可以使变频器成功地投入运行。如果工厂的默认值不适合用户的设备情况，用户可以利用基本操作板（BOP）或高级操作板（AOP）修改参数，使之匹配起来。

（3）通过 MM440 变频器的基本操作面板来设置变频器的参数，是最直接的设置变频器参数的方法。通过面板上的键盘还可以实现控制电动机的启动、停止、正转、反转、点动、复位等操作。同时，变频器的运行涉及多项频率参数，只有合理设置这些参数，才能使电动机变频调速后的特性满足生产机械的要求。

（4）西门子 MM440 变频器的参数有两种。参数号用 0 000～9 999 四位数表示。在参数号的前面加一个小写字母"r"，表示该参数是"只能读"的参数，不可改写；在参数号的前面加一个大写字母"P"，表示该参数为可改写参数。

（5）西门子 MM440 变频器的运行方式有面板操作、外部操作、组合操作及通信操作。决定变频器运行方式的有两个重要参数：P0700 和 P1000，其中 P0700 选择变频器的启停信号由面板或是外部端子给定，P1000 设置频率给定源是由面板给定或是外部模拟量端子给定。

（6）西门子 MM440 变频器的多段速控制可以有 3 种实现方式：直接选择（P0701～P0706=15）、直接选择+ON 命令（P0701～P0706=16）和二进制编码选择+ON 命令（P0701～P0706=17），注意 3 种方式在接线及参数设置方面的区别。

检 测 题

1. 填空题

（1）西门子 MM440 变频器输入控制端子中，有_____个数字量可编程端子。

（2）西门子 MM440 变频器的模拟量输入端子可以接受的电压信号是_____V，电流信号是

_____ mA。

（3）西门子 MM440 变频器的操作面板中，⏻键表示_____，🅹🅾🅶键表示_____，◠键表示_____。

（4）西门子 MM440 变频器选择命令给定源是_____参数，设置用户访问级是_____参数，设置频率给定源是_____参数。

（5）西门子 MM440 变频器设置加速时间的参数是_____；设置上限频率的参数是_____；设置下限频率的参数是_____。

（6）西门子 MM440 变频器的多段速控制方式有_____、_____、_____ 3 种。

（7）西门子 MM440 变频器需要设置电动机的参数时，应设置参数 P0010=_____，需要变频器运行时，需要将 P0010 设置为_____。

2. 简答题

（1）西门子 MM440 变频器如何将变频器的参数复位为工厂的默认值？

（2）简述西门子 MM440 变频器的 3 种多段速实现方式的相同点和不同点。

3. 分析题

（1）西门子 MM440 变频器拖动一个三相异步电动机运行。变频器设置要求如下。

① 启动用面板⏻按钮启动。

② 频率给定用 5kΩ 可调电阻 R，电压范围为 0～10V 设置给定频率。

试画出电路接线图并设置变频器参数。

（2）电动机正转运行控制，要求稳定运行频率为 40Hz，由面板给定。DIN3 端口设为在正转控制端。画出变频器外部接线图，并进行参数设置、操作调试。

（3）利用变频器外部端子实现电动机正转、反转和点动的功能，电动机加减速时间为 4s，点动频率为 10Hz。DIN5 端口设为正转控制，DIN6 端口设为反转控制，运行频率由面板给定。试进行变频器的接线及参数设置、操作调试。

（4）通过查 MM440 变频器使用手册，用自锁按钮控制变频器实现电动机 12 段速频率运转。12 段速设置分别为：第 1 段输出频率为 5Hz；第 2 段输出频率为 10Hz；第 3 段输出频率为 15Hz；第 4 段输出频率为-15Hz；第 5 段输出频率为-5Hz；第 6 段输出频率为-20Hz；第 7 段输出频率为 25Hz；第 8 段输出频率为 40Hz；第 9 段输出频率为 50Hz；第 10 段输出频率为 30Hz；第 11 段输出频率为-30Hz；第 12 段输出频率为 60Hz。变频器的启动和停止信号可以由外部端子给定。试画出变频器外部接线图，写出参数设置。

直流调速实验设备以 DJDK-1 型电力电子技术及电动机控制实验装置为例介绍。该装置除电源控制屏外，采用挂件式结构，可根据不同实验内容进行自由组合，能完成"电力电子技术""直流调速系统""交流调速系统""自动控制原理"等课程所开设的主要实验。实验装置外观图见附图 1。

附图 1　DJDK-1 型电力电子技术及电动机控制实验装置外观

这里仅介绍直流调速系统所用到的实验挂件的性能。该实验装置可进行的直流调速实验项目有开环直流调速、单闭环直流调速、双闭环直流调速、逻辑无环流可逆直流调速和直流脉宽调速等，各实验所选用挂件如附表 1 所示，各实验挂件的名称及其提供的功能电路模块如附表 2 所示。

附表 1　　　　　　　　　　直流调速系统实验项目及其选用挂件

项目 挂件	开环调速	单闭环调速	双闭环调速	逻辑无环流可逆 调速	脉宽调速
DJK01	√	√	√	√	√
DJK02	√	√	√	√	
DJK02-1	√	√	√	√	
DJK04	√	√	√	√	
DJK04-1				√	
DJK08		√	√	√	
DJK09					√
DJK17					√
D42	√	√	√	√	
DD03	√	√	√	√	

附表 2　　　　　　　　　　各挂件名称及其提供的功能电路模块

挂件 型号	挂件名称	挂件提供的实验功能电路模块
DJK01	电源控制屏	三相交流电源、直流励磁电源、直流电流表 1 块、直流电压表 1 块
DJK02	三相变流桥路	正、反两组整流桥，波电抗器，直流电流表 1 块，直流电压表 1 块
DJK02-1	三相晶闸管触发电路	触发电路，正、反桥功放电路
DJK04	电动机调速控制实验 I	给定电路、2 个调节器、电流反馈与保护、转速变换单元、反号器
DJK04-1	电动机调速控制实验 II	为逻辑无环流可逆调速实验提供零电平检测、转矩极性鉴别、逻辑电路
DJK08	可调电阻、电容箱	为 PI 调节器提供外接反馈电阻和电容
DJK09	单相调压与可调负载	为直流脉宽调速实验提供直流电源
DJK17	双闭环 H 桥 DC/DC 变换直流调速	为直流脉宽调速实验提供主电路、控制电路、给定电路、转速调节器、电流调节器、转速反馈调节、电流反馈调节单元
D42	三相可调电阻	用作发电机的负载电阻
DD03	直流电动机组	包括他励直流电动机、直流发电机和测速发电机及转速表

1. 电源控制屏

电源控制屏（DJK01）为直流调速实验提供三相交流电源和直流电动机的励磁电源，其设备板面如附图 2 所示。

（1）设备上电操作。打开电源控制屏后面铁门，将三相断路器合上，设备上电，再将板面上的钥匙开关打开，左上角数字电压表会显示三相电源的线电压，通过转换开关可轮流显示任意两相之间的线电压，用以检测三相电源是否正常。

（2）三相交流电源输出。A、B、C 3 个插入式接线端是三相交流电压输出端，供整流电路使用，只有按下启动按钮，三端才有电压输出。为保障设备安全，每相输出均串接 1 个带指示灯的熔断器（转换开关右侧），熔断时指示灯会亮。各设 1 个电流互感器检测每相输出电流，检测出的电流大小转换为 3 个交流电压信号送给 DJK04 挂件上电流反馈与保护电路模块，用于实现电流反馈和电流保护，当三相交流电路输出的电流大于一定值（设定为 1.3A）时，保护电路动作，切断电源输出并报警。

（3）调速方式的选择。因为本实验装置做交流调速和直流调速时，A、B、C 3 端输出的电压大小是不同的，所以做直流调速实验时要将"直流调速、交流调速"选择开关拨至"直流调速"位置。

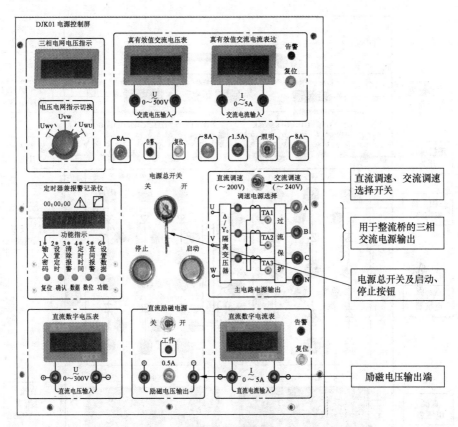

附图 2 电源控制屏

（4）直流励磁电源。本控制屏可为直流电动机提供 220V 直流励磁电源，使用该电源时，将励磁电源开关拨至"开"的位置，按下启动按钮后，励磁电源工作指示灯会亮，若不亮，说明励磁电源的保险熔断，应更换同规格的熔断管。

本控制屏还提供数字交流电压表、交流电流表各 1 块（上方），数字直流电压表、数字直流电压表各 1 块（下方）供测量使用。

2. 三相变流桥路（DJK02 挂件）

本挂件主要为直流调速提供晶闸管整流桥电路、电动机主回路的平波电抗器及直流电压表及直流电流表各 1 块。其面板如附图 3 所示。

（1）与触发电路挂件的连接端口。本挂件有 3 个端口通过多芯扁平线与触发电路（DJK02-1 挂件）相连接，即三相同步信号输出口、正桥触发脉冲输入口、反桥触发脉冲输入口，可向触发电路提供三相同步信号，接收来自 DJK02-1 挂件正、反桥功放电路送出的触发脉冲，送给晶闸管。

同步信号是从电源控制屏内获得，屏内装有 △/Y 接法的三相同步变压器，和主电源输出保持同步，其输出相电压幅度为 15V 左右，供晶闸管触发电路使用，产生移相触发脉冲；只要将本挂件的 12 芯电源插头与控屏相连接，则输出相位一一对应的三相同步电压信号。

（2）正、反桥钮子开关。正、反桥脉冲输入端的触发脉冲信号通过"正、反桥钮子开关"接至相应晶闸管的门极和阴极；面板上共设有 12 个钮子开关，分为正、反桥 2 组，分别控制对应的晶闸管的触发脉冲，要使晶闸管工作，对应钮子开关应置"通"的位置。

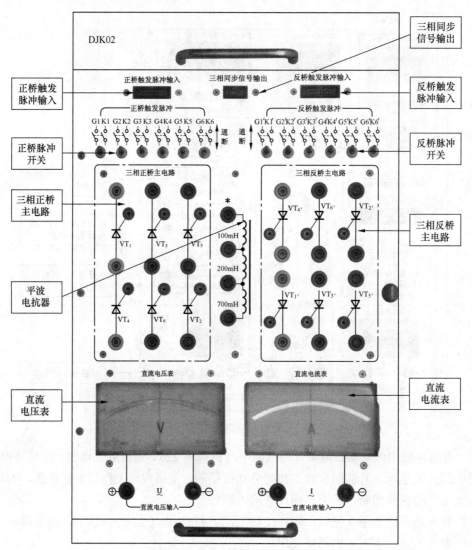

附图 3　三相变流桥路（DJK02 挂件）

（3）正、反桥主电路。正桥主电路和反桥主电路分别由 6 只 5A/1 000V 晶闸管组成；每个晶闸管元件均配置有阻容吸收及快速熔断丝保护。此外正桥主电路还设有压敏电阻，起过压保护作用。

（4）电抗器。实验中电动机主回路所串的平波电抗器装在电源控制屏内，其引出端通过 12 芯的插座连接到 DJK02 面板的中间位置，有 3 挡电感量可供选择，分别为 100mH、200mH、700mH（各挡在 1A 电流下能保持线性），直流调速一般选择 200mH 电感值即可。电抗器回路中串有 3A 螺旋式熔断器，打开控制屏后门可以看到。

（5）直流电压表及直流电流表。面板上装有 ±300 V 的带镜面直流电压表、±2 A 的带镜面直流电流表，均为中零式。

3．直流电动机组

直流电动机组（DD03）包括同轴相连的他励式直流电动机、直流发电机、测速发电机及转速表，如附图 4 所示。

转速表　　　　测速发电机　　　　直流发电机　　　　　　直流电动机

附图 4　电动机组及转速表

直流电动机为直流调速系统被控对象，电枢绕组接整流桥输出电压，励磁绕组接励磁电源（在电源控制屏上）。

测速发电机为永磁式直流发电机，其输出电压接转速表，一方面通过数字表显示直流电动机转速，另一方面通过转速表板面上的 2 个接线端输出，用作转速反馈。

直流发电机连同外接可调负载电阻，作为直流电动机的模拟负载，用于改变直流电动机的电枢电流。其电枢绕组接外接负载电阻（见 D42 挂件），励磁绕组接励磁电源（与电动机共用）。由于与电动机同轴相连，电动机转速越高，直流发电机电枢绕组输出电压越高，电阻消耗的功率越大，直流电动机输出的功率越大，电动机电枢电流越大。

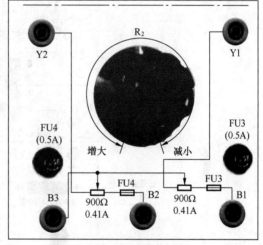

附图 5　可调电阻

4．三相可调电阻

三相可调电阻（D42 挂件）上提供 3 个负载电阻，每个负载电阻的板面如附图 5 所示。

R_2 同轴联动 2 个可调电阻，常用作模拟负载电阻，用于改变电动机的电枢电流。每个可调电阻均有 2 个固定端和 1 个可动触头输出端，两可动触头已连在一起经 B3 引出。

每个可调电阻上装有一个 0.41A 的熔断器，而在调节电动机的负载电流时，为了增加电流的可调范围，通常需将附图 5 中的 2 个可调电阻并联使用。其连接方法是将 B1、B2 并联后作为等效可调电阻的固定端外接，将 B3 作为等效可调电阻的可动触头外接。

 注　意

必须使用 B1、B2 端，而不能使用 Y1、Y2 端，否则熔断器不起作用。

5．三相晶闸管触发电路

三相晶闸管触发电路挂件（DJK02-1 挂件）板面如附图 6 所示。本挂件接收来自 DJK02 挂件的三相同步电压信号，供触发电路产生触发脉冲，产生的触发脉冲经正桥功放和反桥功放电路放大后送给正反桥主电路晶闸管。

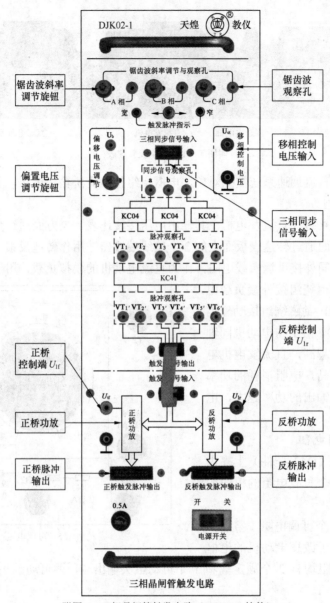

附图6　三相晶闸管触发电路（DJK02-1 挂件）

当正桥控制端 U_{lf} 接地时，允许正桥功放电路工作；当反桥控制端 U_{lr} 接地时，允许反桥功放电路工作。

触发脉冲的相位由移相控制电压 U_{ct} 控制，当 $U_{ct}=0\,V$ 时，脉冲相位角为90°，整流桥输出电压为零，电动机停止。$U_{ct}=0\,V$ 时，整流桥输出电压不为零，电动机转速不为零，应调节偏置电压调节旋钮 U_b，使整流桥输出电压为零，电动机刚好停转。

6．电动机调速控制实验 I

电动机调速控制实验 I 挂件（DJK04 挂件）为直流调速系统提供给定电路、调节器、电流反馈与保护、转速变换等电路模块，板面如附图7所示。

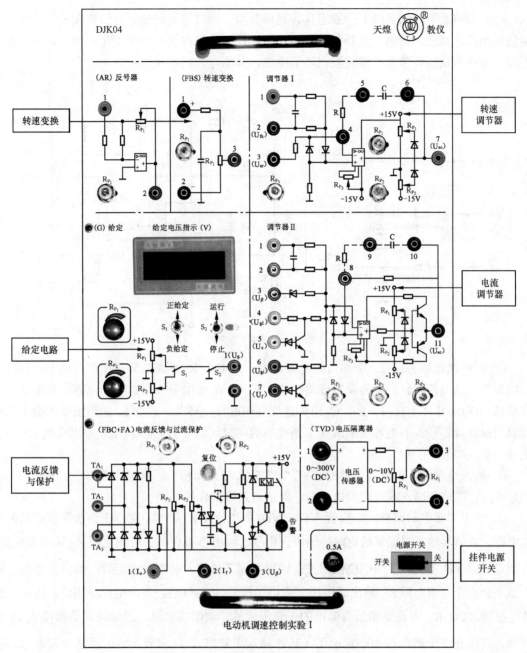

附图 7　电动机调速控制实验 I（DJK04 挂件）

（1）给定电路。给定电路原理图如附图 8 所示。不同直流调速系统要求给定电压的极性不同，开环调速、双闭环调速要求提供正给定电压，单闭环直流调速则要求提供负给定电压，正负给定可通过开关 S_1 选择。R_{P_1} 和 R_{P_2} 分别用来调节正、负给定电压的大小，给定电压的值可通过板面上的直流电压表读出。

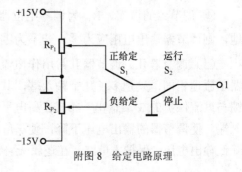

附图 8　给定电路原理

（2）调节器Ⅰ。调节器Ⅰ一般用作转速调节器。调节器的功能是对给定和反馈2个输入量进行加法、减法、比例、积分和微分等运算，使其输出按某一规律变化。调节器由运算放大器、输入与反馈环节及二极管限幅环节组成，其原理如附图9所示。

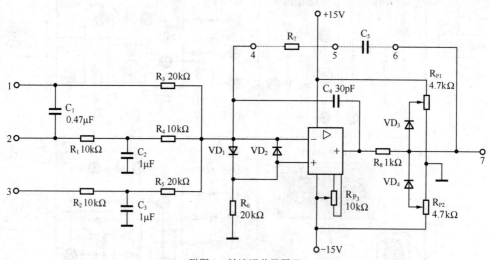

附图9　转速调节器原理

① 对外接线端。1、2、3端为信号输入端，由 C_1、R_3 组成微分反馈校正环节，有助于抑制振荡，减少超调。7端为调节器输出端。4、5、6端用于外接电阻和电容，其电阻、电容均从 DJK08 挂件上获得。R_7、C_5 组成速度环串联校正环节，改变 R_7 的阻值就改变了系统的放大倍数，改变 C_5 的电容值就改变了系统的响应时间。作为转速调节器，电阻可取 120 kΩ，电容可取 0.47 μF。

② 输入端保护。运算放大器的"+""-"输入端之间相当于"虚短路"，二极管 VD_1 和 VD_2 可防止运放两输入端有较大电压差，对运放起保护作用。

③ 输出限幅值的调整。二极管 VD_3、VD_4 和电位器 R_{P_1}、R_{P_2} 组成正、负限幅可调的限幅电路。调节器输入端加负给定时，输出正电压，输出值不会高于可调电阻 R_{P_1} 输出端电压，否则二极管 VD_3 导通，7端电位被钳位；同理，调节器输入端加正给定时，输出负电压，输出值不会高于可调电阻 R_{P_2} 输出端电压，否则二极管 VD_4 导通，7端电位被钳位。因此，调节电位器 R_{P_1}、R_{P_2} 可设定调节器输出的正负限幅值。调限幅值时，通常将调节器接成 PI 调节器，只需在1个输入端加一定电压（其他输入端悬空），经积分，输出就达到限幅值，调节电阻 R_{P_1} 或 R_{P_2}，可改变输出限幅值电压大小。

④ 调节器的调零。R_{P_3} 为调零电位器。将调节器接成比例调节器，将其所有输入端均接地，则调节器输出电压应为零，若不为零，应调节 R_{P_3} 使之为零。

（3）调节器Ⅱ。调节器Ⅱ常用作电流调节器，其原理如附图 10 所示。调节器Ⅱ与调节器Ⅰ原理相同，只是多了几个输入端，其中3端接推β信号，当主电路电流过大时，电流反馈与过流保护的3端输出一个推β高电平信号，击穿稳压管，正电压信号输入运放的反向输入端，使调节器的输出电压下降，使α角向180°方向移动，使晶闸管从整流区移至逆变区，降低输出电压，保护主电路。在逻辑无环流实验中，4、6端同为输入端，其输入的值互为相反数，如果两路输入都有效的话，相互抵消为零，所以在任一时刻，只能让一路输入信号起作用，让另一路信号接地不起作用，这是通过 5、7 端的输入电压来控制。例如，5 端有高电平输入时，击穿稳压管 VD_2，三极管 VT_4 饱和导通，4 端输入信号对地短接，不起输入作用。

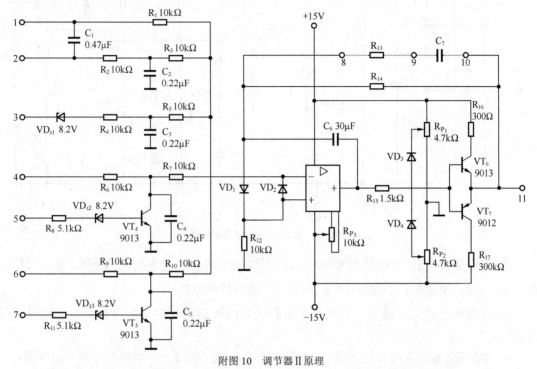

附图 10　调节器 II 原理

调节器 II 的 R_{13}、C_7 也从 DJK08 挂件上获得。R_{P_1}、R_{P_2} 为输出限幅值调节电位器，R_{P_3} 为调零电位器，调限幅值和调零的方法与调节器 I 相同，不再阐述。

（4）转速变换。转速变换用于有转速反馈的调速系统中，用于调节转速反馈系数。附图 11 为其原理图。

将转速表上的电压输出端接至转速变换的输入端 1 和 2。输入电压经 R_1 和 R_{P_1} 分压后，经 3 端输出作为转速反馈电压。调节电位器 R_{P_1} 可改变转速反馈系数。

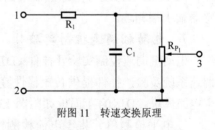

附图 11　转速变换原理

（5）电流反馈与过流保护。本单元的功能是检测主电源输出电流大小并转化为电压信号，以实现电流反馈、过电流保护，其原理如附图 12 所示。

TA_1、TA_2、TA_3 为电流互感器的输出端，其电压高低反映三相主电路输出的电流大小，这 3 个交流电压信号经二极管三相桥式整流后得到直流电压，该直流电压大小能间接反映电动机负载电流大小。整流输出电压加至由 R_{P_1}、R_{P_2} 及 R_1、R_2、VD_7 组成的 3 条支路上，实现如下功能。

① 过流保护。打开挂件电源开关后，过流保护就处于工作状态。电流过大时，继电器 K 动作，控制屏内的主继电器掉电，切断主电源，挂件面板上的声光报警器发出告警信号，提醒操作者实验装置已过流跳闸。调节 R_{P_2} 的抽头的位置，可改变保护动作的电流值。过流故

障消除后，按下 SB 按钮，报警停止，电路恢复正常。

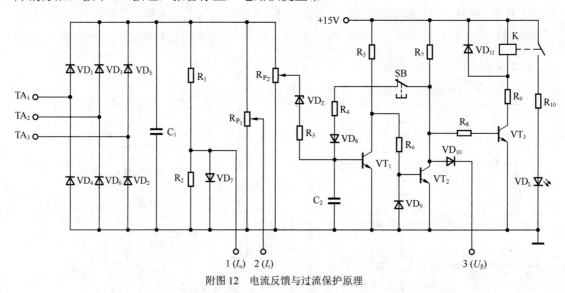

附图 12　电流反馈与过流保护原理

② 电流反馈输出。2 端输出为电流反馈信号，用作双闭环控制的电流反馈，电流反馈系数由 R_{P_1} 调节。电流反馈系数出厂时已调好，一般不需再调整。

③ 零电流检测信号输出。1 端用于逻辑无环流可逆调速的零电平检测。其输出电压为 $0\sim 0.6V$。

④ 推 β 信号输出。电流过大时，3 端输出 1 个高电平信号，供电流调节器（调节器 II）推 β 使用，若短时间内仍不能消除过流，过流保护将动作。

TA_1、TA_2、TA_3 3 端不需外接线，面板上的 3 个圆孔为示波器观测孔，只要将 DJK04 挂件的 10 芯电源线与电源控制屏的相应插座连接，TA_1、TA_2、TA_3 就与控制屏内的电流互感器输出端相连。

7.电动机调速控制实验 II

电动机调速控制实验 II 挂件（DJK04-1 挂件）和 DJK04 配合可完成逻辑无环流可逆直流调速系统实验，挂件提供转矩极性鉴别（DPT）、零电平检测（DPZ）和逻辑控制（DLC）3 个电路模块。DJK04-1 面板如附图 13 所示。

零电平检测单元将零电流检测模拟信号（来自 DJK04））转换为 0 和 1 电平信号，主回路电流接近于零时，输出端 U_I 为高电平 1，否则输出低电平 0。其输入—输出特性如附图 14（a）所示。

转速极性鉴别单元将电流给定信号转换为高、低电平，电流给定信号极性为负时，输出 U_m 为高电平 1，极性为正时，输出 U_m 为低电平 0。其输入—输出特性如附图 14（b）所示。

逻辑控制单元的作用是对转矩极性和主回路零电平信号进行逻辑判断和运算，控制正桥和反桥功放电路的"开放"与"封锁"，即让一组整流桥工作，让另一组封锁，以实现系统的无环流运行，其输入—输出信号电平对应关系如附表 3 所示，原理图如附图 15 所示。其主要由逻辑判断电路、延时电路、逻辑保护电路、推 β 电路和功放电路等环节组成。

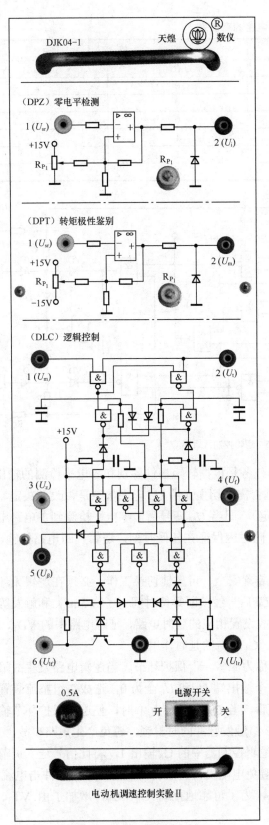

附图 13　电动机调速控制实验Ⅱ
（DJK04-1 挂件）

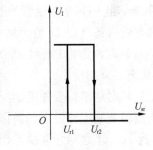

（a）零电平检测

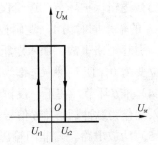

（b）转矩极性检测

附图 14　零电平检测及转矩极性
鉴别输入—输出特性

附表 3   逻辑电路的真值表

输 入		输 出	
U_M	U_I	$U_Z(U_{lf})$	$U_F(U_{lr})$
1	1	0	1
1	0	0	1
0	0	0	1
0	1	1	0
0	0	1	0
1	0	1	0

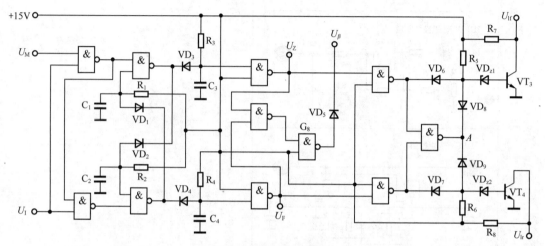

附图 15   逻辑控制器原理

（1）逻辑判断环节。逻辑判断环节的任务是根据转矩极性鉴别和零电平检测的输出 U_M 和 U_I 状态，正确判断晶闸管的触发脉冲是否需要切换（由 U_M 电平状态是否改变决定）及切换条件是否具备（由 U_I 是否从 0 变 1 决定）。即当 U_M 变号后，零电平检测到主电路电流过零（$U_I=1$）时，逻辑判断电路立即翻转，同时应保证在任何时刻，逻辑判断电路的输出 U_Z 和 U_F 状态必须相反。

（2）延时环节。要使正、反两组整流装置安全、可靠地切换工作，必须在逻辑无环流系统中的逻辑判断电路发出切换指令 U_Z 和 U_F 后，经关断等待时间 t_1（约 3ms）和触发等待时间 t_2（约 10ms）之后才能执行切换指令，故设置相应的延时电路，延时电路中的 VD_1、VD_2、C_1、C_2 起 t_1 的延时作用，VD_3、VD_4、C_3、C_4 起 t_2 的延时作用。

（3）逻辑保护环节。逻辑保护环节也称为"多一"保护环节。当逻辑电路发生故障时，U_Z、U_F 的输出同时为 1，逻辑控制器的 2 个输出端 U_{lf} 和 U_{lr} 全为 0，造成 2 组整流装置同时开放，引起短路事故。加入逻辑保护环节后。当 U_Z、U_F 全为 1 时，使逻辑保护环节输出 A 点电位变为 0，使 U_{lf} 和 U_{lr} 都为高电平，2 组触发脉冲同时封锁，避免产生短路事故。

（4）推 β 环节。在正、反桥切换时，逻辑控制器中的 G_8 输出 1，将此信号送入调节器 II 的输入端作为脉冲后移推 β 信号，从而可避免电动机正、反转切换时产生大的冲击电流。

（5）功放电路。与非门输出功率有限，为了可靠地推动 U_{lf}、U_{lr}，增加了由 VT_3、VT_4 组成的功率放大级。

8．可调电阻、电容箱

可调电阻、电容箱（DJK08 挂件）为电流调节器和速度调节器提供外接电阻、电容。板面如附图 16 所示。共有 2 组可调电阻、3 组可调电容。其中 2 组电阻值可以在 0～999 kΩ 范围内调节，额定功率为 2W；2 组电容可在 0.1～8.37 μF 范围可调，剩余 1 组电容在 0.1～11.37 μF 范围可调，其耐压值为 63 V（注意，使用时，外加的电压信号值不能超过此值）。

可调电容箱装有钮子开关和琴键开关，4 个钮子开关为 1 路，共有 3 路，分别控制各自的电容输出端，将开关拨至"接入"位置，表示已将钮子开关所标的电容值接入，拨向"断开"位置，则表示将该电容断开。钮子开关上部有一组琴键，每组琴键开关分别控制其下面 3 路电容的接入，按下琴键开关的任意键，表示已将该键所标的电容值接入下面 3 路电容输出端。

9．单相调压与可调负载

单相调压与可调负载挂件（DJK09 挂件）由可调电阻、整流与滤波、单相自耦调压器组成，可为直流脉宽调速实验提供直流电源，面板如附图 17 所示。

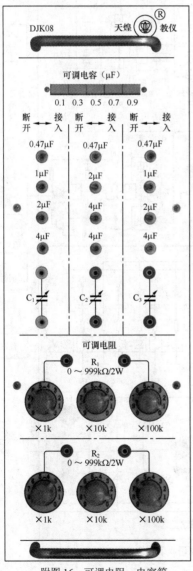

附图 16　可调电阻、电容箱

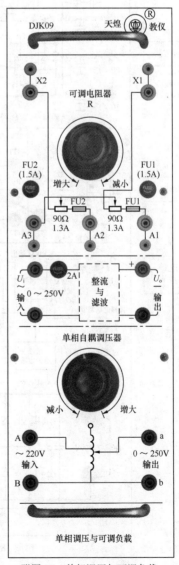

附图 17　单相调压与可调负载

整流与滤波的作用是将交流电源通过二极管整流输出直流电源，供 PWM 功率放大器使用，交流输入侧输入最大电压为 250V，有 2A 熔丝保护。

单相自耦调压器额定输入交流 220V，输出 0～250V 可调电压。

10．双闭环可逆直流脉宽调速系统

双闭环可逆直流脉宽调速系统挂件（DJK17 挂件）主要完成双闭环 H 桥 PWM 直流调速系统实验，采用双极式控制方式，加正给定电动机正转，加负给定电动机反转。面板如附图 18 所示。该挂件提供的电流调节器，速度调节器，给定、转速反馈调节等环节的工作原理、调试方法与 DJK04 的基本一致。

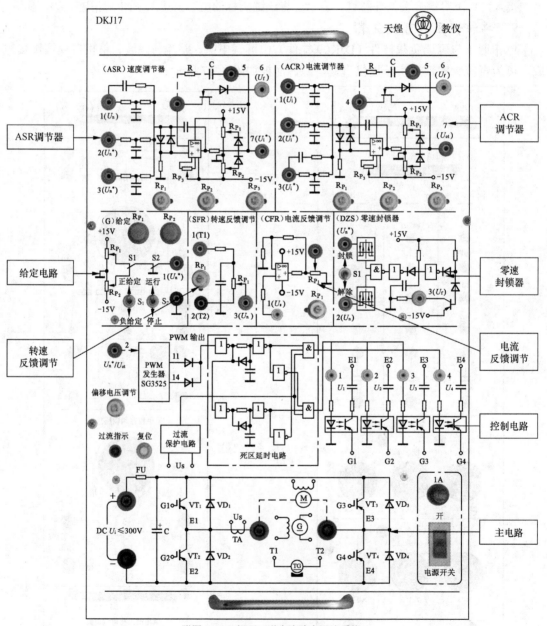

附图 18　双闭环可逆直流脉宽调速系统

电流反馈调节单元对外只有 1 个接线端，为电流调节器提供电流反馈，其他均在设备内部连接。

零速封锁单元的输出 U_f 接至 2 个调节器的 U_f 端，用于消除零给定时电动机振动。

H 型主电路有直流电源输入端和电动机负载接入端 2 组接线端。控制电路的调制波发生器、延时电路、光电隔离等均无需外接线，只需将双闭环回路电流调节器的输出接至 PWM 发生器的输入端即可。控制电路的调试主要为调节器及电流、转速反馈的调试。

[1] 郭艳萍，钟立.变频及伺服应用技术［M］.北京：人民邮电出版社，2016.

[2] 张燕宾.SPWM 变频调速应用技术［M］.北京：机械工业出版社，2002.

[3] 张燕宾.常用变频器功能手册［M］.北京：机械工业出版社，2006.

[4] 周渊深.交直流调速系统与 MATLAB 仿真［M］.北京：中国电力出版社，2007.

[5] 张东立.直流拖动控制系统［M］.北京：机械工业出版社，2004.

[6] 陈伯时.电力拖动自动控制系统［M］.北京：机械工业出版社，2004.

[7] 王进野，张纪良.电力拖动与控制（高职高专）［M］.天津：天津大学出版社，2008.

[8] 三菱电机株式会社.三菱通用变频器 FR-A700 使用手册［M］.2006.

[9] 三菱电机株式会社.三菱变频器 FR-F700 使用手册［M］.2004.

[10] 中国机械工业教育协会组.电力拖动与控制［M］.北京：机械工业出版社，2001.

[11] 郭艳萍，张海红，冯凯.电气控制与 PLC 应用［M］.北京：人民邮电出版社，2017.

[12] MITSUBISHI ELECTRIC CORPORATION.三菱通用变频器 FR-D700 使用手册（应用篇）.2008.

[13] 龚仲华.交流伺服与变频技术及应用（第二版）［M］.北京：人民邮电出版社，2014.

[14] 李方园.变频器自动化工程实践［M］.北京：电子工业出版社，2007.

[15] 阮友德.电气控制与 PLC 实训教程［M］.北京：人民邮电出版社，2006.